编　委　会

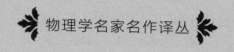

物理学名家名作译丛

（西）约瑟·加西亚·索尔
（西）路易莎·包萨·洛佩斯　著
（西）丹尼尔·杰克·加西亚

郭　海
郭海中　译
林　机

无机固体光谱学导论

An Introduction to the Optical Spectroscopy of
Inorganic Solids

中国科学技术大学出版社

安徽省版权局著作权合同登记号：第 **12201961** 号

图书在版编目(CIP)数据

无机固体光谱学导论/(西)约瑟·加西亚·索尔,(西)路易莎·包萨·洛佩斯,(西)丹尼尔·杰克·加西亚著;郭海,郭海中,林机译.—合肥:中国科学技术大学出版社,2022.8

(物理学名家名作译丛)

ISBN 978-7-312-02677-5

Ⅰ.无… Ⅱ.①约… ②路… ③丹… ④郭… ⑤郭… ⑥林… Ⅲ.固体—光谱学 Ⅳ.O482.3

中国版本图书馆 CIP 数据核字(2022)第 072694 号

无机固体光谱学导论
WUJI GUTI GUANGPUXUE DAOLUN

出版	中国科学技术大学出版社 安徽省合肥市金寨路 96 号,230026 http://press.ustc.edu.cn https://zgkxjsdxcbs.tmall.com
印刷	合肥华苑印刷包装有限公司
发行	中国科学技术大学出版社
开本	710 mm×1000 mm　1/16
印张	16.25
插页	1
字数	328 千
版次	2022 年 8 月第 1 版
印次	2022 年 8 月第 1 次印刷
定价	68.00 元

内 容 简 介

　　本书是关于无机固体光谱技术的专业图书,主要讨论固体光谱学领域的基础知识。通过本书的学习,读者将掌握基本的光谱技术(吸收谱、反射谱、发射谱、散射谱等)以及本领域使用的主要仪器设备等。尽管本书主要讨论掺杂在无机固体材料中的光学中心的光谱性质,但本书讨论的理论同样适用于气体或液体状态的分子和原子。

　　全书共7章,近150张图片。本书从可测量光学量(吸收系数、反射率、透射率、发光效率等)的简介开始,描述了测量所需的基本仪器设备,介绍了光谱学常用器件(包括光源、单色仪、探测器等)的工作原理和主要特点,建立了介电常数与可测量光学量(吸收系数、反射率)的联系,介绍了金属、绝缘体和半导体相关的光谱性质,讨论了静态晶体场模型和动态位形坐标模型对活性中心光谱性质的影响,分析了三价稀土和过渡金属离子的主要光学性质,最后简单地探讨了群论在光谱中的应用。

　　本书是面向物理、材料、化学等专业高年级本科生或研究生的一本教学参考书,亦可作为材料科学特别是发光材料领域科研工作者的参考资料。

内 容 简 介

致　谢

　　本书是作者在固体光谱学领域多年教学科研活动中积累的经验结晶。特别值得一提的是，我们中的一位作者(José García Solé)已经在马德里自治大学讲授了多年"固体光谱学"课程。非常感谢我们的同事(José Manuel Calleja 教授和 Fernando Cussó 教授)，他们在大学里讲授和研究这个课题多年，并为本书提供了许多建议。最后，要感谢 Francisco Jaque 教授和 Julio Gonzalo 教授对本书部分内容的修订，特别感谢 Juan José Romero 博士帮助我们对书中的所有章节(包括文本和图表)进行了耐心和细致的修订。

译 者 的 话

　　本书是面向物理、材料、化学等专业高年级本科生或研究生的一本教学参考书,亦可作为材料科学特别是光学材料领域科研工作者的参考资料。本书从可测量光学量(吸收系数、反射率、透射率、发光效率等)的简介开始,描述了测量所需的基本仪器设备;介绍了光谱学常用器件(包括光源、单色仪、探测器等)的工作原理和主要特点;建立了介电常数与可测量光学量(吸收系数、反射率)的联系,介绍了金属、绝缘体和半导体相关的光谱性质;讨论了静态晶体场模型和动态位形坐标模型对活性中心光谱性质的影响;分析了三价稀土和过渡金属离子的主要光学性质;最后简单地探讨了群论在光谱中的应用。

　　本书分析透彻、通俗易懂、条理清晰、重点突出。涉及的繁杂理论推导均放在附录中,使得本书的理论分析简洁明了。书中列举了大量例题来强化涉及的理论概念,并提供了适量的习题供读者练习和测试。

　　借用中国科学院半导体研究所姬扬教授的话——"所有英语都难译,一些英语更难译"(出自《半导体的故事》"译者的话")——来说明翻译科技书籍的体会。由于译者的精力和水平有限,书中难免存在不足和疏漏之处,恳请读者批评指正和谅解。如能指出翻译不当之处,请联系 ghh@zjnu.cn。

　　参与本书翻译、校对和整理工作的还有闻军博士、庞涛博士、魏荣妃博士、胡芳芳博士、蒋宇博士、李磊朋博士、罗文钦博士、楼碧波博士,以及陈孙悦子、李连杰、陈俊宇、陈静、黄文俊等同学。感谢诸位博士和同学的帮助和支持。

　　感谢浙江师范大学物理系对本书翻译出版工作的支持。感谢中国科学技术大学出版社提供的各种帮助。

郭　海　郭海中　林　机

2022 年 3 月

前　言

　　本书主要讨论固体光谱学领域的基础知识,面向的学生应具有一定的量子力学、光学和固体物理学基础。通过本书的学习,学生将掌握基本的光谱技术(吸收谱、反射谱、发射谱、散射谱等)以及本领域使用的主要仪器设备等。

　　术语"光谱学"仅指位于所谓的"光学波长范围"内的电磁辐射及其相互作用;这个范围包括可见光以及一小部分的紫外和红外光谱区域,为 200～3 000 nm。我们经常称这种辐射为"光",这是不恰当的,严格地说"光"指的仅仅是肉眼可见的辐射。"固体"包括金属、半导体、绝缘体。尽管本书主要讨论掺杂在无机材料中的光学活性中心的光谱性质,但本书讨论的理论同样适用于气体或液体状态的分子和原子。

　　虽然已有许多涉及光谱学领域的优秀书籍,但是它们大多是内容系统、专业性强、理论性强的专著,不太适合初学者学习并掌握基本的光谱技术。因此,基于以下具体原因,我们出版了本书:

　　(1) 本书涉及的光谱学基本概念和测量仪器可应用于固体和分子体系,因此本书将引起多学科领域学者(如分析化学、固体物理、光子学等)的关注。

　　(2) 大量的光谱学技术被用于材料表征,因此需要一本书来简单介绍光谱学知识。

　　(3) 光谱学知识已经成为本科生和研究生多门课程的讲授内容。

　　(4) 目前对光学材料的研究依然是光子学的热门领域。大量的光学材料是由无机材料掺杂活性离子(中心)构成的。

　　任何涉及光谱学的实验都包含光源、样品、探测－记录系统。基于此框架,本书结构如下。

　　本书从光谱学基本原理的简介开始,第 1 章描述了光谱测量所需的基本标准设备,以及用这些设备可测量的主要光学量(吸收系数、透射率、反射率和发光效率)。第 2、3 章介绍了光谱学常用仪器的基本工作原理和主要特点,包括用于激发晶体的光源(灯和激光),以及用于探测和分析反射光、透射光、散射光和发射光的仪器。

第4章描述了纯晶体的吸收谱和反射谱的基础知识。本章首先将可被分光光度计测量的光学量与介电常数联系起来。然后考虑固体(原子或离子)的"价电子"如何响应光辐射的电磁场,建立了介电常数的频率依赖特性,从而可以预测固体的吸收谱和反射谱(透明度)。最后重点介绍与金属、绝缘体和半导体相关的光谱性质,也讨论了带隙材料(半导体或绝缘体)的吸收边和激子结构。

第5、6章涉及光学活性中心的光谱。术语"光学活性中心"对应于掺杂离子及其周围环境(或者对应于色心),可产生不同于纯晶体的吸收带和/或发射带。这正是大量光学材料的情况,如荧光粉、固体激光器和放大器。

第5章简单地讨论了静态(晶体场)和动态(位形坐标模型)相互作用对光学活性中心的影响,以及它们如何影响中心的光谱性质(峰位、峰形和强度)。同时引入无辐射退激发机制(多声子发射和能量传递)来理解特定中心的发光能力,换句话说就是辐射退激发和无辐射退激发的竞争关系。

第6章以第5章介绍的概念为基础,分析了过渡金属离子($3d^n$电子组态)、三价稀土离子($4f^n 5s^2 5p^6$电子组态)以及色心的主要光学性质。它们是固体激光器和各种荧光粉中常见的发光中心;从教学的角度来看,这些中心也非常有趣。本章介绍了Sugano-Tanabe能级图和Dieke能级图及其分别在解释过渡金属离子和三价稀土离子主要光谱性质中的应用。本章也阐述了色心特别是碱金属卤化物中最简单的F心的光谱。

第7章简单地探讨了群论及其在解释光学活性中心光谱中的应用。本章的目的是为非群论领域的专家提供一些基本概念,让他们能够评估群论的潜力,并希望能将其应用于一些简单的问题,例如通过对称群的特征标表来确定和标记一个活性中心的能级。

最后,本书包含了一些例证和大量具有代表性的光谱,其中一些光谱来源于我们实验室的研究成果。

José García Solé

Luisa Bausá López

Daniel Jaque Garcia

2004 年 6 月于马德里

光谱学相关物理常量

基本物理常量	符号	MKS 单位制值	其他单位制值
电子质量	m_e	9.11×10^{-31} kg	9.11×10^{-28} g
质子质量	m_p	1.67×10^{-27} kg	1.67×10^{-24} g
电子电荷	e	1.60×10^{-19} C	4.80×10^{-10} stc
真空中光速	c	3×10^8 m $\cdot$ s^{-1}	3×10^{10} cm $\cdot$ s^{-1}
普朗克常量	h	6.63×10^{-34} J $\cdot$ s	4.14×10^{-15} eV $\cdot$ s
	$\hbar$	1.05×10^{-34} J $\cdot$ s	6.58×10^{-16} eV $\cdot$ s
真空介电常量	ε_0	8.85×10^{-12} N^{-1} $\cdot$ m^{-2} $\cdot$ C^2	
玻尔半径	a_0	0.53×10^{-10} m	0.53×10^{-8} cm
阿伏伽德罗常量	N_A	6.02×10^{23} mol^{-1}	
玻尔兹曼常量	k	1.38×10^{-23} J $\cdot$ K^{-1}	8.62×10^{-5} eV $\cdot$ K^{-1}
斯特藩-玻尔兹曼常量	σ	5.67×10^{-8} W $\cdot$ m^{-2} $\cdot$ K^{-4}	

目　　录

第 1 章 基 础

1.1 光谱的起源

光谱学是物理学的一个分支,研究物质对辐射的吸收、反射、发射或散射。不过严格地讲,"辐射"一词只涉及光子(电磁辐射),光谱还涉及其他类型粒子的相互作用,比如用于研究物质的电子、中子和质子。

辐射种类和/或与辐射发生相互作用的物质状态(固态、液态或气态)多种多样,因此很容易联想到光谱也应该是多种多样的。目前新的实验技术层出不穷,现有的技术更加复杂精巧,导致新的光谱技术不断涌现。然而,光谱和光谱学技术都源于以下基本物理现象:"在一定条件下,物质对一定频率范围辐射的吸收、反射、发射或散射"。

从历史的角度来看,光谱学起源于 17 世纪艾萨克·牛顿(Isaac Newton)进行的一项著名实验(1672 年)。在该实验中,牛顿利用棱镜分光实验观察到太阳光包含了彩虹的各种颜色,其波长范围覆盖了整个可见光(390~780 nm)。实际上牛顿把这个彩虹称为"光谱"。19 世纪初,随着不可见电磁辐射的发现,人们拓展了牛顿定义的光谱范围,其中 Herschel(1800 年)发现了位于长波的红外辐射,Ritter(1801 年)发现了位于短波的紫外辐射。紫外光和红外光在不同的领域都有着非常重要的应用,如环境科学(紫外光和红外光)和通信(红外光)领域。

19 世纪上半叶,分光光度计技术的快速发展使大量的光谱得以指认分类,例如火焰颜色的光谱和原子气体放电灯的丰富线谱。随着衍射光栅的发展,人们对原子气体的复杂光谱进行了详细分析,观察到了多个尖锐的谱线系和光谱线的精细结构。这为光谱学的发展提供了一个高质量的平台。

长期以来人们观测并记录了大量光谱,但是仍缺乏令人满意的科学解释。1913 年,丹麦物理学家尼尔斯·玻尔(Niels Bohr)建立了一套可以解释氢原子光谱(1885 年由 J. J. Balmer 指认分类)的简单理论。该理论对量子力学的诞生起到了巨大的推动作用,尽管不够完美,但却是解释各种原子和分子光谱的基础。

固体中原子和电子结构更加复杂,因此对固体光谱学的解释比原子和分子系统更困难。不同于液体和气体,固体的基本单元(原子或离子)以长程有序(晶体)周期性地排列或以短程有序(非晶体)排列。复杂的结构使得用于分析固体的光谱技术非常独特,并导致了固体光谱学的诞生。固体光谱学这个光谱学的新分支使得光谱技术的发展日新月异。

无论如何,必须强调的是光谱学在固体研究中起到了主导作用。实际上,固体光谱学开启了一个面向更为广阔的固态谱学领域的"窗口"。

本章将介绍基于光与固体材料相互作用的主要光谱技术的基本原理。

1.2　电磁波谱和光学光谱

我们身边每时每刻都存在着不同类型的电磁辐射,包括从交流电路产生的低频辐射(约为 50 Hz)到能量最高的 γ 射线辐射(频率最大约为 10^{22} Hz)。图 1.1 的电磁波谱对这些辐射的种类进行了分类,电磁波谱涵盖了上述广阔的频率范围。

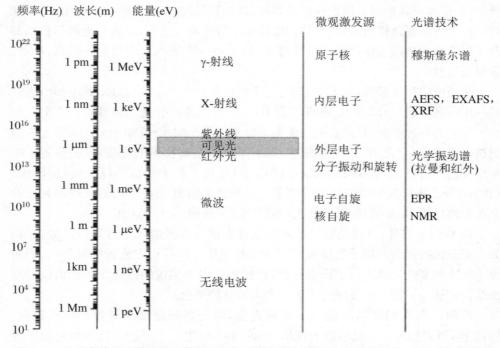

图 1.1　电磁波谱及不同的微观激发源和与不同光谱区域相关的光谱技术。XRF 指 X 射线荧光;AEFS 指吸收边精细结构;EXAFS 指扩展 X 射线吸收精细结构;NMR 指核磁共振;EPR 指电子顺磁共振。阴影区域表示光学波长范围

电磁波谱传统上分为 7 个众所周知的波谱区:无线电波、微波、红外光、可见光、紫外光、X 射线(或伦琴射线)以及 γ 射线。所有这些辐射都有以下共同点:它们都以横波在空间传播,真空中传播速度相同,$c \approx 3 \times 10^8$ m·s^{-1}[①]。电磁波谱中不同的光谱区域具有不同的波长和频率,这也导致了它们在产生、探测以及与物质的相互作用等方面的本质差异。不同区域之间的界限不是由涉及的物理现象的不连续性确定的,而是根据习惯来确定的。单色电磁辐射经常使用频率 ν、波长 λ、光子能量 E 或者波数 $\bar{\nu}$ 来标记。这些物理量通过著名的能量量子化方程相联系:

$$E = h\nu = h \frac{c}{\lambda} = hc\bar{\nu} \tag{1.1}$$

其中 $h = 6.63 \times 10^{-34}$ J·s 是普朗克常量。

涉及的过程以及这些过程中能量改变的大小决定了不同的光谱技术在电磁波谱中适用的频率范围。图 1.1 包含了电磁波谱的跃迁类型,以及在各自光谱区域适用的一些相关光谱技术。

在磁共振技术(NMR 和 EPR)中,用微波来诱导不同的核自旋态(核磁共振,NMR)或电子自旋态(电子顺磁共振,EPR)之间的跃迁。不同的核自旋态或电子自旋态的能级差处于微波区,且可以通过改变外加磁场的强度来改变这个能级差。一般 NMR 跃迁的频率大约为 10^8 Hz,EPR 跃迁的频率大约为 10^{10} Hz。在两种技术中,微波的频率是固定的,通过改变磁场强度来找到与跃迁能级共振的条件,即可获得涉及的核自旋态或电子自旋态的信息。这些技术对研究分子结构(NMR)和固体中顺磁掺杂离子的局域环境(EPR)有非常重要的意义。

固体中原子以 $10^{12} \sim 10^{13}$ Hz 的频率振动。因此,这个频率范围内的辐射可以将振动模式激发到高能态,这种辐射就是红外辐射。红外吸收和拉曼散射是最相关的振动光谱技术。两种技术都被用于表征分子和固体中的振动模式。因此,振动技术在鉴定不同材料的振动基团和表征固体的结构变化方面非常有用。

电子能级间有各种不同大小范围的能量间隔。外层电子能级间跃迁的能量差在 1~6 eV 范围内。一般称这些外层电子为价电子,它们可以被适当的紫外(UV)、可见(VIS)甚至近红外(IR)辐射激发,波长范围大约从 200 nm 到 3000 nm。此波长范围一般被称为"光学波长范围",并产生了"光学光谱学"。因此,本书主要关注的就是与价电子的激发相关的内容。这些电子决定了材料的很多物理性质和化学性质,例如分子和固体的形成。

光学波长范围短波极限由仪器因素(光谱仪的工作波长范围一般大于 200 nm)和宏观麦克斯韦方程组的适用性(这些方程适用于连续介质,换句话说就是在 λ³ 体积内必须有大量的离子)决定。光学波长范围长波极限主要由实验条件(光谱仪的最大工作波长约为 3 000 nm)决定。

---

① 真空中光速准确值为 $c = 2.997\,924\,58 \times 10^8$ m·s^{-1}。

内层电子通常可以被 X 射线激发。原子通过电离和内层电子的跃迁可以产生特征 X 射线的吸收和发射光谱。吸收边精细结构（AEFS）和扩展 X 射线吸收精细结构（EXAFS）是两种利用同步辐射光源的精细 X 射线吸收相关技术，这些技术在研究固体的局域结构时非常有效。另外，X 射线荧光（XRF）也是一种非常重要的分析技术。

γ 射线可用于穆斯堡尔谱中。从某个角度来说，这项光谱技术类似于 NMR 技术，因为它涉及的也是原子核的跃迁。它提供了固体中特定放射性离子的氧化态、配位数和成键性质的信息。

现在把注意力集中到固体光谱学，也就是本书的主题。

如果某固体被一束强度为 I_0 的光[①]照射，则这束光在经过样品的时候强度会发生衰减，即透射光强度 I_t 小于 I_0。该衰减归因于以下几个过程：

• 吸收：如果入射光束的频率与固体中原子的基态和激发态跃迁共振，将会产生光的吸收。吸收的一部分强度被用于发射（频率通常低于入射光频率），给出强度为 I_e 的光发射，吸收的剩余强度将通过无辐射过程（产热）耗散掉。

• 反射：内外表面产生光的反射（强度为 I_R）。

• 散射：散射光（强度为 I_S）沿各个方向传播，包括弹性（与入射光的频率相同）或非弹性（比入射光的频率低或者高，即拉曼散射）过程。

图 1.2 给出了用强度为 I_0 的入射光照射固体样品时可能产生的光束。这些新产生的光束来自入射光与固体中原子和/或缺陷的相互作用。部分入射光沿着相反的方向被反射（强度为 I_R）。发射光（强度为 I_e）和/或散射光（强度为 I_S）沿各个方向传播。穿过样品的透射光（强度为 I_t）方向不变。

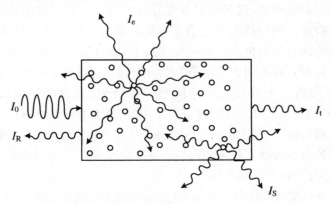

图 1.2　用强度为 I_0 的入射光照射固体样品时可产生的光束。小球代表了固体中与入射光发生相互作用的原子或缺陷

---

① "光"在这里表示比可见光更宽的范围，包括属于光学波长范围的紫外和红外辐射。

通过光学光谱(吸收、荧光、反射和拉曼散射)可以分析这些新出现光束的频率和强度与入射光束的频率和强度的函数关系。根据人眼对不同颜色的敏感程度，通过光谱学方法中物体对光的发射、反射和透射过程可以了解物体的颜色。表1.1给出了普通人感知的不同颜色的光谱范围(波长、频率、光子能量范围)。

表1.1 普通人感知的不同颜色的光谱范围

颜色	波长(nm)	频率($\times 10^{14}$ Hz)	能量(eV)
紫色	390～455	7.69～6.59	3.18～2.73
蓝色	455～492	6.59～6.10	2.73～2.52
绿色	492～577	6.10～5.20	2.52～2.15
黄色	577～597	5.20～5.03	2.15～2.08
橙色	597～622	5.03～4.82	2.08～1.99
红色	622～780	4.82～3.84	1.99～1.59

例1.1 人眼最敏感的频率和颜色

视觉是由视网膜上约1.25亿个感光细胞传递给大脑的信号产生的。这些感光细胞有两类，即视锥细胞与视杆细胞。视锥细胞在强光下工作——也就是在白天，这种视觉模式称为明视觉。视杆细胞在昏暗条件下工作，这种视觉模式称为暗视觉。

图1.3给出了视锥细胞与视杆细胞对不同波长光的相对灵敏度。有三种视锥细胞，它们含有不同光谱响应的视色素。在437 nm处最敏感的视锥细胞对紫色尤其敏感(见表1.1)。按照表1.1，在533 nm和564 nm处最敏感的视锥细胞对绿色特别敏感，后面这个视锥细胞同时对红色也非常敏感。每种颜色都是由红、绿、蓝三基色组合而成的，因此很明显视锥细胞负责感知颜色。在437 nm处最敏感的视锥细胞主要用于感知蓝色，而在533 nm和564 nm处最灵敏的视锥细胞分别用于感知绿色和红色。

暗视觉下很难分辨物体的颜色。视杆细胞比视锥细胞对昏暗的光线更加灵敏(见图1.3)，但是它们并不含有对波长响应灵敏的各种视色素，因此在昏暗条件下无法分辨颜色。

现在来估计在明视觉或暗视觉下感知辐射的对应频率。由式(1.1)可以得到 $\nu = c/\lambda$，所以：

- 视杆细胞最敏感的光频率为

$$\nu = \frac{c}{\lambda} = \frac{3 \times 10^{17} \text{ nm} \cdot \text{Hz}}{498 \text{ nm}} = 6 \times 10^{14} \text{ Hz}$$

- 三种视锥细胞最敏感的光频率分别为 6.8×10^{14} Hz、5.6×10^{14} Hz 和 5.3×10^{14} Hz。

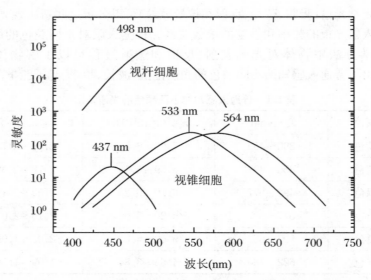

图 1.3 眼睛在明视觉(视锥细胞)和暗视觉(视杆细胞)下的灵敏度。指示线段指向灵敏度最高的波长

光谱学技术可以获取吸收/发光中心(原子、离子、缺陷等)的电子结构、晶格占位及其周围环境的信息。换句话说,光谱学技术让我们可以通过分析新产生的光束来"窥见"固体的内部结构。

实验光谱描绘了辐射(吸收、发射、反射或散射)的强度与光子能量(eV)、波长(nm)或者波数(cm^{-1})的函数关系。通过公式(1.1),可以得到不同单位的换算公式:

$$E(eV) = \frac{1\,240(eV \cdot nm)}{\lambda(nm)} = 1.24 \times 10^{-4}\bar{\nu}(cm^{-1})$$

$$\bar{\nu}(cm^{-1}) = \frac{10^7}{\lambda(nm)} = 8\,064.5E(eV)$$

(1.2)

由于光谱学研究的是辐射与物质的相互作用,可以用三种不同的近似来解释这种相互作用。

第 4 章将考虑所谓的"经典近似",即将电磁辐射看成经典的电磁波,将固体看作连续的介质(相对介电常数 ε、磁导率 μ)。可用经典振子(洛伦兹振子)来描述这种相互作用。

然而,大量的光谱特征只能用所谓的"半经典近似"来解释。在这种近似中,固体材料采用量子描述,而电磁波仍然采用经典描述。考虑到能级是分立的,固体只能吸收或发射对应量子化能量的电磁辐射,必须对经典谐振子模型加以修正。在第 4～7 章将采用这种模型。

最后,在"量子近似"中,辐射不再是经典的电磁波(使用麦克斯韦方程),辐射和物质都采用量子描述。对于大多数固体光谱来说,这种近似是不必要的,一般也不被采用。然而,这种近似也导致了一些重要的应用,如零点涨落,这与激光和光参量振荡器的理论有关(第 2 章)。

1.3 吸 收

1.3.1 吸收系数

前面已经提到,光束通过某种材料后,其强度会发生衰减。实验给出光束经过微分厚度 dx 的样品后强度衰减量 dI 可以写成

$$dI = -\alpha I dx \tag{1.3}$$

其中 I 是光通过 x 厚度的样品时的光强,α 是与材料相关的衰减系数。如果忽略散射,则称 α 为材料的**吸收系数**(单位为 cm^{-1})。对公式(1.3)积分,可以得到

$$I = I_0 e^{-\alpha x} \tag{1.4}$$

它给出了入射光强度 I_0(入射光强度减去表面反射损耗)关于样品厚度 x 的指数衰减规律。此定律就是著名的朗伯-比尔定律。

从微观的角度来看吸收过程,可以假设一个简单的二能级量子系统,N 和 N' 分别是基态能级和激发态能级的原子数密度(每种状态下单位体积的原子数,单位为 cm^{-3})。系统的吸收系数可以写成

$$\alpha(\nu) = \sigma(\nu)(N - N') \tag{1.5}$$

式中 $\sigma(\nu)$ 就是所谓的跃迁截面(单位为 cm^2)。对于低强度的入射光,这也是大多数光吸收实验的情况,$N \gg N'$,公式(1.5)可以写成

$$\alpha(\nu) = \sigma(\nu)N \tag{1.6}$$

式中跃迁截面 $\sigma(\nu)$ 表示系统吸收频率为 ν 的入射辐射的能力。实际上,此跃迁截面与二能级系统的跃迁矩阵元 $|\langle \Psi_f | H | \Psi_i \rangle|$ 相关,其中 Ψ_i 和 Ψ_f 分别是基态和激发态的本征波函数,H 是入射光与系统相互作用的哈密顿量。公式(1.6)也指出了吸收系数正比于吸收原子(或中心)数密度 N。

在二能级系统中,本该期待存在图 1.4(a)所示的吸收谱,也就是一个位于频率 $\nu_0 = (E_f - E_i)/h$ 的 δ 函数,E_f 和 E_i 分别是激发态和基态的能量。然而,由于各种展宽机制,观测到的光谱从来不是只有一条线,而都是一个谱带。

实际上,跃迁截面可以用**线型函数** $g(\nu)$(单位为 Hz^{-1})表示:

$$\sigma(\nu) = S \times g(\nu) \tag{1.7}$$

其中 $S = \int_0^\infty \sigma(\nu)\mathrm{d}\nu$ 是跃迁强度,代表了吸收(或发射)的跃迁总强度。

线型函数给出了光学吸收(和发射)带的形状,包含了光与系统相互作用的重要信息。现在简单讨论一下影响该函数的几种不同机制,或者说不同的**光谱展宽**机制。

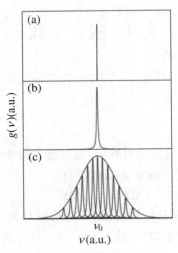

图 1.4 (a) 二能级系统的理想吸收谱;(b) 与均匀展宽有关的洛伦兹线型吸收带;(c) 与非均匀展宽有关的高斯线型吸收带

光谱的终极(最小)线宽来源于自然展宽或寿命展宽。此展宽产生于海森伯提出的不确定性原理 $\Delta\nu\Delta t \geqslant 1/(2\pi)$,$\Delta\nu$ 是跃迁频率的半高宽,Δt 是测量跃迁频率需要的时间(激发态的寿命,后面将会给出定义)。该展宽机制导致了由下式给出的**洛伦兹线型函数**(Svelto,1986 年):

$$g(\nu) = \frac{\Delta\nu/(2\pi)}{(\nu - \nu_0)^2 + (\Delta\nu/2)^2} \tag{1.8}$$

图 1.4(b)画出了基于洛伦兹线型函数的吸收带。这个自然展宽是一种**均匀展宽**,这里假设所有的吸光原子都是相同的,然后给光谱贡献了相同的线型函数。也存在其他类型的均匀展宽机制,比如与晶格振动有关的晶体场环境动态畸变导致的展宽,这将在第 5 章进行讨论。

例 1.2 固体中某给定光学离子的允许发射跃迁寿命约为 10 ns。请估算它的自然展宽和 $g(\nu)$ 的峰值大小。

考虑到此寿命值是离子处于激发态的平均寿命(因此可以用来计算跃迁的频率半高宽),有 $\Delta t \approx 10$ ns $= 10^{-8}$ s,所以

$$(\Delta\nu)_{\mathrm{nat}} \approx \frac{1}{2\pi\Delta t} = 1.6 \times 10^7 \text{ Hz} = 16 \text{ MHz}$$

由于自然展宽,此离子具有由公式(1.8)计算出的线型函数,其频率半高宽为 $\Delta\nu = 16\,\text{MHz}$。

此展宽远远小于固体中光学离子观测的实际展宽。实际上,只有在某些固体和极低温条件下的自然展宽才是可分辨的,此时原子可以认为是牢牢固定的并且不与其他离子发生相互作用(忽略动态畸变)。

现在利用公式(1.8)和 $\Delta\nu = 16\,\text{MHz}$,可以确定线型函数的峰值:

$$g(\nu_0) = \frac{2}{\pi\Delta\nu} = 4 \times 10^{-8}\,\text{Hz}^{-1}$$

更常见的是,不同的吸收中心具有不同的共振频率,因此总的线型函数可由不同中心的线型函数经浓度加权积分得到,如图 1.4(c)所示。这种类型的展宽称为**非均匀展宽**,一般会导致由下式给出的**高斯线型函数**(Svelto,1986 年):

$$g(\nu) = \frac{2}{\Delta\nu}\left(\frac{\ln 2}{\pi}\right)^{1/2} e^{-\left(\frac{\nu - \nu_0}{\Delta\nu/2}\right)^2 \times \ln 2} \tag{1.9}$$

固体的非均匀展宽通常是由光学活性中心所处的晶体环境的非等效静态畸变造成的。就像地面的铺路石一样,晶格网络不是完全等价的。吸收原子的晶体场环境存在某种分布,因此共振频率也存在着一定的分布。

某给定跃迁的线型函数告诉我们固体的吸收中心与周围环境的相互作用的具体情况。在大多数情况下,这个线型函数来自多个独立的展宽机制的共同效果。在这种情况下,对来自不同展宽机制的线型函数进行积分就可以给出整体的线型函数。

固体中的中心(原子、离子等)光谱一般宽于气体或液体中的光谱。这是因为中心在气体或液体中通常比在固体中浓度更低,所以它们与周围离子的相互作用更弱。

1.3.2　吸收谱的测量:分光光度计

吸收谱通常是用**分光光度计**测量的。图 1.5(a)给出了最简单的分光光度计结构示意图(单光束分光光度计)。通常它包括以下元件:光源(通常是用于 UV 区域的氘灯和用于 VIS 和 IR 区域的钨灯)、**单色仪**(用于从光源中选取某一单一频率(波长)的光以及扫描一定的频率范围)、样品室、光探测器(通常是用于 UV-VIS 区域的**光电倍增管**和用于 IR 区域的 PbS 光电池)、计算机。光源发出的光被聚焦到单色仪的入射狭缝,经过单色仪分光,某一固定频率的光照射到样品室的样品上,随后由探测器测量透过样品的每一种单色光的强度,最后将吸收谱显示和记录在计算机上。

图 1.5(a)也勾画了经过每种元件时光谱的形状示意图,下一章将会详细介绍这些元件的工作原理。

分光光度计有三种不同的工作模式,分别为测量光密度 OD、吸光度 A 和透射率 T(或透过率、透光率)。

光密度的定义为 $OD = \lg(I_0/I)$,按照公式(1.4),吸收系数 α 可以由下式确定:

$$\alpha = \frac{(OD)}{x \lg e} = \frac{2.303(OD)}{x} \tag{1.10}$$

即通过测量光密度和样品的厚度,就可得到吸收系数。如果知道光学活性中心的数密度,则根据公式(1.6)可确定**吸收截面** σ。这就意味着,通过简单的**吸收谱**可以获得量子系统的跃迁矩阵元 $|\langle \Psi_f | H | \Psi_i \rangle|$ 的信息。反过来,如果 σ 已知,也可以估算吸收中心的数密度 N。

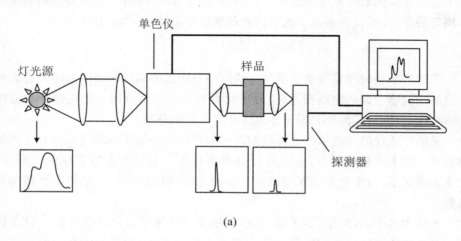

(a)

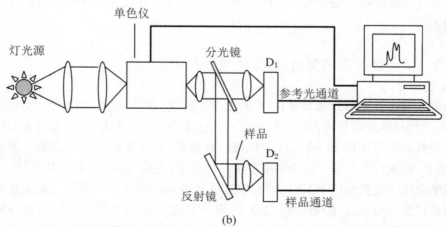

(b)

图 1.5 (a) 单光束分光光度计的结构示意图;(b) 双光束分光光度计的结构示意图

光密度 OD 与其他熟悉的**光学量**可以很容易地联系起来,而这些光学量也可以直接由分光光度计测量,比如**透射率** $T = I/I_0$,**吸光度** $A = 1 - I/I_0$[①]:

$$T = 10^{-OD}$$
$$A = 1 - 10^{-OD} \tag{1.11}$$

　　然而,在此必须强调测量光密度谱比测量透射光谱或吸收谱更有优势。与吸收谱或透射光谱相比,光密度谱具有更高的对比度,更加灵敏(如练习题1.2)。实际上,对于低光密度的情况,公式(1.11)给出 $A \approx 1 - (1 - OD) = OD$,因此吸光度光谱($A$-$\lambda$ 或 $(1 - T)$-λ)给出了与光密度一样的形状。然而,对于高光密度的情况,典型值大于 0.2(见练习题1.2),吸光度光谱与实际吸收谱(α-λ,或 OD-λ)的形状大不相同。

　　另一个光吸收参数——衰减系数主要用来表征光纤的传输损耗。练习题1.5涉及该参数。

　　图 1.5(a)所示的单光束分光光度计存在较多的问题。这是因为它受到了光照强度的光谱和时间的变化的影响。光谱的变化是光源光谱和单色仪响应的共同效果,而时间的变化则来自光源的不稳定性。

　　采用双光束分光光度计可以减少这些因素的影响。图 1.5(b)展示了双光束分光光度计的结构示意图。入射光被分成强度相等的两束光,分别通过两个不同的通道:参考光通道和样品通道。出射光强度分别为 I_0 和 I,可用图 1.5(b)所示的相同探测器 D_1 和 D_2 分别探测。因此,光束的强度随光谱和时间的变化对参考光通道和样品通道是一样的,这两个因素对吸收谱的影响降低到了最小。还可以使用一个探测器而不是两个探测器(D_1 和 D_2)来进一步提高系统的性能。可以通过引入快速转动镜来实现一个探测器分别探测 I_0 和 I。这样,由两个探测器不完全相同的光谱响应产生的误差也被完全消除了。

　　双光束分光光度计可达到的典型灵敏度 $(OD)_{min} \approx 5 \times 10^{-3}$。

　　例 1.3　在某固体中 Nd^{3+} 的某跃迁的吸收截面为 10^{-19} cm^2,样品厚度为 0.5 mm,请确定用典型的双光束分光光度计可以检测到的吸收离子的最小浓度。

　　对于典型的双光束分光光度计,光密度的典型灵敏度为 $(OD)_{min} \approx 5 \times 10^{-3}$。因此,利用公式(1.6)和(1.10),吸收离子的最小可检测浓度为

$$N_{min} = \frac{2.303(OD)_{min}}{x\sigma} = \frac{2.303 \times 5 \times 10^{-3}}{0.05 \times 10^{-19}} \text{ cm}^{-3} \approx 10^{18} \text{ cm}^{-3}$$

　　晶体的典型离子浓度大约是 10^{22} cm^{-3},所以这里 Nd^{3+} 的最小可检测浓度大约为 0.01% 或 100 ppm(ppm:百万分之一)。

　　可通过计算二阶导数谱,即 $d^2(OD)/d\lambda^2$-λ,来提高前面提到的灵敏度。

---

① 　I_0 是指进入样品的光强度,不考虑反射。

图 1.6 给出了采用这种改进的一个典型例子。它展示了天然无色钻石的室温吸收谱以及一阶和二阶导数谱。导数谱中 394 nm、403 nm 和 415 nm（一阶导数谱的单一拐点必须对应二阶导数谱上的一个极小值）来源于所谓的 N_3 中心的振动带吸收，这正好是天然钻石特有的。这些特征峰在吸收谱中是观测不到的。实际上，这类对光谱数据处理的改进在宝石鉴定中非常有用。

最后，必须提一下基于探测器阵列的新型分光光度计。阵列的每个探测器都探测一个波长区间，这种分光光度计因不需要单色仪而更加简单。但是，这种分光光度计的分辨率相对较低。

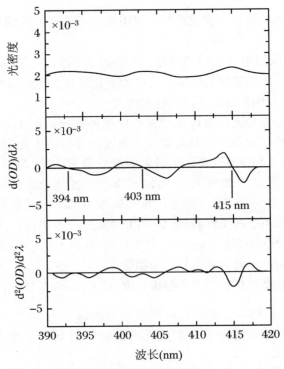

图 1.6 天然无色钻石的室温吸收谱以及一阶和二阶导数谱。标记的波长为 N_3 中心典型吸收带。（经允许复制于 Lifante 等，1990 年）

1.3.3 反射率

反射谱提供了与吸收谱相似和互补的信息。例如，基本吸收（第 4 章）的吸收系数高达 $10^5 \sim 10^6\ cm^{-1}$，所以只能用非常薄的样品（薄膜）才可以测量基本吸收。在这类情况下，反射谱 $R(\nu)$ 更具优势，可以使用大块固体样品来获取吸收的特性。

实际上,反射率 $R(\nu)$ 和吸收系数 $\alpha(\nu)$ 可以用 Kramers-Krönig 公式联系起来(Fox,2001 年)。

不同频率的**反射率**定义如下:

$$R = I_R/I_0 \tag{1.12}$$

其中 I_R 是反射光强度。

反射谱有两种不同的测量模式:(ⅰ)直接反射谱或(ⅱ)漫反射谱。直接反射谱适用于垂直入射情况下测量抛光样品。漫反射谱一般用于未抛光的或粉末状样品。图 1.7 画出了测量两种类型光谱的仪器结构示意图。

(ⅰ)对于直接反射谱的测量(图 1.7(a)),单色仪选出的光(由光源和单色仪产生)通过一个半透半反镜(图 1.7(a)所示的分光镜)。此半透半反镜使样品的反射光进入探测器中。

(ⅱ)需要**积分球**(球的内表面是全反射的)来测量漫反射谱(图 1.7(b))。积分球上有一个可供光线入射并传递到样品的小孔。漫反射光在积分球内表面经过多次反射到达探测器。积分球可以作为一个附件添加到常规的分光光度计中。

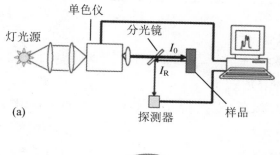

(a)

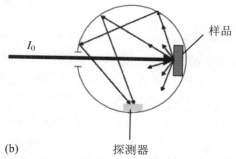

(b)

图 1.7 (a) 测量直接反射谱的仪器结构示意图;(b) 测量漫反射谱的积分球结构示意图

1.4 发 光

在某种程度上发光是吸收的逆过程。前面章节已经讲过当适当频率的光子被吸收后,一个简单的二能级原子系统是如何转变到激发态的。该原子系统可以通过自发辐射光子的形式回到基态。该退激发过程就被称为发光。然而,光的吸收仅仅是其中一种激发方式。一般来说,**发光**是指系统受到某种方式的能量激发,以光发射的形式回到基态的过程。表 1.2 列出了根据激发方式不同来分类的几种重要的发光类型。

表 1.2 发光的类型(根据激发方式分类)

名称	激发方式
光致发光	光
阴极射线发光	电子
辐射发光	X 射线或 α、β、γ 射线
热释光	热
电致发光	电场或电流
摩擦发光	机械能量
声致发光	液体中的声波
化学发光和生物发光	化学反应

光致发光是由光(在光学波长范围的电磁辐射)激发产生的发光。例如,多种有机洗涤剂使用了光致发光染料。事实上,一些洗涤剂的"它洗得更白"的宣传语可以被"它发光更强"取代。利用电子束激发产生的发光被称为阴极射线发光。这项技术通常用于研究样品的某些特性,如痕量掺杂和晶格缺陷,以及研究晶体畸变。用高能电磁辐射(有时候被称为电离辐射)如 X 射线、α 射线(He 原子核)、β 射线(电子)或者 γ 射线激发得到的发光被称为辐射发光[①]。闪烁体计数器就是基于这种发光原理的,闪烁晶体被高能射线(放射性辐射)激发并产生可以被光电倍增管检测到的发光。热释光是指物质通过加热来释放储存在陷阱中的能量而产生的发光。这个发光不同于由物体温度决定的黑体辐射。热释光可用于测定矿物和古陶瓷的年代。电致发光是电流在通过某种材料时产生的发光,如 LED 蓝光芯片

---

① 辐射发光又被称为射线及高能粒子发光(译者注)。

的发光。摩擦发光是指物体受到机械扰动而产生的发光,如撕胶带时产生的发光。声波(声音)穿过液体时可产生声致发光。化学发光是由化学反应引起的,它常被用于一些大气污染物如 NO_2 和 NO 的检测和浓度测量。可以把一类特殊的化学发光称为生物发光,它来自生物体内发生化学反应时产生的发光。细菌、水母、藻类和其他生物,如鱿鱼,能够通过存储在体内的化学物质产生发光。生物发光是深海的主要光源。

1.4.1 光致发光的测量:荧光光谱仪

现将注意力集中在光致发光过程。图 1.8 给出了测量光致发光谱的仪器结构示意图。人们经常使用被称为荧光分光光度计的紧凑型商用设备来测量光致发光谱。它们的主要元件也展示在图 1.8 中。以**单色仪**(激发单色仪)选出的单色光或激光作为激发光,样品被激发光激发后,发射光被聚焦透镜收集并被第二个单色仪(发射单色仪)分光,随后探测器测量发射光的强度,并存储到计算机。**荧光光谱仪**可测量两种光谱:(ⅰ)发射谱和(ⅱ)激发谱。

(ⅰ)在发射谱中,激发波长(λ_{ex})是固定的,通过扫描发射单色仪,用探测器测量不同发射波长(λ_{em})的发光强度,即测量 $I(\lambda_{em})$-λ_{em}。其特点是 λ_{ex} 固定。

(ⅱ)在激发谱中,发射单色仪固定在某一发射波长处,在一定的光谱范围内对激发波长进行扫描,即测量 $I(\lambda_{em固定})$-λ_{ex}。其特点是 λ_{em} 固定。

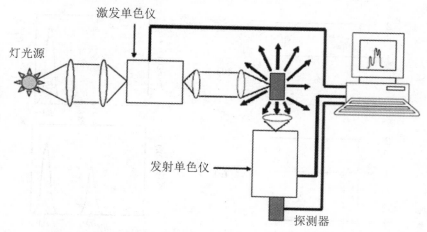

图 1.8 测量光致发光谱的仪器结构示意图。可以使用激光做激发光来代替连续光源和激发单色仪

仔细阅读下面的例子,可以更好地理解激发谱和发射谱之间的差别。

例 1.4 考虑某种具有三能级系统的荧光粉,其吸收谱如图 1.9(a)所示。假设这些能级间具有相似的跃迁概率,讨论激发谱、发射谱的情况及其与吸收谱的联系。

图 1.9(a)所示的吸收谱给出了两个光子能量为 $h\nu_1$ 和 $h\nu_2$ 的吸收带,分别对应 $0\rightarrow1$ 和 $0\rightarrow2$ 的跃迁。

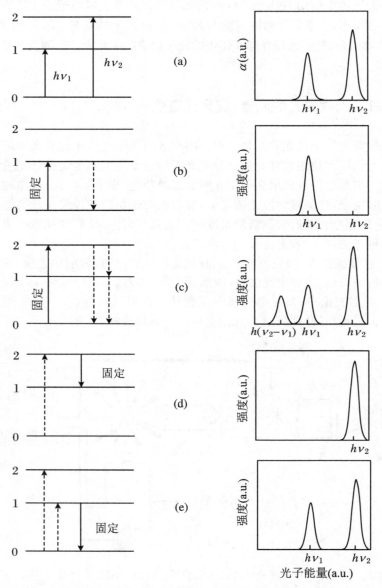

图 1.9 具有理想三能级结构的荧光粉的能级图、跃迁方式和可能的光谱:(a) 吸收谱;(b) $h\nu_1$ 和 (c) $h\nu_2$ 激发下的发射光谱;监测 (d) $h(\nu_2-\nu_1)$ 和 (e) $h\nu_1$ 发光得到的激发光谱。箭头表示每个光谱中涉及的吸收/发射跃迁。"固定"表示激发或发射单色仪固定在此跃迁对应的能量(波长)上

先讨论可能的发射光谱。能量为 $h\nu_1$ 的激发光可以将电子从基态 0 泵浦到激发态 1。因此,当固定激发光为 $h\nu_1$ 时,发射谱包含一个位于相同能量($h\nu_1$)的发射峰,如图 1.9(b)所示。另一方面,当固定激发光为 $h\nu_2$ 时,电子被泵浦到激发态 2,则可产生图 1.9(c)所示的发射谱。此发射谱包括了三个发射峰,能量分别为 $h(\nu_2 - \nu_1)$、$h\nu_1$ 和 $h\nu_2$,分别对应 2→1、1→0 和 2→0 的跃迁。

现在来讨论不同的激发光谱。如果将发射单色仪固定在 $h(\nu_2 - \nu_1)$,扫描激发单色仪,可以得到图 1.9(d)所示的激发光谱。这是因为只有在 $h\nu_2$ 的激发下,即在激发态 2 被泵浦的情况下,才可以得到这个发光。另一方面,如图 1.9(e)所示,监测 $h\nu_1$ 发光(1→0 跃迁)得到的激发光谱类似于吸收谱(图 1.9(a))。这是因为任何一个吸收峰的激发都可以产生 1→0 的发射,不管是直接激发(直接激发激发态 1)或者是间接激发(直接激发激发态 2,然后弛豫到激发态 1)。

根据相同的讨论,读者可以推断出监测 $h\nu_2$ 发光得到的激发谱将与图 1.9(d)所示相似(尽管强度上可能有差别)。

补充一个结论:从激发/发射光谱可获得荧光粉的能级结构方面的信息。例如,根据前面的实验可以得到 2↔1 跃迁概率的信息。但是因为激发态 1 的粒子布居是可以忽略的,所以无法从吸收谱获得此信息(1↔2)。

1.4.2　发光效率

我们知道,材料吸收光后可以产生光致发光。因此,假设一个强度为 I_0 的光照射到材料,穿过材料后的光强为 I,发射光的强度 I_{em} 必须正比于吸收强度,即 $I_{em} \propto I_0 - I$,通常可以写成

$$I_{em} = \eta(I_0 - I) \tag{1.13}$$

其中强度 I_0、I_{em}、I 的单位是每秒光子数[①],η 称为**发光效率**或**量子效率**。在这个定义中,η 表示的是发射光子数与吸收光子数之比,它可以从 0 到 1 变化。

在发光实验中,仅仅是全部发光的一部分被测量到。这一部分光取决于聚焦系统以及探测器的几何结构特性。因此,通常测量的发光强度(I_{em})[②]与入射光强度 I_0 的关系可以写为

$$(I_{em}) = k_g \times \eta \times I_0(1 - 10^{-(OD)}) \tag{1.14}$$

式中 k_g 是一个与实验仪器相关(光学元件的排列和探测器的尺寸)的几何结构因子,OD 是样品的光密度。在低光密度下,公式(1.14)为

$$(I_{em}) \approx k_g \times \eta \times I_0 \times (OD) \tag{1.15}$$

---

① 确切地说,这些不是光强度单位(光强度单位是每单位面积每秒的能量)。但不失一般性,当定义 Stokes 位移时,将意识到有必要使用这些单位。

② 请注意,测量的发光强度(I_{em})和总发光强度 I_{em} 使用的符号不同。

很明显,从公式(1.15)可以得到发光强度正比于入射光强度、量子效率和光密度(仅低光密度适用)。量子效率 $\eta<1$ 说明部分吸收的能量会以无辐射过程损失掉。这些过程(将在第5、6章讨论)通常会将这部分能量转换成热量。与 OD 的正比关系只适用于光密度较低的情况,这表明激发光谱只能重现低浓度样品的吸收谱的形状。

例1.5 发光的灵敏度

在某光致发光实验中,激发光源是功率为 $100\ \mu W$ 的 $400\ nm$ 蓝光。荧光粉样品可以吸收该波长的光,同时发出量子效率 $\eta=0.1$ 的发射光。假设 $k_g=10^{-3}$(只有千分之一的发射光被探测器接收),可探测的最低强度为 10^3 光子/s,请通过发光推导可被探测的最小光密度。

每个入射光子的能量为

$$hc/\lambda = \frac{6.63\times10^{-34}\ J \cdot s \times 3\times10^8\ m \cdot s^{-1}}{400\times10^{-9}\ m} = 4.97\times10^{-19}\ J$$

因此,入射光的强度为

$$I_0 = \frac{10^{-4}\ W}{4.97\times10^{-19}\ J} = 2\times10^{14}\ 光子/s$$

可由公式(1.15)来计算可被此实验仪器探测的最小光密度:

$$(OD)_{min} = \frac{(I_{em})_{min}}{\eta I_0 k_g} = \frac{10^3\ 光子/s}{0.1\times2\times10^{14}\ 光子/s\times10^{-3}} = 5\times10^{-8}$$

相比于分光光度计的典型灵敏度,$(OD)_{min}=5\times10^{-3}$(1.4节),可以看到发光技术的灵敏度远远高于吸收技术的灵敏度(本实验中发光技术大约是吸收技术的 10^5 倍)。这种高灵敏度是光致发光的优点,但是必须注意,有些不期望的(与研究的发光中心无关的)痕量发光杂质的信号常常会叠加到发光信号上。

1.4.3 Stokes 和反 Stokes 位移

到目前为止,对于简单的二能级系统,一直假定吸收谱和发射谱的峰位能量相同,即与图1.10(a)所示的能级图一致。但事实通常都不是这样。相对于吸收谱,发射谱一般会发生能量红移,即 Stokes 位移。在5.5节将会详细讨论它,在此先给出一个简单的解释。假设图1.10(a)所示的二能级系统对应嵌于离子晶体的光学离子。那么这个二能级系统就对应只考虑光学离子和位置固定的近邻离子(刚性晶格)相互作用时的能量情况。然而,我们知道,固体中离子都在平衡位置振动,所以光学离子感受到的是处于不同位置的近邻离子,即近邻离子在平衡位置振动。相应地,图1.10(a)所示的每个能级现在必须考虑为一个准连续的能带,其能量与光学离子-近邻晶格离子间距有关。假设近邻离子在坐标距离 Q 处做简谐振动,图1.10(a)所示的二能级系统就变成了图1.10(b)所示的抛物线形状(根据简谐振动的势能得到)。

基于这种方式,在 5.4 节将证明,基态和激发态的平衡位置可以是不一样的,同时发生电子跃迁的方式如图 1.10(b)所示。一个**发光**过程包括四个步骤:首先,基态的电子被泵浦到激发态能级的 Q_0 处,即位形坐标 Q_0(基态的平衡位置)不发生变化。随后,电子弛豫到它的最低平衡位置 Q_0',即激发态的平衡位置,这个弛豫过程是一种伴随着声子发射的无辐射弛豫过程。在最低点 Q_0',电子从激发态到基态的跃迁产生了荧光发射,此时**位形坐标**不发生改变,即 $Q = Q_0'$。最后电子弛豫到基态的最低平衡位置 Q_0。在这四个过程中,发射频率 ν_{em} 小于吸收频率 ν_{abs},能量差 $\Delta = h\nu_{abs} - h\nu_{em}$ 就是 Stokes 位移的大小。

引入了 Stokes 位移,就能更好地理解量子效率的定义,即每秒发射和吸收的光子数之比,而不是发射和吸收的强度比(每单位面积每秒的能量)。实际上,量子效率 $\eta = 1$ 的系统是可能存在的。但是,由于有 Stokes 位移,发射的能量可以低于吸收的能量。没有用于发光的那部分能量以声子(热)的形式释放到晶格中。

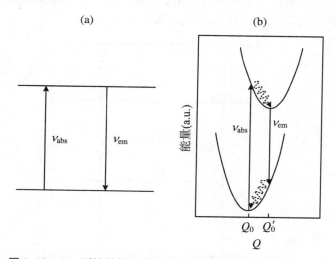

图 1.10 (a)刚性晶格二能级系统的激发和发射能量;(b)振动晶格系统的吸收、发射能量及 Stokes 位移

发射光子的能量也有可能会高于吸收光子的能量。这就是所谓的**反 Stokes 发光**[①],能量差 $\Delta = h\nu_{em} - h\nu_{abs}$ 就是反 Stokes 位移的大小。6.6 节将介绍 Yb^{3+} 的反 Stokes 发光可用于荧光制冷。许多学者认为,上转换发光[②]是一种特殊的反 Stokes 发光过程,它一般发生于多能级系统,图 1.11 给出了一个例子。对于此系统,频率为 ν_{abs} 的两个光子依次被基态能级 0 和激发态能级 1 吸收,并将一个电子泵浦到激发态能级 3。随后,电子无辐射弛豫到能级 2,并从能级 2 给出上转换发

---

① 讨论 Stokes 发光与反 Stokes 发光时,如果涉及的是相同能级间的跃迁,则更为恰当,如 6.6 节图 6.17 及相关讨论(Yb^{3+} 的反 Stokes 发光制冷)。译者认为上转换发光不是反 Stokes 发光,故此处作了改动(译者注)。

② 此处及图 1.11、例 1.6、练习题 1.8 中,译者将反 Stokes 发光译为上转换发光(译者注)。

光 $2\rightarrow 0$。从而观察到了 $\nu_{abs} < \nu_{em}$。

根据方程(1.15),通常发光的发射强度正比于激发光强度 I_0。但从下面的例子将看到**上转换发光**通常是一种非线性过程,它不同于通常的发光。

例 1.6 如图 1.11 所示的能级系统中,请确定上转换发光的强度与激发光强度的依赖关系。

设 N_0、N_1、N_2 和 N_3 分别是 0、1、2 和 3 能级的平衡布居密度(在强度 I_0 激发光连续激发时达到的状态),再设 $N = N_0 + N_1 + N_2 + N_3$ 为光学吸收中心的总密度。上转换发光强度 I_{20}(对应于 $2\rightarrow 0$ 的跃迁)同时依赖于 N_2 和能级 2 的辐射跃迁概率 A_2。该参数正比于发射截面 σ_{20}(等于吸收截面 σ_{02},第 5 章),所以可以写成

$$I_{20} \propto N_2 \times A_2$$

能级 2 的布居来自一个两步的双光子吸收过程。第一步是泵浦到能级 1;第二步是泵浦到能级 3(能级 3 注入发射能级 2)。

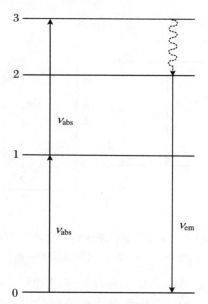

图 1.11 一个产生上转换发光的四能级系统的例子

第二步过程的结果就是发射能级 2 的布居数($N_3 \approx 0$,因为注入能级 2)与能级 1 的布居数、σ_{13}($1\rightarrow 3$ 跃迁的吸收截面)、激发强度成正比。相反地,$2\rightarrow 0$ 的上转换发射会减少能级 2 的布居数。在稳态的情况下,增加和减少的布居速率应该相等,也就有

$$N_2 \times A_2 = N_1 \times \sigma_{13} \times I_0$$

类似地,可以把与第一步相关的平衡方程写为

$$N_1 \times A_1 = N_0 \times \sigma_{01} \times I_0 - N_1 \times \sigma_{13} \times I_0$$

式子的左边对应于能级 1 的发射（A_1 是能级 1 的辐射跃迁概率），公式右边第一项是粒子数的增加速率（σ_{01} 是 $0 \rightarrow 1$ 跃迁的吸收截面），第二项是粒子数的减少速率。对于低强度激发（$N_1 \ll N_0$），可忽略右边第二项，所以有 $N_1 \propto N_0 \times I_0$。因此 $N_2 \propto N_1 \times I_0 \propto N_0 \times I_0^2$。考虑到激发光强度不大，可以作这样的近似 $N \approx N_0$，所以可以写成

$$I_{20} \propto N \times I_0^2$$

因为吸收中心的总密度和激发光强度保持不变，所以上面的结果表明上转换发光的强度 I_{20} 与光激发强度的平方成正比。

对于更高阶的吸收过程，上转换发光的强度同样正比于激发光强度的高阶方（见习题 1.8）。

1.4.4　时间分辨光谱

前面章节已经讨论了激发光强度保持不变的情况，也就是处理了连续光激发的情况。这种情况对应着稳态过程（稳态光激发），即激发态能级的泵浦速率等于其衰减到基态的速率，所以发光强度不随时间变化。脉冲光激发可以获得一些额外的信息。这种类型的激发使得激发态能级获得了一种随时间变化的粒子数密度 N。这些激发中心可以通过辐射（**发光**）和**无辐射过程**弛豫到基态，并给出随时间衰减的发光强度信号。处于激发态的粒子数密度的时间演化遵循一个非常普遍的规律：

$$\frac{\mathrm{d}N(t)}{\mathrm{d}t} = -A_\mathrm{T} N(t) \tag{1.16}$$

式中 A_T 是总衰减速率（或总衰减概率），可以写成

$$A_\mathrm{T} = A_\mathrm{r} + A_\mathrm{nr} \tag{1.17}$$

A_r 是**辐射速率**（爱因斯坦自发辐射系数 A），A_nr 是**无辐射速率**，即无辐射过程的速率。微分方程式（1.16）的解给出了任意时刻处于激发态的粒子数密度

$$N(t) = N_0 \mathrm{e}^{-A_\mathrm{T} t} \tag{1.18}$$

其中 N_0 是 $t = 0$ 时激发态的粒子数密度，即在光脉冲被吸收之后的粒子数密度。

实验中可以通过分析发光的时间衰减来观察退激发过程。实际上，给定时间 t 的发射光强度 $I_\mathrm{em}(t)$ 正比于单位时间内退激发的粒子数密度，$(\mathrm{d}N/\mathrm{d}t)_\mathrm{r} = A_\mathrm{r} N(t)$，因此可以写成

$$I_\mathrm{em}(t) = C \times A_\mathrm{r} N(t) = I_0 \mathrm{e}^{-A_\mathrm{T} t} \tag{1.19}$$

式中 C 是一个比例常数，因此 $I_0 = C \times A_\mathrm{r} N_0$ 是 $t = 0$ 时刻的发光强度。式（1.19）对应于发光强度的单指数衰减定律，其荧光寿命 $\tau = 1/A_\mathrm{T}$。此寿命代表了发光强度衰减到初始强度 $1/\mathrm{e}$ 的时间，可以从线性拟合曲线 $\ln I\text{-}t$ 的斜率得到。由于 τ 是从脉冲发光实验中测量得到的，它被称为**荧光寿命**或发光寿命。需要强调的是，该寿命值给出的是总辐射速率（辐射速率加上无辐射速率）。因此方程（1.17）经常

被写成

$$\frac{1}{\tau} = \frac{1}{\tau_0} + A_{nr} \qquad (1.20)$$

式中 $\tau_0 = 1/A_r$ 是**辐射寿命**,相当于在纯辐射($A_{nr} = 0$)过程中测量的发光衰减时间。一般情况下,由于无辐射速率不等于0, $\tau < \tau_0$。

现在**量子效率** η 可以容易地表示为辐射寿命 τ_0 和荧光寿命 τ 的形式:

$$\eta = \frac{A_r}{A_r + A_{nr}} = \frac{\tau}{\tau_0} \qquad (1.21)$$

上式指出,如果已知由其他的独立实验获得的量子效率 η,可以通过荧光衰减实验获得辐射寿命 τ_0(以及辐射速率 A_r)。5.7节将讨论测量量子效率的实验方法。

例 1.7 硼酸钇铝 $YAl_3(BO_3)_4$ 激光晶体中掺杂的 Nd^{3+} 离子的 $^2F_{3/2}$ 亚稳态能级的荧光寿命测量值为 56 μs。如果该态的量子效率是 0.26,请计算辐射寿命、辐射速率和无辐射速率。

根据公式(1.21),辐射寿命 τ_0 为

$$\tau_0 = \frac{56 \ \mu s}{0.26} = 215.4 \ \mu s$$

辐射速率为

$$A_r = \frac{1}{215.4 \times 10^{-6} \ s} = 4\ 643 \ s^{-1}$$

总的退激发速率为

$$A_T = \frac{1}{\tau} = \frac{1}{56 \times 10^{-6} \ s} = 17\ 857 \ s^{-1}$$

无辐射速率为

$$A_{nr} = A_T - A_r = 13\ 214 \ s^{-1}$$

无辐射速率 A_{nr} 远远大于辐射速率 A_r,所以在此激光晶体中由泵浦光导致的热效应非常明显(Jaque 等,2000 年)。

现在有必要提一下,测量荧光衰减寿命的仪器与图1.8所示的仪器相似。不同之处在于,激发光源是脉冲的(脉冲激光也行),探测器需连接时间分辨系统,如示波器、多道分析仪或 Boxcar 积分器(见第3章)。

也可以测量激发脉冲被吸收后不同时间的发射光谱,即**时间分辨光谱**,它对于理解分析复杂发光系统的发光机理非常有用。该技术的基本思想是脉冲激发延迟时间 t 后,测量时间门 Δt 内的发射光谱,如图1.12所示。因此,对于不同的延迟时间,可以测量得到不同形状的发射光谱。

时间分辨光谱已经被用于探测矿物中不同的痕量元素(浓度非常低的元素)。图1.13展现了无水石膏($CaSO_4$)的两个时间分辨发射光谱。激发结束(0 ms 延迟)的发射光谱给出了一个位于 385 nm、来自 Eu^{2+} 的特征发射峰。由于 Eu^{2+} 的荧

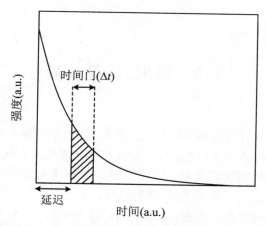

图 1.12　发光的时间衰减示意图,显示了延迟时间 t 时刻的时间门 Δt

光寿命大约为 1 μs,延迟 4 ms 后的发射光谱中,Eu^{2+} 的发光彻底消失了。因此可以观察到矿物中来自 Eu^{3+} 和 Sm^{2+} 的微弱荧光信号,它们在短延迟时被 Eu^{2+} 的强发光掩盖。三价 Eu 离子具有更长的荧光寿命,所以 ms 量级的时间延迟后仍然可以观察到发光。

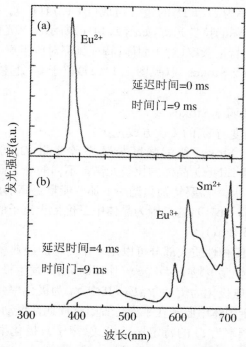

图 1.13　无水石膏($CaSO_4$)在不同时间延迟下的时间分辨发射光谱。为了清楚地观察 Eu^{3+} 和 Sm^{2+} 的发光,图(b)的发光强度放大了 1000 倍。激发波长为 266 nm。(经允许复制于 Graft 等,2001 年)

1.5 散射:拉曼效应

现在来研究入射光通过样品时产生的散射光(图 1.2 的 I_S)。散射的一种常见表现是黎明或黄昏时天空呈红色,或白天时天空呈蓝色。大气中分子对阳光的瑞利散射导致了这两种情况的发生。这种散射是一种弹性过程(散射光子能量等于入射光子能量),而且光子频率越高,散射越强。

也可能发生非弹性散射过程。1928 年,印度科学家 C. V. Raman(拉曼,1930年诺贝尔奖得主)验证了一种由 A. Smekal 在 1923 年预测的非弹性散射。这种非弹性散射开创了一种新的光谱学技术,即拉曼光谱学,它被应用于研究物质对光的非弹性散射。这种效应在某些方面类似于自由电子对电磁辐射的非弹性散射引起的康普顿效应。

图 1.14 显示了拉曼效应的光谱示意图。当频率为 ω_0 的光(通常是激光)进入样品时(图 1.14(a)),输出的散射光谱由相同频率(ω_0)的主线和非常弱的(强度约为主线的 1/1 000)频率为 $\omega_0 \pm \Omega_i$ 的边带组成(图 1.14(b))。主线对应于瑞利散射,而边带光谱则是实际的拉曼光谱,如图 1.14(c)所示。该光谱具有以下特性:

(i) Ω_i 是物质的特征频率(对于固体,特征频率对应于声子频率)。

(ii) Stokes 线和反 Stokes 线(见图 1.14(c))位于 ω_0 处主线(瑞利线)两侧对称的频率上。

(iii) 反 Stokes 线弱于 Stokes 线。

(iv) 这些线的强度与 ω_0 的 4 次方成正比。

拉曼光谱通常用 Stokes 线的强度与频率改变量 Ω_i 的依赖关系来表示。图 1.15 所示为**铌酸锂 LiNbO$_3$** 晶体的拉曼光谱。不同的峰上面标注了涉及的不同声子能量(单位为 cm^{-1})。需要特别强调一下那些能量更高的声子,它们被称为**有效声子**(LiNbO$_3$ 为 883 cm^{-1}),这是因为晶体中三价稀土离子的无辐射退激发过程主要由它们参与(见 6.3 节)。

上述拉曼光谱的四种性质大部分可以用一个简单的经典模型来解释。当晶体受到入射电磁辐射的振荡电场 $E = E_0 e^{i\omega_0 t}$ 作用时,晶体发生极化。在线性近似下,任意特定方向的感应电极化为 $P_j = \chi_{jk} E_k$,其中 χ_{jk} 为极化率张量。正如晶体的其他物理性质一样,由于固体中原子在平衡位置附近周期性振动,极化率会因此而发生变化。所以,对于频率为 Ω 的特定振动模式(声子),极化率张量的每个分量可以表示为

$$\chi_{jk} = \chi_{jk}^{(0)} + \frac{\partial \chi_{jk}^{(0)}}{\partial Q} Q + \cdots \tag{1.22}$$

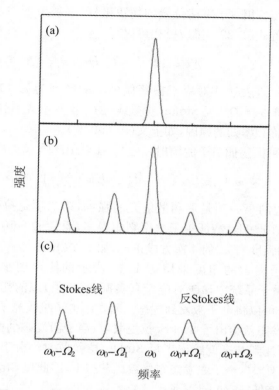

图 1.14 拉曼效应的光谱示意图。（a）入射光谱；
（b）散射光（瑞利和拉曼）光谱；（c）拉曼光
谱。实际情况下,入射光、瑞利线和拉曼线
的相对强度与图中强度有很大不同

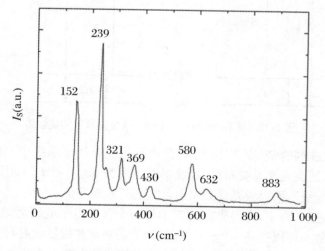

图 1.15 室温下 LiNbO₃ 的拉曼光谱

其中 $Q = Q_0 \mathrm{e}^{\pm i\Omega t}$ 代表相对于平衡位置的简正坐标,平衡位置在上式中用上标(0)表示。因此,使用等式(1.22),感应极化可以写成

$$P_j = \chi_{jk}E_k = \chi_{jk}^{(0)}E_{0k}\mathrm{e}^{i\omega_0 t} + Q_0 E_{0k} \frac{\partial \chi_{jk}^{(0)}}{\partial Q} \mathrm{e}^{i\omega_s t} + \cdots \tag{1.23}$$

其中 $\omega_s = \omega_0 \pm \Omega$。该表达式对应于振荡偶极子的频率为 ω_0(瑞利光)、$\omega_0 - \Omega_i$(Stokes 拉曼线)和 $\omega_0 + \Omega_i$(反 Stokes 拉曼线)的二次辐射光。这解释了拉曼线出现在 ω_0 两侧的对称频率处的原因,如上文(i)和(ii)。

另一方面,这种振荡偶极子的辐射强度与 $|\mathrm{d}^2 \boldsymbol{P}/\mathrm{d}t^2|^2$ 成正比,即

$$I \propto \omega_0^4 (\chi_{jk}^{(0)}E_{0k})^2 + \omega_s^4 \left(Q_0 E_{0k} \frac{\partial \chi_{jk}^{(0)}}{\partial Q} \right)^2 + \cdots \tag{1.24}$$

式(1.24)右边的第一项是瑞利散射光的强度,第二项是拉曼散射光的强度。对于可见光,$\omega_0 \sim 10^{15}$ Hz;特征声子频率则短得多,通常 $\Omega \sim 10^{12}$ Hz。所以 $\omega_0^4 \approx \omega_s^4$,且拉曼散射的强度与 ω_0 的 4 次方成正比,如上文(iv)。

也可以从量子力学的角度采用图 1.16 所示的能级图来说明拉曼效应的性质(iii)。在该量子系统中,$\hbar\Omega$ 对应于真实振动(声子)态的能量,系统吸收能量为 $\hbar\omega_0$ 的入射光子可以将电子激发到虚态。基态的电子吸收光子到达虚态后,从虚态跃迁到声子激发态就给出了 Stokes 拉曼散射;声子激发态的电子吸收光子到达虚态后,从虚态跃迁到基态就给出了反 Stokes 拉曼散射。由于**玻尔兹曼分布**,即电子数正比于 $\mathrm{e}^{-\hbar\Omega/(kT)}$,声子激发态布居数比基态少,因此反 Stokes 线的强度必然比 Stokes 线的强度低,正如上文(iii)。

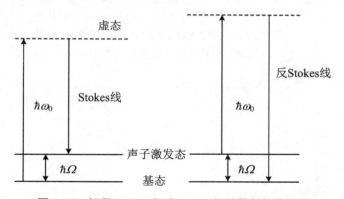

图 1.16 解释 Stokes 和反 Stokes 拉曼散射的能级图

必须再次强调的是,图 1.16 的虚态并不对应于量子系统中真实的稳定本征态。拉曼光谱比荧光光谱要弱得多(效率因子约为 $10^{-7} \sim 10^{-5}$),因为后者利用的是"真实电子能级",而拉曼光谱必须引入"虚态"才能发生。

在共振拉曼光谱中,入射光束的频率与两个真实电子能级之间的能量(频率)差相等,因此效率可以提高 10^6 倍。然而,为了观察共振拉曼散射,必须要防止与更高效的发射光谱之间可能的重叠。因此,为了使拉曼光谱不被荧光掩盖,拉曼实验

通常是在非共振情况下进行的。

拉曼光谱的实验装置类似于荧光光谱实验装置(见图1.8)。其不同点在于,拉曼光谱通常使用激光做激发源,并且为了获得更高的分辨率(更大的单色仪)和检测极限(使用光子计数技术,见3.5节),检测系统更加复杂。

拉曼光谱在识别固体的振动模式(声子)方面非常有用。这意味着可以通过拉曼光谱来检测由外因(如压力、温度、磁场等)引起的结构变化。它在化学领域中也非常有用,可以用来识别分子和自由基。在许多情况下,拉曼光谱可以看作是物质的"指纹"。

最后需要指出的是,**拉曼光谱**和**红外吸收谱**(振动能级之间的吸收谱)通常是研究与振动相关的能级结构的互补技术。如果电荷密度分布的对称性改变,即振动(声子)引起了系统的偶极矩变化,那么此振动是红外活性的,此时$(\partial P/\partial Q)_0 \neq 0$。另一方面,由方程(1.23)可知,如果一个振动引起极化率(或磁化率)发生变化,即$(\partial \chi/\partial Q)_0 \neq 0$,那么此振动是拉曼活性的。

对于"局域对称"具有"对称中心"的情况(见7.2节),如果振动(声子)是红外活性的,则它就是拉曼非活性的,反之亦然。这个规则通常被称为互斥规则。

1.6　特别专题:傅里叶变换光谱

在前一节已经看到拉曼光谱与红外光谱是互补的,两种光谱都提供了关于固体声子结构方面非常有用的信息。然而,红外光谱对应的范围约为 $100 \sim 5\,000$ cm^{-1},远离光学波长范围。因此,**红外吸收谱**通常由所谓的傅里叶变换红外光谱仪(FTIR)测量。这类光谱仪的工作方式与1.3节讨论的吸收谱仪截然不同。

傅里叶变换红外光谱仪的基本结构原理图如图1.17所示。这种光谱仪的核心部件是迈克耳孙干涉仪,它由固定镜、可移动镜和分光镜组成。当来自光源的红外光束到达分光镜时,光被分成两部分。一半的光束被反射到固定镜,而剩余的一半则透过分光镜射向可移动镜。这两束光分别被两镜反射,返回到分光镜再重新组合成新的光束,新光束最后穿过样品并最终聚焦到检测器上。

首先考虑入射光波长为 λ 的单波长红外光通过空干涉仪(无样品)时的情况。如果这两个反射镜(可移动的和固定的)与分光镜的距离同为 L,则在分光镜处重新组合的两束光的传播距离同为 $2L$(无光程差,即 $x=0$),那么它们发生相长干涉,因此在探测器中能探测到最大值。如果将可移动镜朝远离分光镜的方向挪动 $\lambda/2$ 距离,则可移动镜反射的光束将传播一段额外的光程差 $x=2(\lambda/2)=\lambda$,在探测器中将再次观察到相长干涉。然而,当移动可移动镜的距离为 $\lambda/4$ 时,可移动镜

会产生额外光程差 $x = 2(\lambda/4) = \lambda/2$；然后，两束光在分光镜中以 $\lambda/2$ 的延迟重新组合，因此它们会发生相消干涉，在探测器中探测到最小值。为了记录光谱，将可移动镜放在光程差远远大于 λ 的位置。对于给定波长（或给定波数）的单色光束的情况，可以获得图 1.18(a) 所示的干涉图，当光程差 $x = n\lambda$ 时获得最强的探测信号，当光程差 $x = (n + 1/2)\lambda (n = 0,1,2,\cdots)$ 时有最弱的探测信号。此时，应该注意到干涉图 $I(x)$ 的傅里叶变换就是单色辐射的频谱 $I(\nu)$，如图 1.18(a) 的左图所示。

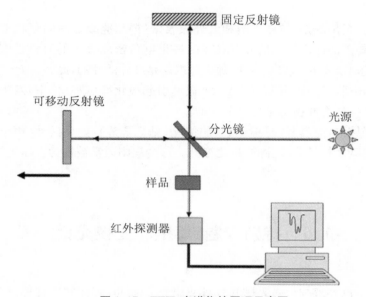

图 1.17　FTIR 光谱仪的原理示意图

现在考虑用红外灯作为光源的情况。此时，不同波长的光同时产生了干涉，探测器中测量的干涉图比单色光源的要复杂得多。图 1.18(b) 显示了红外光源典型的光谱形状以及用空干涉仪得到的干涉图。对于用 FTIR 光谱仪采集的常规数据，测量得到的干涉图 $I(x)$ 必须通过傅里叶变换将其转换成普通光谱。这种转换涉及对 $I(x)$ 信号进行一定的数学处理（使用数值方法），因此一台好的计算机是 FTIR 光谱仪重要的组成部分之一。

FTIR 光谱仪通常能够提供透射光谱 $T(\nu)$，但在获得样品的最终光谱之前，需要进行以下三个步骤：

（ⅰ）用空光谱仪测量干涉图。然后对其进行傅里叶变换，得到参考(灯)光谱 $R(\nu)$，如图 1.19(a) 所示的真实红外光源的光谱。

（ⅱ）测量加入样品后的干涉图。经过傅里叶变换得到了所谓的样本光谱 $S(\nu)$（图 1.19(b)）。要注意的是，放入样品后，参考光谱的某些频率会被选择性地吸收。因此，$S(\nu)$ 看起来与 $R(\nu)$ 非常相似，但是在样品吸光处强度会降低。

（ⅲ）样品的透射光谱就是样品光谱与参考光谱的比值，即 $T(\nu) = S(\nu)/R(\nu)$（图1.19(c)）。

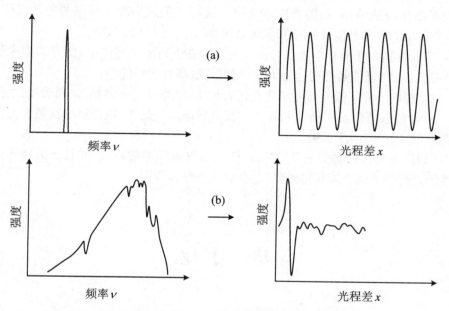

图 1.18 (a) 单色红外光束对应的光谱(左)及其干涉图(右)；
(b) 光源的宽带光谱(左)及其干涉图(右)

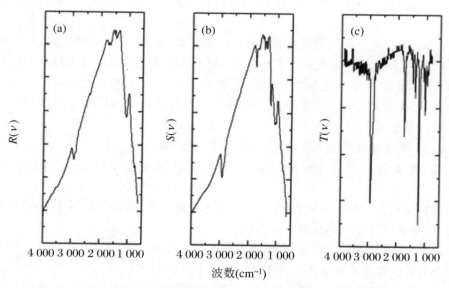

图 1.19 (a) 空光谱仪测量的参考光谱；(b) 加入吸收样品后测量的光谱；
(c) 样品最终的红外透射光谱

与传统的色散型系统相比,FTIR 光谱仪具有许多优势:

• 数据采集速度快,信噪比高。这是因为 $S(\nu)$ 的所有数据实际上都是由探测器同时测量得到的(x 扫描速度非常快),这与必须逐步改变频率的色散系统(如 1.3 节讨论的分光光度计)不同(多通道优势)。

• 非常适用于分析弱光信号。这是因为在 FTIR 光谱仪中,所有的频率都同时到达探测器,其能量强度远远大于色散系统(高光通量优势)。

• 使用 He-Ne 激光器的单色光进行校准,频率测定非常精确(精确度优势)。

• 与色散型仪器相比,FTIR 光谱仪分辨率高。此外,该分辨率在整个光谱范围内是相同的,与频率无关。

FTIR 光谱仪的缺点主要如下:这些光谱仪价格通常较高,并且还需要通过对干涉图进行数学运算来获得光谱,这会引入一些人为因素。

练 习 题

1.1 Nd^{3+} 离子在晶体中显示出几种不同宽度的吸收线。钒酸钇(YVO_4)中 Nd^{3+} 离子的其中一条吸收线峰值在 809 nm 处,温度为 2 K 时其自然展宽的半高宽为 $(\Delta\nu)_{nat} = 18\,GHz$。请估计(a)自然展宽(用波长单位 nm 表示)和(b)激发态的寿命。

1.2 现有两个不同厚度的相同荧光晶体样品,其中一个在频率为 ν_0 处光密度为 3,而另一个在频率 ν_0 处光密度为 0.2。假设其半高宽为 $\Delta\nu = 1\,GHz$,峰值波长为 600 nm,请绘制出两样品的吸收谱(光密度-频率)。然后给出两样品的吸光度和透射光谱,并与对应的吸收谱进行比较(考虑洛伦兹线型(式(1.8))和高斯线型(式(1.9))两种情况。

1.3 某光学材料在 400 nm 处的吸收系数为 $10\,cm^{-1}$。

(a) 要制造一个在 400 nm 处光密度为 3 的光学滤波片,该材料的厚度是多少?

(b) 如果有一个在该波长处功率为 1 W 的激光,但是仅仅需要 1 mW 来照射某样品,需要使用多少个这样的滤光片?

1.4 某光学滤光片在 633 nm 处的光密度为 4.0。

(a) 求此滤波片在该波长的透射率和吸光度。

(b) 若一束功率为 1 mW、波长为 633 nm 的激光束通过此滤光片,求透过该滤光片的激光功率大小。

1.5 光纤的光传输质量通常由其损耗决定。入射强度为 I_0 的光束穿过长度

为 l 的光纤的损耗 A_t 定义为 $A_t(\mathrm{dB}) = 10\lg[I_0/I(l)]$，其中 $I(l)$ 是 l 处的光强，dB 表示分贝单位。通常该长度 $l = 1\,\mathrm{km}$，因此每根光纤的损耗单位为 $\mathrm{dB \cdot km^{-1}}$。

（a）假设损耗仅由吸收造成（通常一部分光也会因散射而损失），建立损耗（$\mathrm{dB \cdot km^{-1}}$）与光纤的吸收系数（$\alpha$）之间的关系。

（b）损耗系数为 $0.2\,\mathrm{dB \cdot km^{-1}}$ 的某光纤，估算其吸收系数。

（c）估算 1 km 光纤的光密度。

（d）如果用 1 W 的激光传输信息，估计在光纤传输 50 km 后的激光功率。

1.6　Ti^{3+} 离子激活的晶体在 514 nm 处有一吸收峰，对应的发射谱的峰值在 600 nm 处。晶体样品在吸收峰处的光密度为 0.6，用功率为 2 mW 的 514 nm 的 Ar^+ 激光器照射该样品。

（a）求该光束在通过晶体后的激光功率。

（b）如果晶体量子效率为 $\eta = 0.6$，求发光的强度（以光子/s 为单位）和在晶体中耗散的热量功率。

1.7　Nd^{3+} 掺杂的钇铝石榴石（YAG:Nd）晶体是一种著名的固体激光材料。如果主激光发射的荧光寿命为 $230\,\mu s$，对应发射能级的量子效率为 0.9。求（a）辐射寿命、（b）辐射和无辐射速率。

1.8　当用波长为 $1\,\mu m$ 的近红外光去照射某荧光粉时，它在 400 nm 处发出微弱的光。

（a）画能级图解释此发光行为。

（b）为了观察到该发光行为，每个中心需要连续吸收多少个光子？

（c）求 400 nm 处的发光强度和 $1\,\mu m$ 处的激发光强度之间的依赖关系。

1.9　用 514 nm 激光去照射 $LiYF_4$ 晶体，在 514 nm、518.1 nm、518.7 nm、519.3 nm、520.6 nm、521.1 nm、522.8 nm、525 nm 处探测到散射光。

（a）估算一下参与拉曼光谱的声子能量。

（b）确定反 Stokes 线的峰值位置。

（c）假设在 300 K 时 518.1 nm 处拉曼峰的强度为 I_1，粗略估算对应的反 Stokes 线的强度。

参考文献和延伸阅读

［1］　Fox M. Optical Properties of Solids［M］. Oxford：Oxford University Press，2001.

［2］　Gaft M，Reisfeld R，Panczer G，Ioffe O，and Sigal I. Laser-Induced Time-Resolved Luminescence as a Means for Discrimination of Oxidation States of Eu in Minerals［J］. J. Alloys Compds.，2001，323-324：842-846.

［3］　Lifante G，Jaque F，Hoyos M A，and Leguey S. Testing of Colourless Natural

Diamonds by Room Temperature Optical Absorption[J]. J. Gemmology，1990，22(3)：142-145.

[4] Jague D，Capmany J，Rams J，and García Solé J. Effects of Pump Hea-ting on Laser and Spectroscopic Properties of the Nd：[YAl$_3$(BO$_3$)$_4$] Self-Frequency-Doubling Laser[J]. J. Appl. Phys.，2000，87(3)：1042-1048.

[5] Roland Menzel E. Laser Spectroscopy. Techniques and Applications[M]. New York：Marcel Dekker，Inc.，1995.

[6] Saleh B E A，and Teich M C. Fundamentals of Photonics[M]. New York：John Wiley & Sons Inc.，1991.

[7] Svelto O. Principles of Lasers[M]. New York：Plenum Press，1986.

第 2 章　光　　源

2.1　引　　言

在众多现代应用中,光已经被证明是测量和扫描技术中非常有用的工具。在光谱学领域尤其如此,通过对光与物质相互作用现象的分析可以给出物质和光两者本质的基本信息。在此,必须更加深入和广泛地去理解光,包括 1.2 节定义的"光学波长范围"的辐射。本章将致力于描述光谱学基本仪器中不同类型光源的物理基础。

因为热辐射和各种灯光源的工作原理相关,所以先简述热辐射的主要特征。

考虑温度为 T 的某空腔的热辐射。这里所说的"热辐射"一词是指辐射场与其周围环境处于热平衡状态时的热辐射,即对所有频率 ν,空腔壁吸收的功率 $P_a(\nu)$ 等于发射的功率 $P_e(\nu)$。在此条件下,空腔内不同电磁波的叠加会形成驻波,这也是形成稳定辐射场的条件。这些驻波被称为空腔模。

通过计算,在频率间隔 $d\nu$ 内单位体积的模式数目 $n(\nu)$ 可由下式给出:

$$n(\nu)d\nu = \frac{8\pi\nu^2}{c^3}d\nu \tag{2.1}$$

其中 c 是真空中的光速。

正如普朗克在 1900 年指出,辐射场的每种模式只能发射或吸收不连续的、分立的能量,这些能量是最小能量单元 $h\nu$ 的整数倍。因此,根据公式(2.1),以及在热平衡态下总能量在不同空腔模的分布服从**麦克斯韦－玻尔兹曼分布**,可以得到从 ν 到 $\nu+d\nu$ 频率间隔辐射场的能量密度 $\rho_\nu d\nu$:

$$\rho_\nu d\nu = \frac{8\pi\nu^2}{c^3}\frac{h\nu}{e^{h\nu/(kT)}-1}d\nu \tag{2.2}$$

这就是著名的**普朗克辐射定律**,它给出的热辐射光谱能量密度 ρ_ν 与实验结果完全吻合。图 2.1 给出了两个不同温度的黑体辐射的能量密度 ρ_ν 的光谱分布。由公式(2.2)可知,具有相同温度的不同物体,其热辐射(也称**黑体辐射**)的光谱形状是完全相同的。在公式(2.2)中,ρ_ν 表示在单位时间单位面积单位频率间隔内温度为 T 的黑体辐射的能量密度。对全频率范围进行积分就可以获得总的黑体辐射通量(单位为 $W \cdot m^{-2}$),即由 $E_{tot} = \int_0^\infty \rho_\nu d\nu$ 得到

$$E_{tot} = \sigma T^4 \tag{2.3}$$

这就是著名的斯特藩-玻尔兹曼定律。式中 $\sigma = 5.67 \times 10^{-8} \ W \cdot m^{-2} \cdot K^{-4}$ 是斯特藩-玻尔兹曼常数。在实际情况中,黑体辐射服从式(2.3)的微修正式:

$$E_{tot} = \varepsilon \sigma T^4 \tag{2.4}$$

式中系数 ε 是表面发射率,它等于真实黑体实际发射的能量与理想黑体光谱能量的比值(理想黑体 $\varepsilon = 1$)。

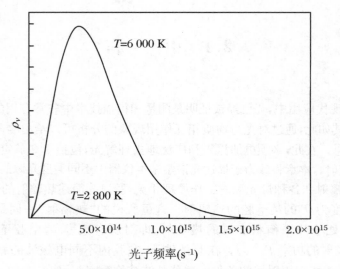

图 2.1 两种不同温度的黑体辐射的能量密度的光谱分布

热辐射场的一个重要特征是它的能量密度 ρ_ν 是各向同性的,即各个方向的发射都是相同的。光谱分布接近普朗克公式的真实辐射源有太阳(其光谱与 $T = 6\ 000\ K$ 的黑体辐射光谱一致)和白炽灯泡的钨灯丝($T = 2\ 800\ K$)。

另外,气体放电灯是各向同性的非热辐射源的例子,它发射离散光谱。激光是各向异性的非热辐射光源的例子,其辐射场集中在几种模式下,同时激光的发散角很小。

例 2.1 考虑室温(300 K)下的热辐射场。请确定在可见光范围、光谱宽度 $d\nu = 10^9 \ s^{-1}$ 内,每立方米的模式数目及每个模式的平均光子数。

选择典型可见波段的波长 $\lambda = 600 \ nm$,其对应的频率 $\nu = c/\lambda = 5 \times 10^{14} \ s^{-1}$。

根据公式(2.1),在光谱宽度 $d\nu = 10^9 \ s^{-1}$ 内,模式密度为

$$n(\nu)d\nu = (2.3 \times 10^5) \times 10^9 \ m^{-3} = 2.3 \times 10^{14} \ m^{-3}$$

该值比低频(如微波)时的模式密度高几个数量级;该值比高频(如 X 射线)时的模式密度低几个数量级。

为了计算每个模式的平均光子数,需要先计算模式条件 $\nu = 5 \times 10^{14}\ \mathrm{s}^{-1}$,以及 300 K 时的平均能量 W。根据麦克斯韦－玻尔兹曼分布可以得出

$$W = \frac{h\nu}{\mathrm{e}^{h\nu/(kT)} - 1} = 5.56 \times 10^{-54}\ \mathrm{J}$$

600 nm 光子的能量是 $h\nu = 3.3 \times 10^{-19}\ \mathrm{J}$,故该模式下平均光子数是 1.7×10^{-35}。这表明在光谱宽度 $10^{9}\ \mathrm{s}^{-1}$(多普勒展宽量级)的可见光区域,每个模式的平均光子数远远小于 1。正如将在 2.3 节讨论的那样,这会产生重要的结果。

2.2 　 灯 　 光 　 源

不同的灯光源已经被应用于光谱学、材料分析和激光泵浦等领域,下面将列举一些常用的灯光源系统及其主要特性。

2.2.1 　 钨丝灯和石英卤钨灯

钨丝灯被用于光谱仪是因为它在近红外区域提供了有用的光谱带。钨灯丝被封装在一个充有氩气或氮气的玻璃泡内,利用电加热使其达到白炽状态,这一过程被称为白炽发光。此时可以得到一个接近白光的亮黄色发光,它的温度通常是 2 800 K。这也是普通灯泡灯丝的工作温度。它的光谱能量密度如图 2.1 所示。

石英卤钨灯是改进的钨丝灯。卤钨灯也是用钨丝制成的,但被封装在一个更小的石英玻壳内。玻壳离灯丝很近,如果玻壳是玻璃制成的,会很容易被熔化。玻壳内的气体也不相同,它充有不同的卤素气体。这些气体具有非常有趣的特性:在适当的温度下,从灯丝蒸发出来的钨与卤素进行化学反应,形成挥发性的卤钨化合物。当卤钨化合物扩散到较热的灯丝周围时又分解为卤素和钨,钨会重新凝固在钨丝上。此循环过程使得钨丝的使用寿命更长。同时由于灯丝工作在更高的温度下,可以获得更高的亮度和更高的发光效率。

例 2.2 请估算 2 000 K 时,0.1 cm² 大小热辐射源的总辐射功率,假定表面发射率是 0.8。

根据公式(2.4),有

$$E_{\mathrm{tot}} = \varepsilon\sigma T^4 = 0.8 \times 5.67 \times 10^{-8} \times (2\ 000)^4\ \mathrm{W \cdot m^{-2}} = 7.25 \times 10^5\ \mathrm{W \cdot m^{-2}}$$

因此,0.1 cm² 大小热辐射源的总辐射功率为 $P_{\mathrm{tot}} = 7.25\ \mathrm{W}$。

2.2.2 光谱灯

光谱灯在一些特殊的实验室中获得了很好的应用。**光谱灯**常被用作分立谱线的稳态光源,其谱线来自特定元素(大多数情况下是金属)的原子光谱。原子光谱可以由放电管内的发射金属制成的电极间产生的弧光放电产生,或者通过将盐粉末喷洒到普通的气体火焰中产生。目前,由于放电管中金属的纯度更高,放电灯的性能得到了很大的提升。**气体放电灯**也是光谱灯的一种,这些气体放电灯中含有低压气体(小于 1 个大气压),如 Ne、Xe 或 He。这些气体原子被流经气体的电流激发到高能态。图 2.2(a)、(b)给出了低压钠和低压汞蒸气放电灯的光谱。从图中可以观察到金属蒸气不同能级间跃迁所产生的几乎是单色的共振线发光。

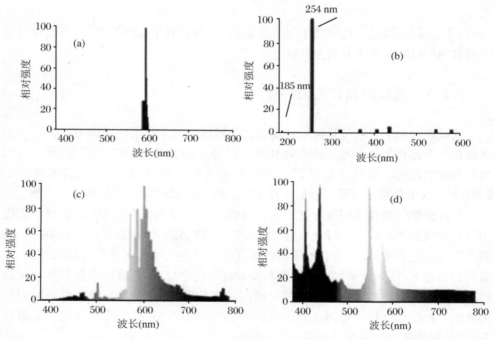

图 2.2 不同光谱灯的发射光谱:(a) 低压钠灯;(b) 低压汞灯;(c) 高压钠灯;(d) 高压汞灯

2.2.3 荧光灯

荧光灯是以低压气体(大多数情况下是汞)放电灯为基础的灯光源。荧光灯的核心元件是一个密闭的玻璃管,如图 2.3 所示。这根玻璃管内含有少量汞和惰性气体,并保持很低的气压(大气压的百分之几)。玻璃管内壁上涂覆有荧光粉。玻璃管有两个电极,连接电极的两端构成电路。当打开灯时,电极发射的电子从玻璃管的一端经过气体迁移到另一端。当电子和带电原子通过玻璃管时,会与气态汞原子发生碰撞。这些碰撞会激发汞原子,将汞原子的电子泵浦到激发态。当激发态的电子跃迁回到基态时,发出位于紫外区域的光子(185 nm 和 254 nm),如图 2.2(b)所示。

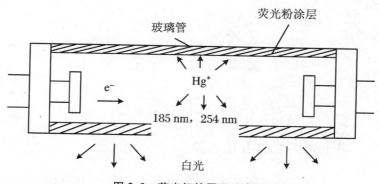

图 2.3　荧光灯的原理示意图

　　汞灯的紫外辐射通过荧光粉涂层的光致发光转化为可见光辐射。荧光材料利用紫外辐射为激发源,在可见光区域产生荧光发射,发出的宽带光谱即为我们看到的白光。荧光灯中已经使用了各种各样的荧光粉组合(Shionoya 和 Yen,1999 年)。荧光灯效率很高,主要应用在普通照明领域。

2.2.4　高压气体放电灯

　　高压气体放电灯的基本原理是:当气体压力增加时,气体的单色共振线会大大展宽。碰撞导致的额外展宽(常被称为压力展宽)影响着气体原子的能级结构。这种效应是短距离原子相互作用产生的能级的不同移动造成的。不同于稀薄气体的典型线状光谱,高压气体放电产生的是宽带光谱。图 2.2(c)、(d)给出了高压钠灯和高压汞灯的发射光谱,这完全不同于对应的低压灯光谱。高压气体放电灯的典型压强为 200 个大气压。

　　这类灯显示出良好的显色性能,其非常宽的光谱决定了它们的主要用途。例如,高压氙灯或氘灯经常被应用于光谱测量领域。

2.2.5　固态光源

　　最后介绍的是基于半导体技术的固态光源,它们通常被称为发光二极管(LED)。其发光来自导带的电子与价带的空穴在 p-n 结的辐射复合(见 2.4 节)。基于先进的半导体制备技术,可以通过商业化定制来产生从紫外到红外宽光谱范围的各种辐射,这是 LED 灯最吸引人的特点。通过控制红光、绿光和蓝光 LED 的特定组合,可以调控发光的颜色。目前(2022 年),使用基于 GaN 或 InGaN 芯片结合光转换荧光粉的白光照明技术已经取代了钨丝灯泡和荧光灯(译者注),它们主要应用于显示和照明。基于 LED 灵活的设计,可以在 LED 这种非热辐射光源中实现人工合成热辐射光谱。

2.3 激 光

2.3.1 用于光谱学的激光光源

在光谱学的各种应用中,激光正在取代传统的灯光源,这是因为在许多实验中激光的性能远远优于非相干光。由于激光具有各种优势,许多光谱实验得以改进,许多新技术相继涌现。激光辐射自身的特点构成了它们的优势,并在许多领域获得了广泛应用。

下面列举**激光**的一些特点,并举例说明它们在光谱学领域的影响。

(ⅰ)强度极高。大多数类型的激光可以实现超过非相干光源几个数量级的功率密度。这个特性带来了很多影响。一方面,可以显著降低噪声(来自背景辐射或探测器),这意味着信噪比的提高。另一方面,激光提供的高强度辐射可用于研究非线性现象,例如多光子过程或饱和现象,这是传统线性光谱技术无法轻易实现的。

(ⅱ)方向性极好。与传统灯光源相比,激光的另一个重要优点是辐射光束发散角小。这使得可以更容易地处理和控制光束,并能将其集成到集成光路器件中。从光谱学的角度可以列举一些与准直激光束发散角小的相关例子:通过增加光通过样品的路径长度(甚至使用波导结构)来实现非常小的吸收系数的测量;对来自样品的微弱辐射的有效收集和成像在拉曼散射或微弱荧光谱中特别有用。

(ⅲ)单色性好。某些类型的激光器可以输出谱宽非常窄的激光,这对高分辨光谱技术的发展和应用有着特殊的影响。事实上,一些激光器具有的光谱分辨率比最大的单色仪高出几个数量级。

(ⅳ)波长可调谐。实现了具有上述所有特性的波长连续可调的激光输出。实际上,可调谐激光可以取代强辐射光源和昂贵的高分辨单色仪,它们在光谱学中的应用成本可能比预估的还要便宜。

(ⅴ)光脉冲超短。可以提供短脉冲和超短脉冲(飞秒甚至阿秒量级)的脉冲激光。这使得研究快速和超快现象成为可能,例如固体的各种超快弛豫过程。

（vi）相干性好。许多激光光谱学实验都依赖于辐射的相干性,利用激光束可以处理多种相干波叠加时发生的现象。从光谱学的角度来看,相干光束可以应用于高分辨率测量装置。而这正是干涉光谱学的情况。例如,使用法布里－珀罗腔或差频分析方法,频率稍微不同的光束叠加会产生节拍,从而产生一个随时间变化的强度,而这强度可以被灵敏的光电二极管探测,即可获得这些光束的光谱形状（Lauterborn 和 Kurz,2003 年）。

目前,可以获得从紫外到远红外的宽光谱范围内的激光辐射,这完全覆盖了光谱学的波长范围。图 2.4 显示了不同类型的激光器覆盖的光谱区域。虽然在某些特定区域不能直接获得激光,但可以利用其他波长的激光束通过混频技术来获得（详见 2.5 节）。

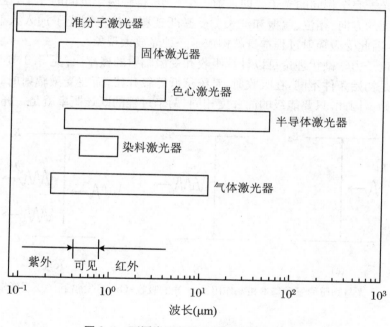

图 2.4　不同类型的激光器覆盖的光谱区域

2.3.2　激光的基本原理

LASER（**激光**）一词是 Light Amplification by Stimulated Emission of Radiation（**受激辐射的光放大**）的首字母缩写。与晶体管系统可以产生和放大电信号的方式类似,随着激光的出现,我们拥有了能够产生和放大相干光的设备。

激光器件的基本元件列举如下:

• **激活介质**:由处于气态、液态或固态的原子、分子或离子组成,通过它们量子化能级之间的合适跃迁能够产生并放大光。

- 泵浦源：将原子(分子、离子等)激发到更高的量子化能级，从而产生并维持粒子数反转。
- 光学谐振腔：提供正反馈。

激活介质和谐振腔共同决定了产生的激光的频率。

在激活介质中光与物质相互作用是产生激光辐射的关键。基于以上考虑，爱因斯坦提出了关于原子光吸收和光发射过程的定性理论。光与物质有三种基本的相互作用：光的吸收(**受激吸收**)、**自发辐射**及**受激辐射**。图 2.5 描绘了双能级系统(E_1 和 E_2)的三种相互作用。产生激光辐射的基础在于最后一个过程：受激辐射。也就是说，当入射光子的能量 $h\nu$ 等于 E_2、E_1 能级差($h\nu = E_2 - E_1$)且高能级上有电子存在时，入射光子的电磁场就会诱发原子从高能级跃迁到低能级，同时放出一个与入射光子完全相同的光子。即入射一个光子，得到两个全同的光子，这两个光子具有相同的方向、相位、偏振和波长。受激跃迁释放的全同光子加入入射波，增强了光束，因此受激辐射过程本身就构成了一种光放大现象。

利用量子力学微扰理论可以计算吸收和受激辐射的概率(详见 5.3 节)。这两个过程只是初始条件不同，在吸收时，系统从低能级开始；而在受激辐射时，系统从高能级开始。因此，只要能级的简并度相同，两个过程的**跃迁概率**就是一样的。

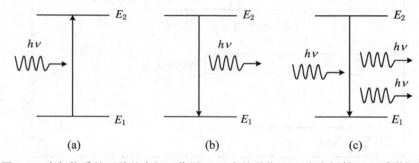

图 2.5　光与物质的三种基本相互作用：(a) 光的吸收；(b) 自发辐射；(c) 受激辐射

2.3.3　粒子数反转：阈值条件

很明显，为了获得受激辐射，需要一个泵浦过程将系统激发到它的高能级。正如后面会提到的那样，可以通过多种方式泵浦材料。要产生激光，泵浦过程不仅必须产生激发态原子，而且必须实现**粒子数反转**。

假设某激活介质具有图 2.6(a)所示的能级结构。它包括四个能级 E_i，每个能级的粒子数密度为 $N_i (i = 0, 1, 2, 3)$。假设 $E_2 \rightarrow E_1$ 的受激辐射过程可以产生激光。当频率为 $\nu = (E_2 - E_1)/h$ 的单色光沿 z 方向通过介质时，进入晶体深度 z 处光束的强度为

$$I(\nu, z) = I_0 e^{\sigma(N_2 - N_1)z} \tag{2.5}$$

其中 I_0 是入射光束的强度,σ 是方程(1.5)定义的**跃迁截面**。上式的指数项,特别是相关能级间的粒子数差异,是从介质中获得光放大的一个关键因素。如果 $N_2 > N_1$,则系统中入射光可以被放大,并有可能实现光学增益;否则,光束就会像1.3节描述的那样发生衰减。根据玻尔兹曼分布,热平衡时能级 E_2 和 E_1 的粒子数密度关系是 $N_2 < N_1$,所以 $\Delta N = N_2 - N_1 > 0$ 被称为相对于热平衡态的粒子数反转。后面将看到,粒子数反转 $\Delta N = N_2 - N_1$ 是实现激光的一个阈值条件。

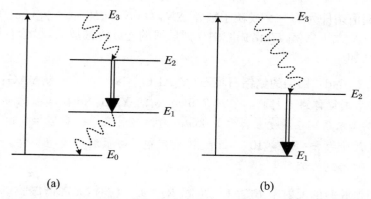

(a)   (b)

图 2.6 (a)四能级激光器和(b)三能级激光器的能级图。细直箭头表示泵浦跃迁;粗直箭头表示激光跃迁;正弦曲线箭头表示快速地无辐射弛豫

实际上式(2.5)是定义激活介质增益的基础。如果激活介质放在图 2.7 所示的两个平面镜之间,则光波被来回反射,多次穿过放大介质,从而增加了总放大倍数。假设系统没有损耗,对于长度为 L 的激活介质,其单次往返增益 $G(\nu)$ 定义为

$$I(\nu, 2L)/I(\nu, 0) = e^{G(\nu)} \tag{2.6}$$

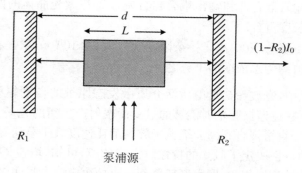

图 2.7 激光的结构示意图

因此,根据式(2.5),有

$$G(\nu) = 2\sigma(N_2 - N_1)L \tag{2.7}$$

　　然而,有些因素会在系统中引入损耗。比如,图 2.7 中 R_1 和 R_2 两个反射镜只能反射部分强度(反射率分别为 R_1 和 R_2)。放置激活介质容器窗口的吸收(如果有这种情况)、光阑的衍射以及粒子或不完美表面的散射都会产生额外的损耗。所有这些损耗都可以包含在每次往返过程的损耗因子中,用 $e^{-\gamma}$ 表示。因此,考虑每次往返的增益和损耗,单次往返谐振腔(长度为 d)后的强度为

$$I(\nu, 2d) = I(\nu, 0)e^{G-\gamma} \tag{2.8}$$

如果增益克服了每次往返的损耗,光波就会被放大,即要求

$$G > \gamma \quad \text{或} \quad N_2 - N_1 > \gamma/(2\sigma L) \tag{2.9}$$

这意味着阈值条件为 $G = \gamma$ 或粒子数差 $\Delta N_{th} = (N_2 - N_1)_{th} = \gamma/(2\sigma L)$。如果粒子数反转 ΔN 大于 ΔN_{th},在谐振腔中来回反射的光波将被放大,尽管有损耗,但其强度将会增加。

　　例 2.3　Nd^{3+} **掺杂的钇铝石榴石**($Y_3Al_5O_{12} : Nd^{3+}$,简写为 $YAG : Nd$)晶体是一种著名的固体激光材料。假设 7.5 cm 长的 $YAG : Nd$ 棒状晶体被放在线性腔内,其两个反射镜在激光波长为 $1.06\,\mu m$ 时的透射率分别是 $T_1 = 0$ 和 $T_2 = 0.5$。假设吸收截面为 $\sigma = 8.8 \times 10^{-19}$ cm^2,请确定粒子数反转的阈值条件。假设损耗仅仅来自输出镜的透射率。

　　当谐振腔镜的反射率 $R_1 = 1 - T_1$ 和 $R_2 = 1 - T_2$ 时,无源谐振腔单次往返后的光波强度为 $I = R_1 R_2 I_0 = I_0 e^{-\gamma_R}$,$\gamma_R$ 为反射损耗,I_0 为入射强度。考虑到损耗仅由输出耦合器($\gamma = \gamma_R$)引起,且输出镜的反射率由 $R_2 = 1 - T_2 = 0.5$ 给出,粒子数反转的阈值为

$$
\begin{aligned}
(N_2 - N_1)_{th} &= -\frac{\ln(R_1 R_2)}{2\sigma L} = -\frac{\ln 0.5}{2 \times 8.8 \times 10^{-19} \text{ cm}^2 \times 7.5 \text{ cm}} \\
&= 5.25 \times 10^{16} \text{ cm}^{-3}
\end{aligned}
$$

其中已经假设输入耦合器和输出耦合器分别放置在激光晶体的两端端面(谐振腔长度与晶体长度重合)。

　　用于激光系统的 Nd^{3+} 离子掺杂浓度通常为 6×10^{19} cm^{-3}。在这种情况下,粒子数反转阈值约为总浓度的千分之一。

　　在激光系统中,光波最初是由激活介质激发态原子的**自发辐射**产生的。自发辐射的光子平行穿过谐振腔轴时能够通过受激辐射产生新的光子。超过阈值时会引起光子雪崩,一直增强直到高能级粒子数的消耗速度大于泵浦源的泵浦速度。

　　激活介质的特性决定了激光的特性。由式(2.7)可知,增益 $G(\nu)$ 与激活介质量子化能级的特性直接相关,即由**跃迁截面** σ 直接决定。参见 1.3 节和 1.4 节(也请参考练习题 5.4),有

$$\sigma = \left(\frac{\lambda}{2}\right)^2 \frac{g(\Delta\omega)}{\tau_0} \tag{2.10}$$

其中 λ 为发射波长, $g(\Delta\omega)$ 为光谱线型, τ_0 为上能级的自发辐射寿命。这些参数都是由涉及的能级决定的,即取决于激活介质的性质。

激活介质也决定了泵浦方案。一般采用两种操作方案来实现激光过程:四能级和三能级激光系统。

(ⅰ)四能级激光系统。图 2.6(a)给出了四能级激光系统的简单操作原理。许多实际的激光系统都是基于此原理的。原子通过某种泵浦机制从基态能级 E_0 被泵浦到激发能级 E_3。然后,它们向下弛豫到实现激光发射的上能级 E_2,由此可以发生 $E_2 \to E_1$ 的受激跃迁。实现粒子数反转的基本条件是原子从激光下能级 E_1 到基态能级的弛豫速率要快于原子从 E_2 能级到 E_1 能级的弛豫速率。因此,除了强泵浦速率,粒子数反转还依赖于激光下能级和上能级各自的弛豫速率 A_1 和 A_2。粒子数反转的必要条件为

$$A_1 > A_2 \tag{2.11}$$

在许多实际激光器中,激光上能级 E_2(见图 2.6(a))是一个亚稳态能级,即它比激光下能级有着更长的寿命($\tau \gg \tau_1$)。如果能有效地把电子泵浦到这样一个寿命较长的上能级(E_2),并且存在一个寿命较短的下能级(E_1),那么就很容易实现粒子数反转。

(ⅱ)三能级激光系统。图 2.6(b)描绘了三能级激光系统的操作原理。不同于四能级情况,它参与激光发射的下能级是基态能级 E_1。这导致了一个严重的缺点,要在 E_2 能级上实现粒子数反转,必须要求有一半以上的基态原子通过 E_3 能级被泵浦到激光上能级 E_2。因此,三能级激光器的效率通常不如四能级激光器。

2.3.4　泵浦技术

一般来说,根据激活介质的类型不同,在实际激光器件中需要采用不同的泵浦技术。对于气体激光介质,气体放电是应用最广泛的泵浦方式。通过电子与原子或离子的直接碰撞和不同原子之间的碰撞传递能量是其中的两种主要机制。

光泵技术也非常常见。泵浦光源可以是连续弧光灯、脉冲闪光灯、激光,甚至是聚焦的阳光。

其他更特殊的机制还包括气体的化学反应、高压电子束泵浦气体,以及半导体激光器 p-n 结的直流电注入。

2.3.5　谐振腔

置于封闭腔内的热辐射源,一旦达到平衡,它的辐射能量将分布在符合式(2.1)和式(2.2)的所有模式中。正如例 2.1 所示,尽管在这样的封闭腔中有大量的模式,但每个光谱区域对应模式的平均光子数是非常小的。具体来说,它远远小于 1。这就是在热辐射场中,每一种模式的自发辐射远远超过受激辐射的根本原因(受激

辐射需要光子来诱导跃迁,自发辐射恰恰相反)。

然而,可以将大部分辐射集中到几个模式上,在这些模式中光子数量变多,受激辐射将占主要地位(尽管所有模式总的自发辐射速率仍然比这几个模式的受激辐射速率大)。在激光器中,通过使用合适的谐振腔可以实现对这种少数模式的选择,**谐振腔**的作用是对这些模式产生强增益。谐振腔可以在低损耗模式中建立强辐射场,并可以防止在高损耗模式中产生振荡。

由两个平面镜或曲面镜组成的开放腔可以形成这样的谐振腔,如图 2.7(线性腔)所示。不同类型的开放谐振腔的稳定性条件请参见文献(Siegman,1986 年)。也存在一些其他结构更复杂的构型,如环形腔激光器(Demtröder,2003 年)和微激光器(Kasap,2001 年)中采用的谐振腔。

图 2.8 描绘了激活介质的增益曲线 $G(\nu)$、谐振腔模式以及增益超过损耗的模式。在实际系统中,根据不同模式的振荡阈值可以获得多模和单模激光。如果阈值水平如图 2.8(a)所示,那么将获得多模激光输出。若阈值水平如图 2.8(b)所示,则将获得频率 ν_0 的单模激光输出。谐振腔的不同几何因素(腔长、腔内光学元件等)将决定输出激光的模式分布。可以在文献(Demtröder,2003 年)中找到多种获得单模激光的方法。

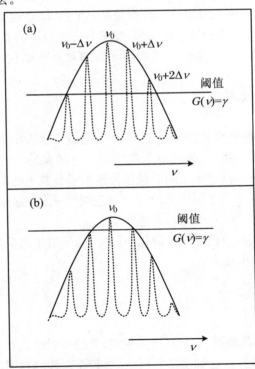

图 2.8 激光跃迁的光谱增益曲线 $G(\nu)$ 的示意图(实线),以及空腔内的纵向谐振腔模式(虚线),其相邻模式的频率间隔为 $\Delta\nu$。(a) 多模;(b) 单模。已标出增益超过损耗的模式的频率

2.4　激光器的类型

由于激光材料和泵浦方法种类繁多,几乎不可能将目前已实现的所有激光器件分门别类。然而,可以根据**激活介质**的不同对激光系统进行分类。下面将简要概述几种具有代表性的特定激光系统的基础和性质。

2.4.1　准分子激光器

在**准分子激光器**中,激活介质由一种惰性气体(X)或惰性气体和卤素气体的混合物($X + Y$)构成。"准分子"(excimer)一词表示"处于激发状态的双原子分子"(excited dimmer),指由两个惰性气体原子组成的双原子分子$(XX)^*$或由一个惰性气体原子和一个卤素气体原子组成的分子$(XY)^*$。

从这种激活介质中获得有效激光输出的决定性特征是,准分子是以激发态形式存在的,即组成准分子的原子只有在激发态才是被束缚的。图 2.9 显示了准分子激光系统的能级示意图。激光跃迁发生在两个分子的电子能级之间,其中基态的势能曲线是不稳定的(离子迅速离解),因而极易实现粒子数反转。

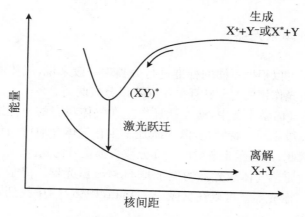

图 2.9　准分子激光系统的能级示意图

获得激光上能级状态所需的化学机制相当复杂,在某些情况下涉及多达 82 种不同的反应。将分子泵浦到激光上能级状态需要的反应包括电离、离解以及原子和分子激发过程等。因此,一般通过快速放电或电子束轰击来实现泵浦。

另一方面,激光跃迁释放的能量与准分子的离解过程有关,因此一般发生在紫外光谱区域。

准分子激光器的典型脉冲能量为 50～200 mJ，脉宽约为 20 ns。表 2.1 列出了不同准分子激光器的发射波长。

表 2.1　不同类型的准分子激光器及其发射波长

准分子	工作波长(nm)
Ar_2	126
ArF	193
ArCl	175
Kr_2	146
KrF	248
KrCl	222
Xe_2	170～175
XeF	351,353
XeCl	308
XeBr	282

准分子激光在紫外、真空紫外光谱和光化学研究中具有重要的意义，同时也有其他的广泛应用。例如，它们被用于微型机械医疗设备（如屈光手术设备）、微电子工业的光刻、材料加工，以及其他类型激光器（染料激光器）的泵浦光源等。关于准分子激光的更详细内容请参考文献（Rodhes，1979 年）。

2.4.2　气体激光器

气体激光器可以根据不同的标准进行分类。一般来说，气体激光器按照能级性质或者参与激光作用的光学跃迁的不同可以分成两类。

（1）在一类气体激光器中，激光跃迁发生在气体状态的中性原子或带电原子的量子化电子能级之间。特别是，激光跃迁发生在气体介质中与价电子有关的电子能级之间。因此，这类激光发射的大部分波长都在可见光区。

常见的中性原子气体激光器的例子是 He-Ne 激光器。离子气体激光器的例子是 Ar^+ 或 Kr^+ 激光器。可以在文献（Siegman，1986 年）中找到它们特定的振荡跃迁和运行机制。

图 2.10 展示了 Ar^+ 和 Kr^+ 激光器的相对激光输出功率。气体激光器可以在多种跃迁模式中同时振荡。单线振荡通常采用在所需波长处具有最大反射率的腔镜来实现。在使用宽带反射器的情况下，虽然不能连续调谐，但可以在气体原子的线状发射谱线间实现一定范围的波长选择。

由于气体（原子或离子）中自由原子浓度很稀并且周围环境的干扰很弱，它们的电子能级非常窄。与固体介质激光器相比,气体中电子能级的分立性质使得气体激光器的激光具有高的单色性。气体激光器的高相干性也与其窄的线宽有关。

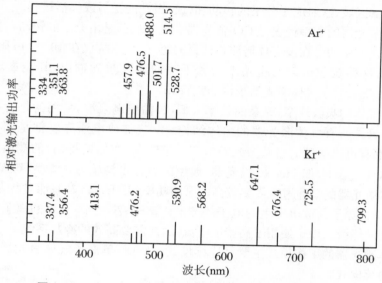

图 2.10 Ar⁺ 和 Kr⁺ 激光器不同波长激光的相对输出功率

通常,大多数情况下多普勒谱展宽决定了特定激光跃迁的增益线型。事实上,由于气体激光器可以采用不同的配置(大的谐振腔长度),它的激光线可以比多普勒线宽更窄。实现单模激光的不同实验方法可以参考文献(Demtröder,2003 年)。

例 2.4 求在腔长为 1 m 的 He-Ne 激光器中相邻模式的间隔。发射波长为 $\lambda = 632.8$ nm。

当频率 ν 满足如下条件时,可以在长度为 L 的腔体中产生不同的纵模(光学驻波):

$$\nu = \frac{nc}{2L}$$

n 是一个整数。因此,相邻模式的间隔为

$$\Delta\nu = \frac{c}{2L}$$

对于 $L = 1$ m,相邻模式的间隔 $\Delta\nu = 150$ MHz。

室温下 Ne 的 $3s^2 \rightarrow 2p^4$ 跃迁在 632.8 nm 的激光发射的多普勒展宽[①](迄今为止最重要的展宽机制)$\delta\nu_d \sim 1\,500$ MHz。因此,激光增益曲线的宽度可能是相同的数量级,大约为 1 000 MHz。把此数据与本例结果进行比较,可以断言多个(具体来说,在本例中是 7 个)纵模将在激光腔内共振。

---

① 多普勒展宽由 $\delta\nu = 2\nu_0 [2kT\ln 2/(Mc^2)]^{1/2}$ 给出,其中 k 是玻尔兹曼常量,T 是温度,M 是原子质量,ν_0 是跃迁的中心频率。

（2）另一类气体激光器指的是由分子气体构成激活介质的激光器。在这种激光器中，激光跃迁发生在分子系统的**转动－振动能级**之间。因此，激光发射波长位于红外光谱区域，这对应于分子的转动和（或）振动的激活或失活过程。

这类激光器的典型代表是 CO_2 激光器。激光振荡是由分子的转动－振动能级之间的跃迁产生的。在没有任何波长选择的情况下，系统仅在 $10.6\,\mu m$ 附近振荡。研究发现，这种跃迁可以产生功率为数千瓦的连续激光输出，其能量效率约为 30%，这种现象对于气体激光器来说非常特殊。

由于气体的吸收线窄，光泵浦效率太低，故需要电泵浦，采用的是含有工作气体的放电管。所有气体激光器的主体结构——气体放电激光管都是相似的。通常，它们都有可以透过适当偏振光的带有一定倾角（布儒斯特角）的端面窗口。在中性气体激光器中，如 He-Ne 激光器，典型的直流电源输入功率为 10 W。然而，离子气体激光器的泵浦过程需要较高的泵浦功率（几千瓦），其泵浦过程分成两步。第一步，中性原子与放电产生的电子碰撞产生离子；第二步，产生的离子被激发到一个更高的能级。由于使用了高密度电流，因此需要高效的冷却系统。

气体激光器的工作模式主要是连续模式。然而，单离子气体激光器可工作在脉冲和连续模式。

离子或中性原子**气体激光器**的特性（方向性好、线宽窄和高相干长度）使得它们已经获得多种科学应用。它们被用于波长和频率标准、准直系统，也是全息实验的重要工具。

2.4.3 染料激光器

在这类激光器中，激活介质是溶解在液体（如乙醇或甲醇）中的有机染料分子，它们在可见光或紫外光的激发下会发出强的宽带荧光光谱。

图 2.11(a) 给出了液体溶液中染料分子的简单能级示意图。染料分子有单重（和三重）电子态[①]。每个电子态上包含多个振动态，而每个振动态又包含多个转动能级。当染料分子被适当能量的光子激发时，基态 S_0 的**转动－振动能级**的电子会被激发到单重态的第一或第二激发态高振动能级（S_1 或 S_2）。然后，激发态分子与溶剂碰撞，发生快速的无辐射弛豫，达到 S_1 态的低振动能级。在足够高的泵浦强度下，可以在 S_1 的 ν_0 能级和 S_0 更高的转动－振动 ν_k 能级之间实现粒子数反转。因此，$\nu_0(S_1) \rightarrow \nu_k(S_0)$ 跃迁会产生增益。[②] 由于激光下能级 $\nu_k(S_0)$ 的粒子与溶剂分子碰撞而耗尽，该泵浦循环过程是一个四能级系统。图 2.11(b) 展示了一种常用染料罗丹明 6G 的吸收光谱、发射光谱和分子结构图。所有的染料分子都有六

---

① 单重态和三重态指的是这些态具有的总自旋角动量量子数 S 分别是 0 和 1，其自旋多重性 $2S+1$ 分别是1 和 3。

② 分子可以发生从单重态到三重态的无辐射跃迁（系间窜越）。这是染料激光某些损耗的来源。

角碳环结构。被这些环松散束缚的电子可以在平面内不同的原子核之间移动。这些电子决定了染料分子的能级结构。

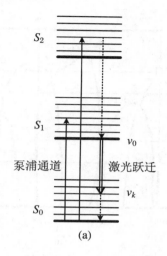

(a)

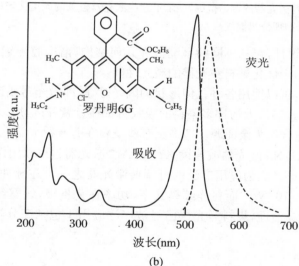

(b)

图 2.11　（a）染料分子的能级示意图；（b）罗丹明 6G 的吸收光谱、荧光光谱和分子结构图（经准许复制于 Demtröder，2003 年）

染料激光器的基本特征是增益曲线宽且均匀。此特征产生两个重要的结果：

• 一方面，染料激光器的输出波长可以在宽发射波段内连续变化（数十纳米不等）。因此，如图 2.12 所示，通过使用不同的染料，这些激光器覆盖的整体光谱范围大约可以从 400 nm 扩展到 1.1 μm。

• 另一方面，均匀展宽允许所有的激发态分子在给定的频率下产生增益。这意味着,只要选用的腔内光学元件不引入较大的附加损耗,单模激光输出功率就不会比多模功率低太多。

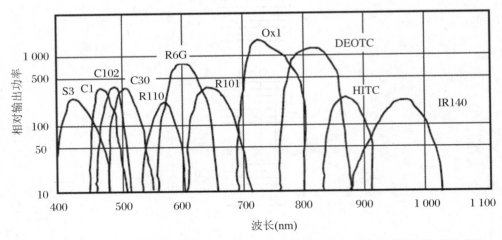

图 2.12 不同染料激光器的调谐范围,展示了这些激光器覆盖的光谱区域(在脉冲模式下)(由光谱物理公司提供)

各种各样的设计,包括不同的泵浦源和几何结构、谐振腔配置、染料的流动系统等,被成功地用于优化染料激光器的激光性能。

关于泵浦源,可以使用各种几何形状的闪光灯、脉冲激光器或连续激光器在实验上获得染料激光器。因为许多染料的吸收带都在近紫外区,所以发光在 337 nm 的 N_2 激光器很适合作为泵浦源。考虑到有些染料在蓝–绿光谱区域的强吸收,二倍频的脉冲 YAG:Nd 激光器或连续 Kr^+ 和 Ar^+ 激光器也可以用作泵浦源。

染料激光器已经成为应用广泛的可调谐激光器之一。在脉冲模式下,典型的峰值功率为 $10^4 \sim 10^6$ W。而在连续模式下,功率在瓦量级,线宽约为 1 MHz。由于设计和性能的灵活性,染料激光器已经被广泛应用于包括高分辨光谱的各种光谱技术。

2.4.4 半导体激光器

在过去的 30 年里,半导体激光器获得了巨大的发展。它们已经成长并发展成为一系列精密的光电器件。详细描述不同的半导体激光器超出了本节的范围,在此仅总结这类激光器的基本原理。

图 2.13(a)、(b)描绘了半导体二极管激光器的机理。激光是由二极管 p-n 结的导带和价带之间的电子空穴复合跃迁产生的。当施加一个正向电流到半导体二极管 p-n 结时,电子和空穴会在 p-n 结内复合,并可能以发射电磁辐射的形式释放复合能量。当电流超过一定的阈值时,结内的辐射场变得足够强,以至于受激辐射

速率超过自发辐射速率。

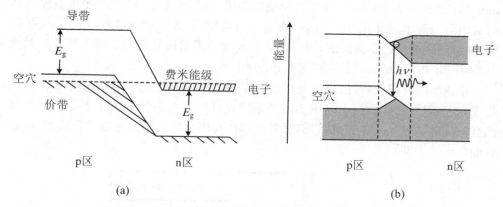

图 2.13　p-n 结的能级结构:(a) 无偏压;(b) 施加正偏压

　　通过光学谐振腔可以放大辐射。在最简单的情况下,光学谐振腔是由形状适当的半导体本身组成的,如图 2.14 所示。通过切割晶体使两个端面彼此平行且与 p-n 结发射的激光束完全垂直,这两个端面就构成了一个谐振腔。

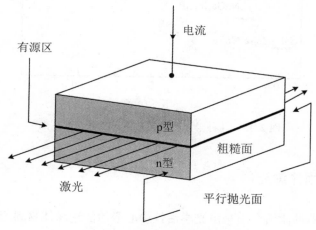

图 2.14　注入式激光器的结构

　　在**半导体激光器**中,材料的带隙决定了发射波长和增益曲线。目前通过选择合适的半导体系统,可以获得宽光谱区域的激光($0.37\sim5\ \mu m$),如图 2.15 所示。

　　这类激光器的一个重要特性是在增益曲线上有一定程度的连续可调性。可以通过改变所有决定上下激光能级之间能隙的参数来获得波长调谐。特别地,经常通过外部冷却系统或改变电流来改变温度的方式进行波长调谐。一般在近红外和可见区域能进行几个纳米量级的波长调谐。

　　半导体激光器可以工作在连续模式(输出功率从微瓦到几十瓦)或脉冲模式(典型的峰值功率为几十瓦)。

在图 2.14 所示的简单模型基础上,半导体激光器得到了长足的发展。Kroemer 和 Alferov 在 20 世纪 60 年代早期预测指出,如果电子、空穴和光子被限制在两层之间的薄半导体层中,它们的浓度会变得更高(Kroemer,1963 年)。从那时起,随着制造技术的迅猛发展,可以很容易地制备出结构复杂的半导体异质结激光器(Wilson 和 Hawkes,1998 年;Kasap,2001 年)。

根据激活介质的特性,已经可以实现紧凑型和小型化的半导体激光器件。从集成光电器件的角度看,上述事实以及系统设计的可定制性构成了半导体激光器的真正优势。在光谱学领域,它们通常被用作其他类型固体激光器的泵浦源,这在后面会再作说明。

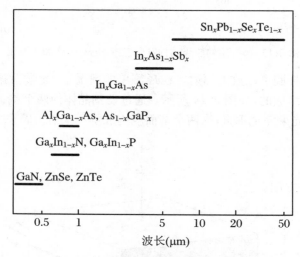

图 2.15 几种半导体材料的激光发射光谱范围

2.4.5 固体激光器

固体激光器的激活介质是由**光学活性中心**激活的绝缘体材料组成的。通常有三种不同类型的活性中心:稀土离子、过渡金属离子和色心(见第 6 章)。

在设计新的固体激光系统时,需要选择合适的基质－活性中心组合。活性中心的光学跃迁应该处于固体的透明区域,因此需要使用大能隙材料。此外,为了构造高效的激光系统,涉及的激光跃迁应该有大的跃迁截面。这与第 5 章和第 6 章详细探讨的跃迁概率直接相关,在那些章节将研究固体中活性中心行为的物理基础。

固体激光器的种类很多。**红宝石** $Al_2O_3:Cr^{3+}$ 激光器是激光教科书中最常见的一种,它是 1960 年初由休斯研究实验室 T. H. Maiman(梅曼)研制的第一台激光系统(Maiman,1960 年)。第 6 章图 6.9 展示了取代了 Al_2O_3 晶格中 Al^{3+} 离子

的 Cr^{3+} 离子的未满 3d 壳层的量子化能级。将 $Al_2O_3 : Cr^{3+}$ 晶体棒放置在一个充有氙气(几百托气压)的螺旋状灯管内,就可以将处于 $^4A_{2g}$ 基态的 Cr^{3+} 离子泵浦到 $^4T_2$ 和 $^4T_1$ 这两个宽激发态。电子快速弛豫到窄的 ^2E_g 能级后,通过 $^2E_g \rightarrow {}^4A_{2g}$ 跃迁产生了 694 nm 的激光发射。

　　该激光器具有三能级系统,其激光下能级是基态能级。这样通常是不利于产生激光的,但如果泵浦功率足够,它也能产生足够的粒子数反转并实现脉冲能量在 50 mJ 到 0.5 J 的高能量激光输出(调 Q 模式)。这种激光器已在各种工艺中显示出广泛的实用价值,包括材料的快速热退火。但目前它的用途非常有限,它已经被效率更高、性能更优异的新型激光设备取代。

　　迄今为止,最常用的**固体激光器**是基于 Nd^{3+} 的激光器,如 YAG:Nd 激光器、Nd 掺杂玻璃激光器以及最新的 $LiYF_4 : Nd$、$YVO_4 : Nd$ 激光器。Nd^{3+} 激光器工作在一个四能级系统中,它们的泵浦光源可以是闪光灯或者更紧凑、更高效的半导体激光器。图 2.16 给出了它的能级结构和运行原理示意图。

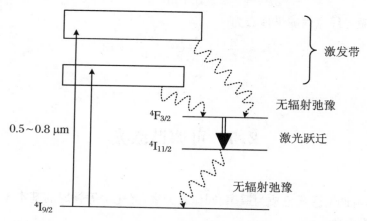

图 2.16　基于 Nd^{3+} 的固体激光器的能级结构和运行原理示意图

　　图中向上箭头表示了泵浦的过程,通过吸收闪光灯(0.5 μm)或半导体激光器 (0.8 μm)的泵浦光,可以将 Nd^{3+} 的电子泵浦到各种高能级。向下箭头表示被广泛使用的来自 $^4F_{3/2} \rightarrow {}^4I_{11/2}$ 跃迁的 1.06 μm 激光发射。此外,还可能存在从 $^4F_{3/2}$ 能级到 $^4I_{9/2}$ 能级约 0.9 μm 的激光发射和到 $^4I_{13/2}$ 能级约 1.3 μm 的激光发射。

　　通过提高激光晶体的质量,可以获得紧凑稳定的器件,同时可以提高泵浦效率。已经在 Nd^{3+} 激光器中获得了数百种不同模式的激光输出(Kaminskii,1981 年)[1]。可以获得功率从 1 W 到 1000 W 不等的连续 Nd^{3+} 固体激光器。可以实现脉宽从皮秒(锁模技术)到几十纳秒(调 Q)范围的脉冲激光。

　　Nd 激光器,或更具体的 YAG:Nd 激光器,应用范围非常广,从小尺度激光切

---

① 　请参考文献(MacAdam,1981 年)(译者注)。

割、钻孔和打标应用到各种各样的科学技术实验。这些激光器提供的高输出功率使它们成为非常有用的工具,其强度足以产生各种非线性过程,如倍频激光、高阶参量过程、受激拉曼散射过程等。例如,通常在 Nd^{3+} 激光系统中,不仅能获得 $1.06~\mu m$ 的激光线,还能获得 532 nm、355 nm、266 nm 甚至 213 nm 的相干辐射,它们分别来自基频激光发射的二、三、四、五倍频激光输出。这一般是通过放置在激光腔内部或外部的非线性晶体来实现的,如磷酸二氢钾(KDP)晶体或 β 相硼酸钡(BBO)晶体。

例 2.5 对于腔长 0.1 m 的 YAG：Nd 激光晶体,试求(a)相邻纵模的频率间隔和(b)纵模的数目。假设激光器工作波长为 $1.06~\mu m$,其全宽 $\delta\nu$ 为 1.1×10^{11} Hz。

(a)两个相邻模式的频率间隔 $\Delta\nu$ 为

$$\Delta\nu = \frac{c}{2L} = \frac{3 \times 10^8~\text{m} \cdot \text{s}^{-1}}{2 \times 0.1~\text{m}} = 1.5 \times 10^9~\text{Hz}$$

(b)激光线宽内的纵模数为

$$N \approx \frac{\delta\nu}{\Delta\nu} = \frac{1.1 \times 10^{11}}{1.5 \times 10^9} \approx 73$$

2.5　可调谐激光

目前,可调谐激光已成为遥感、同位素分离、光化学等领域的基本工具,在光谱学领域尤为重要。

可以通过多种方式实现可调谐的相干光源。一种方式是利用具有大光谱增益线型的激光器。在这种情况下,激光谐振腔内的波长选择元件将激光振荡限制在一个窄的光谱区间内,激光波长就可以在增益线型上连续调谐。前一节讨论过的染料激光器就是这种可调谐激光器。

激光波长调谐的另一种方式是基于外部扰动使激活介质的能级发生偏移,这将在增益线型范围内导致相应的光谱位移,并最终表现在激光波长上。比如,温度变化可以导致这样的偏移,就像前面提到的半导体激光器一样。

还有一种产生连续可调相干光源的方法,即使用基于光参量振荡(和放大)原理的更复杂的系统。因为这些系统的增益不是通过受激辐射而是通过非线性光学频率变换过程产生的,所以在本节单独讨论。

2.5.1　可调谐固体激光器

前面已经提到了一些具有一定程度的可调谐激光器系统(染料激光器和半导体激光器)。然而在过去的 20 年中,**可调谐固体激光器**作为一种新的可调谐激光器已经发展完善。在某些光谱区域,它们已经彻底取代了染料激光器,它们更加紧凑,可在更低的泵浦功率下获得更高的激光输出,在常规使用中不会发生光漂白或老化。与半导体激光器相比,可调谐固体激光器可以提供更大的可调谐范围,同时具有更高的频率稳定性和更好的光束质量。

总之,目前已经开发出两类可调谐固体激光器:一类基于碱金属卤化物晶体的色心;另一类基于晶体基质的过渡金属离子(具有 3d 电子)。在这两种情况下,可调谐性都来源于活性中心的宽光谱增益线型。

碱金属卤化物晶体的色心是基于晶格中卤素离子空位形成的,这将在第 6 章详细说明。电子被空位俘获形成**色心**,它的能级结构就会导致新的吸收线和发射线,并通过与声子的相互作用展宽成宽带。声子宽化的发射带是这些激光器可调谐的起源。虽然通过选择不同的碱金属卤化物基质,其不同的色心可以覆盖从 $0.85~\mu m$ 到 $3.6~\mu m$ 的光谱范围,但这类激光器有一个重大的缺点:需要在低温下才能获得高的量子效率。晶体必须放置在液氮冷却的冷阱上,而这必将导致空腔设计复杂化,极大地限制了它们的使用。目前,它们几乎彻底被其他更具有实用性的系统(主要是混频技术系统)取代。

现在把注意力集中在**过渡金属离子**激活的可调谐固体激光器上。与色心激光器的情况类似,3d 离子激活的激光器的可调谐来源于涉及激光跃迁的能量被同时用于产生光子和声子。换句话说,激光下能级不是一个严格意义上的电子能级,而是由振动能级组成的"能带"。因此,在激光跃迁中不仅有活性中心电子能量的变化,还有基质晶格振动能量的变化。这类激光器因此也被称为**电子振动激光器**或终端声子激光器。图 2.17 给出了这种激光器的能级结构示意图,可以看出它们是四能级系统激光器。

第 5 章将更详细地说明晶格振动如何影响活性中心(特别是过渡金属离子)光学跃迁的光谱宽度。在本节只需提到,这些跃迁与活性中心的外层电子(3d 价电子)有关,这些电子与晶格声子存在很强的相互作用。其结果就是光学跃迁(特别是发射线)被晶格振动大大展宽。

图 2.18 展示了基于不同过渡金属离子的**可调谐固体激光器**系统覆盖的光谱范围。可以看到,以 Cr^{3+} 为激活离子的多种基质都显示出可调谐激光。决定这些 Cr^{3+} 基激光系统可调谐的基础将是 6.4 节的主题。

现在来关注光谱学领域中最流行的一种激光器:**钛蓝宝石激光器**。如图 2.18 所示,该激光器覆盖的光谱范围(从 675 nm 到 1100 nm)在各种可调谐固体激光器中是最大的。在该激光器中,激活介质是**钛蓝宝石** $Al_2O_3 : Ti^{3+}$ 晶体。

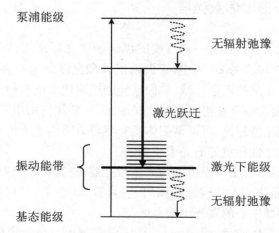

图 2.17 简化的电子振动激光器的能级结构示意图

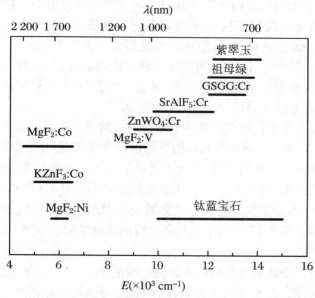

图 2.18 基于不同过渡金属离子的可调谐固体激光器系统覆盖的光谱范围

$Al_2O_3 : Ti^{3+}$ 中 Ti^{3+} 离子在 500 nm 左右具有较宽的光吸收带(见图 6.7)。这确保了它能够被各种光源高效泵浦,最常见的是 Ar^+ 气体激光器、倍频的 Nd^{3+} 固体激光器(如 YAG:Nd、YVO_4:Nd 等)或绿色发光二极管激光器。

图 2.19 给出了使用 15 W 多线 Ar^+ 激光器泵浦的钛蓝宝石激光器的光谱输出功率分布。这种激光器覆盖的宽光谱区域使其取代了在同一光谱区域发射的染料激光器。需要采用多组宽带反射镜组(包括输入反射镜和输出反射镜)来涵盖整

个光谱增益区域。为了实现波长选择,需要引入腔内元件,如双折射滤波器(利奥滤光器)(Kobtsev,1992 年)。

钛蓝宝石激光器是当今各种固体光谱研究的基础工具之一。事实上,它是通用的激光源之一,除了具有宽的调谐范围,还展现出各种优异性能。例如,它的连续单模激光具有非常好的光束质量,而脉冲模式下其脉宽可以短至 12 fs。可实现紧凑稳定的设计也是钛蓝宝石激光器的一个重要的特征。在下一节将要看到,基于更加复杂的混频技术的可调谐激光系统都利用了钛蓝宝石激光辐射的优异性能。

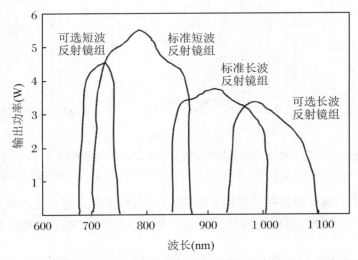

图 2.19　Ar^+ 激光泵浦的钛蓝宝石激光器的光谱输出功率分布(光谱物理公司提供)

2.5.2　基于混频技术的可调谐相干辐射

前面已经提到,基于 Nd^{3+} 激光器的近红外激光发射,可以利用适当的非线性晶体产生位于可见到紫外区域的二、三、四倍频激光输出。这是利用混频技术产生激光的一个例子,只需激光器可以提供足够强的激光辐射。

一般来说,当频率为 ω_1 和 ω_2 的两束激光叠加在具有足够大非线性极化率的介质上时,每个原子都被诱导发生受迫振荡,并产生 $\omega_1 + \omega_2$(和频)与 $\omega_1 - \omega_2$(差频)的激光辐射。非线性光学以三波相互作用的形式为我们提供了一种合并和分裂光子的方法。基本上只有两种三波相互作用过程:光子的合并 $\omega_1 + \omega_2 \rightarrow \omega_3$ 和分裂 $\omega_3 \rightarrow \omega_1 + \omega_2$。当然,在非线性介质中,当主波和次波的相速度相同,即相位匹配条件得以满足时,就会在非线性介质中产生某一特定方向的相干光。如果入射辐射的频率 ω_1 或 ω_2 可以调谐,那么只要在该调谐范围内满足相位匹配条件,差频或和频将具有相同的绝对调谐范围。例如,图 2.20 显示了使用钛蓝宝石作为基频辐射进行频率转换到二、三、四次谐波输出（205～1 000 nm）时能覆盖的宽光谱范围。

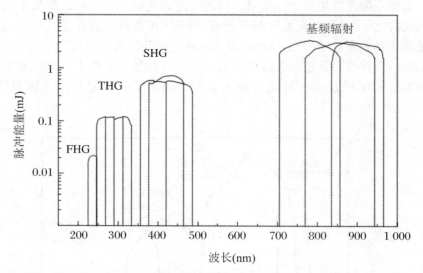

图 2.20　钛蓝宝石激光器的基频辐射覆盖的光谱范围和各种谐波二、三、四次谐波（分别为 SHG、THG、FHG）的产生过程（由 Quantronix 公司提供）

因此，不同的频率转换过程加上不同的激光器，很明显会产生多种具有不同调谐范围的相干光源。使用不同的方法可以覆盖 185～3 400 nm 的整个光学光谱范围。

现在把讨论范围限定在近年来得到较大发展的基于光参量振荡或放大过程的系统。该系统包括目前两种最重要的固体激光器：YAG：Nd 激光器和**钛蓝宝石激光器**。

2.5.3　光参量振荡和放大

光参量振荡器（OPO）产生的基础是强泵浦波与具有大非线性极化率的非线性介质的参量相互作用。这种相互作用可以描述为泵浦光子 $\hbar\omega_p$ 在非线性介质中的非弹性散射，此时泵浦光子被吸收并产生两个新的光子 $\hbar\omega_s$ 和 $\hbar\omega_i$。下标 s 和 i 分别代表信号波和闲频波（或光子）。

图 2.21 显示了在光子层面上和频产生过程与光参量振荡过程的比较。

在光参量振荡中，能量守恒条件要求

$$\omega_p = \omega_s + \omega_i \tag{2.12}$$

图 2.21 中用 ω_3、ω_1、ω_2 分别表示 ω_p、ω_s、ω_i。与和频过程类似，如果满足下式的相位匹配条件，则产生的参量光子 ω_s 和 ω_i 是相干的：

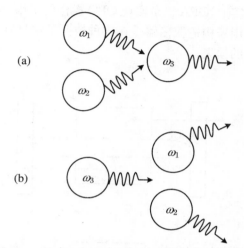

图 2.21　非线性介质中不同类型的三波相互作用(光子级别):(a) 和频;(b) 光参量振荡

$$\boldsymbol{\kappa}_p = \boldsymbol{\kappa}_s + \boldsymbol{\kappa}_i \qquad (2.13)$$

其中 $\boldsymbol{\kappa}_p$、$\boldsymbol{\kappa}_s$ 和 $\boldsymbol{\kappa}_i$ 分别为泵浦光、信号光和闲频光的波矢。式(2.13)对应于参与该过程的光子的动量守恒条件。在合适的非线性介质中条件(2.12)和(2.13)均可得到满足。共线相位匹配是最有效的情况,即 $\boldsymbol{\kappa}_p /\!/ \boldsymbol{\kappa}_s /\!/ \boldsymbol{\kappa}_i$。对于这种情况,有

$$n_p \omega_p = n_s \omega_s + n_i \omega_i \qquad (2.14)$$

其中 n_p、n_s 和 n_i 分别是泵浦光、信号光和闲频光的折射率。

简单地说,光参量振荡将一个泵浦光子分裂成两个光子,此时在非线性晶体的每一点都满足能量守恒。ω_s 和 ω_i 是由噪声产生的,它们只需要满足条件(2.13)和(2.14)。也就是说,对于给定的泵浦光波矢,从式(2.13)允许的无穷个可能的 $\omega_s + \omega_i$ 组合中根据相位匹配条件挑选出一对由非线性晶体相对于 $\boldsymbol{\kappa}_p$ 方向决定的 $(\omega_s, \boldsymbol{\kappa}_s)(\omega_i, \boldsymbol{\kappa}_i)$ 组合。由此产生的宏观波分别被称为信号波和闲频波。在 OPO 系统中,非线性晶体被放置在谐振腔内,以便在增益超过总损耗时实现信号波或闲频波的振荡。光腔可以对闲频波和信号波都产生谐振(双谐振光参量振荡器),也可以只对其中一种波产生谐振(单谐振光参量振荡器)。第一种类型需要单频泵浦光和有效可控的腔长以维持双谐振条件。虽然单谐振振荡器具有更高的阈值,但具有不需要控制腔长且设计简单的优点。

光参量放大器(OPA)是另一种不需要谐振腔产生光参量振荡的装置。在没有谐振腔的情况下,可以利用非线性介质的三波相互作用来放大频率为 ω_s 的信号光。为此,必须将频率为 ω_p 的强泵浦光($\omega_p > \omega_s$)与弱信号光同时入射到非线性晶体上。当满足条件(2.12)和(2.13)时,将产生一个额外的 $\omega_i = \omega_p - \omega_s$ 的闲频波。在信号波被放大的同时又产生了新的闲频波。图 2.22 显示了 OPO 过程与 OPA 过程的差别。OPA 可用于产生不受任何原子跃迁约束的新频率相干光,是一种真

正的信号放大器。事实上,OPA 也是实现 OPO 操作的基础,这是因为一个特定频率的放大器总是可以用来构造振荡器。在这种情况下,要做的就是提供相位匹配反馈和克服不可避免的损失。

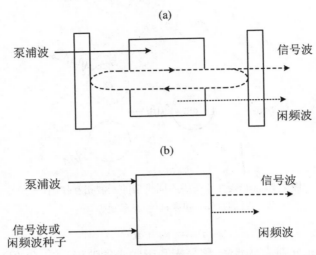

图 2.22　非线性晶体中(a)OPO 和(b)OPA 过程的原理示意图

例 2.6　在某 OPO 系统中,泵浦光的波长设为 355 nm。假设信号光束产生于 450 nm 处,确定闲频光束对应的波长。

根据已知波长,可以获得泵浦光波数 $\bar{\nu}_p$ 和信号光波数 $\bar{\nu}_s$:

$$\bar{\nu}_p = 28\,169\ \text{cm}^{-1}, \quad \bar{\nu}_s = 22\,222\ \text{cm}^{-1}$$

因此,闲频光束的波数为

$$\bar{\nu}_i = \bar{\nu}_p - \bar{\nu}_s = 5\,947\ \text{cm}^{-1}$$

它对应的波长是

$$\lambda_i = \frac{1}{5\,947 \times 10^{-7}\ \text{nm}^{-1}} = 1\,681\ \text{nm}$$

利用光参量器件,可以通过改变反馈条件产生频率(或波长)可调谐的相干光。另一方面,根据几何设置,可以生成连续频率范围内的任何频率。此外,对于固定的泵浦频率 ω_p,通过改变泵浦波(ω_p)、信号波(ω_s)或闲频波(ω_i)频率时晶体的折射率的任意过程可以实现对 OPO 和 OPA 系统的调谐。这些过程包括转动晶体和控制晶体温度。在光参量器件中常用的非线性晶体是 BBO 晶体、KDP 晶体和 LiNbO₃ 晶体。它们具有高的非线性系数和优异的可调范围。在 OPO 或 OPA 器件中,已经实现了从远红外到紫外区域的连续覆盖。应该提到的是,目前大多数情况下 OPO 和 OPA 系统都是紧凑稳定的全固态器件。

图 2.23 显示了 OPO 系统覆盖的宽光谱区域,此系统使用 YAG∶Nd 激光器的

355 nm 调 Q 激光为泵浦波长。从信号波和闲频波中可以获得从 400 nm 到 2 μm 范围内的可调相干辐射。

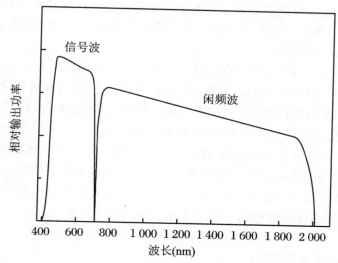

图 2.23　OPO 系统覆盖的宽光谱区域,泵浦源是 YAG：Nd 激光器的 355 nm 激光(由光谱物理公司提供)

2.6　特别专题:格位选择光谱和激发态吸收

下面将简单介绍两种研究固体中光学活性中心的常用光谱技术。它们都是光谱学领域中利用激光特性的经典范例。

2.6.1　格位选择光谱

如第 1 章(1.3 节)所述,固体中激活离子的光学吸收线和发射线都呈现一种重要的展宽机制,即所谓的**非均匀展宽**(或应力展宽)。晶格的缺陷(如生长应变、位错、层错、杂质等)使得晶体场环境发生轻微的变化(分布),进而改变光激活离子的能级结构。最简单的实例就是由公式(1.9)所示的宽包络线组成的非均匀展宽。不同格位的光学活性离子所处晶体场的差异使得均匀谱线对能量有一定的概率分布,进而产生了非均匀展宽。这种非均匀展宽的范围从优质晶体的几个波数到非晶基质的几百波数变化。

然而,非均匀效应并不仅仅局限于跃迁的线宽。例如,在许多材料中激活离子可以取代不同的独特格位,每一个格位都具有特定的参数和对称性。得到的光谱将是这些格位上激活离子光谱的叠加。因此,由于基质中不同的非等效光学活性中心[1]的贡献,最终得到的光谱非常复杂。非等效的晶体场环境可能有不同的来源,比如基质晶体的无序性、不同的局部电荷补偿机制、浓度效应或共掺杂(García Solé 和 Bausá,1995 年)[2]。

在某些情况下,在低温吸收/发射光谱中可以直接观察到中心的电子结构,但需要激光辐射来揭示特定中心的光谱特征。Wright 及其合作者首次采用高分辨激光选择激发分析了这些复杂的光谱并确定了单个中心的对称性和组成。他们最初的研究对象是 $CaF_2:Er^{3+}$(Tallant 和 Wright,1975 年)。他们使用高分辨可调**染料激光器**作为激发源,每次选择性地只激发一种 Er^{3+} 中心。然后依次测量每个中心的最简单的荧光,从而得到各个独立中心能级结构的基本信息。

这项技术是高分辨激光光谱学的一个范例。它已成功地应用于各种系统的重要方面,如微观晶体结构、微量杂质分布或结构的无序程度。

2.6.2　激发态吸收

正如第 1 章(1.3 节)所述,吸收谱是一种非常有用的工具,它提供了给定系统从基态能级到不同激发态能级的跃迁信息。然而在某些实际情况下,发生在不同激发态之间的吸收跃迁的性质和强度的信息获取也非常重要。从这个意义上说,**激发态吸收谱**(ESA)旨在量化研究系统从激发态到更高激发态的吸收。在平衡条件下,在激发态上粒子数少,很难发生激发态吸收过程。因此,用于表征和量化 ESA 过程的实验装置需要两个光源:一束激光(泵浦光束)使得在选定的激发态能级(ESA 的初态)上实现较大的粒子数布居;与此同时,使用一个可调谐激光器或灯光源(探针光束)对系统进行波长扫描,就可以获得从高布居的激发态能级(初态)到更高的激发态能级(末态)的吸收谱。扫描探针光束的波长,测量有泵浦光和无泵浦光时通过样品的探测光束强度,就可以获得 ESA 的实验数据。可以直接得到有泵浦光和无泵浦光时样品的吸收系数差 $(\alpha' - \alpha)$:

$$\alpha' - \alpha = \ln(I_u/I_p)d \tag{2.15}$$

其中 I_u 为无泵浦光时的透射强度,I_p 为有泵浦光时的透射强度,d 为样品的厚度。在已知吸收系数 α 的前提下,从 ESA 测量可以得到激发态吸收过程的吸收系数。

比 ESA 更灵敏的是所谓的**激发态激发光谱**(ESE),它可用荧光光谱仪测量。在泵浦光的激发下,通过检测来自高激发态的发射强度与可调谐激光器频率(波长)的函数关系就可以得到 ESE 光谱。获得的 ESE 光谱与 ESA 光谱具有相同的

---

[1]　这里"中心"一词指的是位于某特殊晶体场环境的光学活性离子。

[2]　请参考文献(Agulló-López,1995 年)(译者注)。

轮廓,但是需要根据截面单位进行适当的校准(Guyot 和 Moncorge,1993 年)。

实验表明,为了评估系统作为激光材料的能力,对其进行 ESA 表征是非常重要的。例如,如果在激光发射区域发生 ESA 过程,激光增益就会受到严重的影响,甚至会阻碍激光的产生。另一方面,如果在激光材料的泵浦区域发生 ESA 过程,泵浦效率就会降低,同时 ESA 也会成为激光系统的热源。

ESA 和 ESE 的另一个优点是可以确定用传统分光光度计无法获得的高能级,比如位于紫外光谱区域的某些波段的情况。此外,ESA 还可以观测在单光子光谱中禁戒的光跃迁(Malinowski 等,1994 年)。

练　习　题

2.1　某 CO_2 激光器的增益线型宽度为 66 MHz(接近气体发射带的多普勒线宽)。如果将激光谐振腔的本征频率调到激光增益线型的中心,则激光器在单模振荡时的最大谐振腔长度是多少?

2.2　只考虑腔镜的反射损耗会引起腔模中储存的能量减少的情况,试确定腔内光子的平均寿命与腔镜的反射率 R_1 和 R_2 的函数表达式。注意,光子在腔中的平均寿命可以看作在相应模式中储存的能量从 $t = 0$ 时开始下降到 $1/e$ 时需要的时间。

2.3　罗丹明 6G 染料的连续激光输出中混有用于泵浦染料激光的 Ar^+ 激光器的选定波长的激光线,Ar^+ 激光器所有激光线的总功率是 15 W(见图 2.10 和图 2.12)。此叠加光束被聚焦到一个温度稳定的 KDP 晶体。通过同时改变染料激光的波长和 KDP 晶体的取向可以实现激光调谐。试确定使用不同的 Ar^+ 线可以覆盖的整个波长范围。

参考文献和延伸阅读

[1]　Boyd R W. Nonlinear Optics[M]. London:Academic Press, Inc. , 1992.

[2]　Demtröder W. Springer Series in Chemical Physics 5:Laser Spectroscopy[M]. 3rd. Berlin:Springer-Verlag, 2003.

[3]　Duarte F J, and Hillman L H. Dye Laser Principles[M]. New York:Academic Press, Inc. , 1990.

[4]　Agulló-López F. Insulating Materials for Optoelectronics [M]. Singapore:World Scientific,1995.

[5]　Guyot Y, and Moncorge R. Excited-State Absorption in the Infrared Emission Domain of Nd^{3+}-Doped $Y_3 Al_5 O_{12}$, $YLiF_4$, and $LaMgAl_{11} O_{19}$[J]. J. Appl. Phys. , 1993, 73(12): 8526-8530.

[6]　MacAdam D L. Laser Crystals[M]. Berlin: Springer-Verlag, 1981.

[7]　Kasap S O. Optoelectronics and Photonics[M]. Upper Saddle River New Jersey: Prentice Hall, 2001.

[8]　Kobtsev S M, and Sventsitskay A. Application of Birefringent Filters in Continuous-Wave Tunable Lasers: A Review[J]. Opt. Spectrosc. , 1992, 73(1): 114-123.

[9]　Kroemer H. A Proposed Class of Heterojunction Injection Lasers[J]. IEEE, 1963, 51: 1782-1783.

[10]　Lauterborn W, and Kurz T. Springer Series in Advanced Texts in Physics: Coherent Optics: Fundamentals and Applications[M]. 2nd. Berlin: Springer-Verlag, 2003.

[11]　Maiman T. Stimulated Optical Radiation in Ruby[J]. Nature, 1960, 187: 493-494.

[12]　Malinowski M, Joubert M F, and Jaquier B. Dynamics of the IR-to-Blue Wavelength Upconversion in Pr^{3+}-Doped Yttrium Aluminum Garnet and $LiYF_4$ Crystals[J]. Phys. Rev. B, 1994, 50(17): 12367-12374.

[13]　Rodhes C K. Topics in Applied Physics, vol. 30: Excimer Lasers[M]. Berlin: Springer-Verlag, 1979.

[14]　Shionoya S, and Yen W M. Phosphor Handbook[M]. Boca Raton Florida: CRC Press, 1999.

[15]　Siegman A E. University Science Books: Lasers [M]. California: Mill Valley, 1986.

[16]　Svelto O. Principles of Lasers[M]. 4th. New York: Plenum Press, 1998.

[17]　Tallant D R, and Wright J C. Selective Laser Excitation of Charge Compensated Sites in $CaF_2 : Er^{3+}$[J]. J. Chem. Phys. , 1975, 63(5): 2074-2085.

[18]　Wilson J, and Hawkes J. Optoelectronics: An Introduction[M]. 3rd. London: Prentice Hall, 1998.

[19]　Yen W M, and Selzer P M. Topics in Applied Physics, vol. 49: Laser Spectroscopy of Solids[M]. 2nd. Berlin: Springer-Verlag, 1986.

第3章　单色仪和探测器

3.1　引　　言

要充分理解固体中的光学过程,就需要结合不同的实验技术来研究光谱实验中涉及的不同光(激发光、反射光、透射光、发射光和散射光)的强度和光谱特性。在第2章介绍了光谱学使用的主要光源,并阐述了它们的工作原理。本章将概述用于分析光与固体物质相互作用(强度、光谱分布和时间演化)的各种设备,总结表征这些性能所需的各种工具。

3.2　单　色　仪

单色仪是光学光谱测量的基本工具。正如在第1章提到的,**单色仪**用于分离光束的不同光谱成分(分光)。单色仪在光谱实验中主要有两个用途:

(ⅰ)将光源产生的多色光束转换为用于选择性激发的单色光束。

(ⅱ)分析任何物质在某种激发后发射或散射的光(荧光或拉曼实验)。发射或散射的光通常包含一定的光谱范围。为了充分理解激发后发生的物理过程,需要准确地了解其光谱分布。

单色仪可分为色散单色仪和非色散单色仪。色散单色仪在光谱测量中最为常用,因此本书只讨论色散单色仪。色散单色仪可以将入射光束的不同光谱成分在空间上进行分离。如图3.1所示,最简单的单色仪由以下元件组成:

(ⅰ)可调入射狭缝。利用适当的光学元件将被分析光束经入射狭缝引入单色仪。

(ⅱ)单色仪光路。它们用于将入射狭缝的光成像到出射狭缝。这些光学器件通常由一组反射镜构成。

（ⅲ）分光元件。分光元件可以是棱镜或者衍射光栅。在第一种情况下，入射光的分光是由于折射率的波长依赖性（色散）；而在第二种情况下，分光是由于干涉效应。一般来说，**光栅单色仪**比棱镜单色仪的性能更加优越，所以接下来只讨论光栅单色仪。

（ⅳ）可调出射狭缝。所需的光谱成分（图 3.1 中的 λ_1）穿过单色仪从出射狭缝射出。单色仪的光谱分辨率和出射光的强度取决于出射狭缝和入射狭缝的宽度。

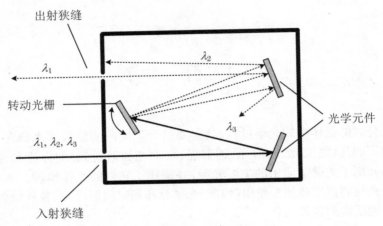

图 3.1　最简单的单色仪原理图

当多色光束到达光栅时，就会发生衍射效应，即每个光谱成分反射的角度取决于其特定的波长。反射角和波长之间的实际关系是由使用的特定光栅的特性（光栅刻划线密度）决定的。从图 3.1 中可以看出，当光栅位置固定时，入射光束只有一个光谱成分（波长）可以到达出射狭缝（本例中为 λ_1）。同时，通过简单地转动光栅角度就可以改变出射光束的波长。

如上所述，单色仪可以用来操纵光源发射光的光谱分布。为了说明这一点，图 3.2 给出了白炽灯发射的光谱（图 3.2(a)）和同一光束通过单色仪后的光谱（图 3.2(b)）。可以观察到，在单色仪的出射狭缝处只能得到原始光束的一个光谱成分。当然，只要转动光栅，就可以在灯的发射范围内改变出射波长。现在来介绍用于描述**单色仪**的主要参数：

（ⅰ）光谱分辨率。这是单色仪分开邻近两条光谱线的能力。如果在 λ 附近两条能被单色仪分开的谱线之间最小波长差为 $\delta\lambda$，则光谱分辨率 R_0 为

$$R_0 = \frac{\lambda}{\delta\lambda} \tag{3.1}$$

分辨率由输出光束的光谱宽度决定（高分辨率的单色仪对应窄线）。光栅单色仪的分辨率取决于光栅上刻划线的数量（刻划线越多，分辨率越高）、光束在单色仪内经过的光程（单色仪越长，分辨率越高）以及狭缝的宽度（狭缝宽度越小，分辨率越高）。图 3.2(b)给出了大狭缝和小狭缝的光输出情况。当狭缝较大时，输出光谱

变宽,导致 $\delta\lambda$ 增大,从而降低了单色仪的分辨率。还应注意的是,单色仪的狭缝越大,输出光的强度越高。这可以通过分析图 3.1 来理解。当出射狭缝很窄时,入射光束中只有一个光谱成分能从单色仪中出来(图 3.1 中的 λ_1)。当光栅位置固定时,出射狭缝的宽度增大,单色仪输出更多的光谱成分(图 3.1 中的 λ_1 和 λ_2)。最后,光栅与狭缝之间的距离对分辨率有很大的影响:狭缝宽度固定时,光栅与狭缝之间的距离越大,光谱成分之间的空间分离程度越大,输出的光谱成分越窄。为此,高分辨光谱实验中需要使用大型单色仪。

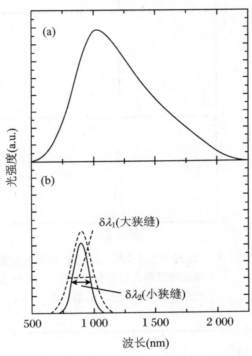

图 3.2　白炽灯发出的光在通过单色仪前后的光谱分布

（ⅱ）带宽。单色仪并不完美,纯单色的理想输入光束通过单色仪会产生明显的光谱展宽。图 3.3(a)显示了纯单色光束对应的实际光谱(强度-波长)。如果光束通过一个理想的单色仪,它的光谱不会发生变化(见图 3.3(b))。然而实际单色仪产生的光谱与单色光不同,会出现一定的光谱(波长)色散(见图 3.3(c))。因此,输出的谱线带具有有限的仪器线型宽度。输出光束的半高宽被称为单色仪带宽。

（ⅲ）光谱响应:闪耀波长。从图 3.2(a)、(b)的对比中可以看出,光经过单色仪后强度明显减弱。在造成这种减弱的众多因素中,光栅反射率是最重要的。闪耀波长定义为光栅工作效率最高的波长。任何全息光栅(传统单色仪中最常用的光栅)的效率都强烈地依赖于分光波长。图 3.4 展示了两种全息光栅的光谱响应(箭头指示了闪耀波长)。可以看到,闪耀波长取决于刻划线密度,因此选用的光栅取决于单色仪需要测量的光谱范围。如果工作波长范围远离闪耀波长,尽管也可以实现分光,但是透过的光强度会很低。

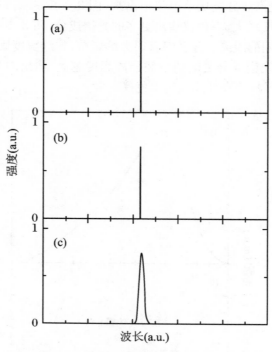

图 3.3 (a) 纯单色光束的光谱;(b) 纯单色光束
通过理想单色仪后的光谱;(c) 纯单色
光束通过实际单色仪后的光谱

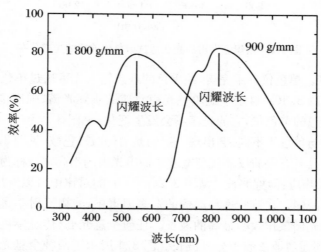

图 3.4 两种具有不同刻划线密度的衍射光栅的光谱响应图

（iv）色散。这与给定单色仪在出射狭缝处两个邻近波长的空间分离能力有关。它由 $d\lambda/dx$ 给出，其中 dx 是两条波长分别为 λ 和 $\lambda + d\lambda$ 的谱线在出射焦平面的空间距离。给定单色仪的色散取决于它的长度和使用的特定光栅。

最后值得一提的是，前面讨论的是最简单的单色仪。在现代光谱测量中，使用了许多种不同类型的单色仪。图 3.5 展现了双光栅单色仪的原理示意图。在这种情况下，使用了两个光栅、三个狭缝和三个反射镜。可以观察到，入射光被光栅散射了两次。通过两个光栅的同步转动实现对波长的扫描。显然，随着光学元件数量的增加，反射损耗会导致光的透过强度降低。但是，双光栅单色仪相比于单光栅单色仪，分辨率有很大的提高。

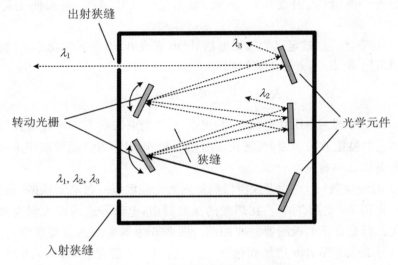

图 3.5　双光栅单色仪的原理示意图

3.3　探　测　器

如 1.2 节所述（见图 1.2），光学光谱涉及不同种类的辐射：入射、透射、反射、散射和发射。所有的这些辐射都需要被探测。光学光谱研究的各种现象意味着涉及的辐射分布在一个很大的光谱范围内，无法仅用一种类型的探测器来探测。因此，已经开发了许多应用于不同光谱技术、材料和光谱范围的探测器。

3.3.1 基本参数

在为实验选择合适的探测器时,首先要查看探测器的基本参数。正如将看到的,某些参数的定义与噪声有关。即使在没有入射光的情况下,探测器也会产生在强度和时间上随机分布的输出信号。这些信号就是噪声。探测器的基本参数如下:

（ⅰ）光谱工作范围。普通探测器产生的电信号(电流或电压)与被测光束的强度成正比。在大多数探测器中,入射光强度和电响应之间的关系强烈依赖于入射光束的光子能量(入射波长)。因此,根据光谱工作范围,必须使用特定的探测器。

（ⅱ）响应度。这被定义为输出电信号(电流或电压)与入射功率之间的比值。响应度通常用 R 表示,并由下式给出:

$$R = \frac{V_D}{P} \quad 或 \quad R = \frac{I_D}{P} \tag{3.2}$$

其中 V_D 和 I_D 分别为电压和电流强度,P 为入射光束的功率。响应度强烈地依赖于入射辐射的特定波长。因此,波长 λ 处的光谱响应度(R_λ)通常被用来描述探测器在此入射波长的响应。

（ⅲ）时间常数(τ)。假设探测器测量到的光强度以一种非常快的(逐步的)方式从 0 变化到 I_0(见图 3.6)。在理想的探测器中,电信号应再现入射光强度随时间的变化。但是真实的探测器并非如此。图 3.6 为真实探测器的典型时间响应。输出电信号的强度随时间增加而增加,直到达到一个稳定值,即与入射光强度 I_0 对应的值。时间常数 τ 定义为输出电信号为稳定输出电信号(V_0)的 63%($1-1/e$) 的时间。在快光学现象的研究中,需要用较小时间常数的探测器。

（ⅳ）噪声等效功率(NEP)。这被定义为入射光产生的电信号等于探测器噪声时的入射光功率。NEP 通常用 P_N 表示,它强烈地依赖于探测器的类型及几何参数。例如,P_N 随着探测器有效面积的增大而增大,就像探测器的噪声随着探测器有效面积的增大而增大一样。

（ⅴ）探测率。它被定义为 P_N 的倒数。探测率通常用 D 表示,单位通常用 W^{-1}。

（ⅵ）比探测率。这是一个重要的参数,通常用于比较不同探测器(具有不同的面积和工作频率)的性能。比探测率用 D^* 表示:

$$D^* = D\sqrt{A \times B} \tag{3.3}$$

其中 D 为探测率,A 为探测器的面积,B 为探测系统(探测器＋电子器件)的工作频宽。D^* 通常取 300 Hz 频宽时的值,单位通常是 $cm \cdot Hz^{1/2} \cdot W^{-1}$。

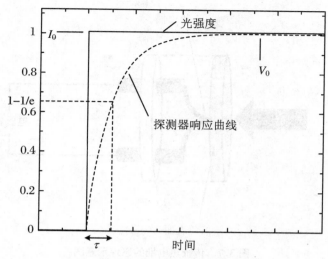

图 3.6　脉冲光照射后探测器的时间响应

3.3.2　探测器的类型

尽管探测器的种类繁多,但它们大致可以分为两类:热探测器和光电探测器。现在来讨论这两种探测器的一般特性。

热探测器

在这类探测器中,待测光的照射升高了给定材料的温度。此温度增量与入射光束的强度成正比。经过相应的校准,可以通过测量给定材料与温度相关的物理量的变化来确定入射光的强度。虽然有各种各样的热探测器,但本章将重点关注在光谱实验室中经常使用的(ⅰ)热电堆和(ⅱ)热释电探测器。

(ⅰ)热电堆。图 3.7 给出了传统热电堆的原理示意图。当黑色表面被光照射时,温度就会升高。附着在黑色表面的热电偶可以测量温度的增量。把两种金属线的两个端头焊接起来,就构成了一个热电偶。由于塞贝克效应,金属节点的温度升高会产生电势差。温差电势与温度的增加成正比,因此在某种程度上与到达黑色表面的入射光功率成正比。因为黑色表面的吸光度几乎与波长无关,所以热电堆的主要优点是其响应度也几乎与入射波长无关。图 3.8 给出的典型热电堆响应度与波长的依赖关系明确证明了这个优点。由于使用的黑色表面具有典型的高损伤阈值,因此热电堆的另一个特点是可以用来测量高强度光束。此外,由于热电堆的工作过程涉及热效应,因此它的主要缺点是时间常数相对较大(几十毫秒的量级)。热电堆的基本参数列在表 3.1 中。

(ⅱ)热释电探测器。这类探测器的原理是基于铁电材料的自发电极化强度

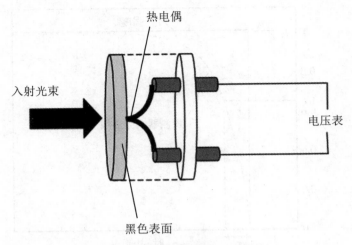

图 3.7 传统热电堆的原理示意图

入射光束

热电偶

电压表

黑色表面

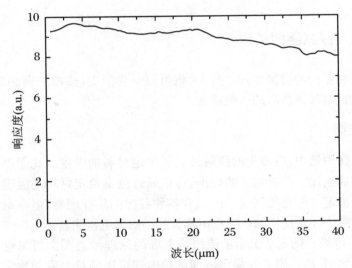

图 3.8 典型热电堆的响应度与波长的依赖关系

P 的温度依赖效应,如图 3.9 所示。在热释电探测器中,被测光束直接聚焦在铁电材料或与铁电材料热接触良好的黑色表面上。当温度低于临界温度($T < T_c$)时,铁电晶体表现出自发极化($P \neq 0$),其值随温度升高而减小。因此,吸收入射光引起的晶体温度的增加改变了自发极化值。如果在铁电材料上连接电极,则温度随时间的变化($\mathrm{d}T/\mathrm{d}t$)会产生由下式给出的电流 I:

$$I = p(T)A\frac{\mathrm{d}T}{\mathrm{d}t} \tag{3.4}$$

其中 $p(T)$ 为各温度时的热释电系数,A 为探测器面积。因此,在热释电探测器

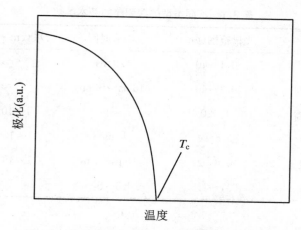

图 3.9　热释电探测器的自发极化与温度的关系

中,热释电流取决于温度变化的速率大小,而不是像在热电堆中那样取决于温度大小。此外,与热电堆相同,由于使用黑色表面来吸收被测光束,热释电探测器的工作范围也非常宽。图 3.10 显示的典型热释电探测器的响应度与波长的函数关系正好说明了这一点。热释电探测器的基本参数列在表 3.1 中。热释电探测器表现出与热电堆非常相似的比探测率(D^*)。另一方面,热释电探测器的时间常数比典型的热电堆的时间常数小几个数量级(现代热释电探测器的时间常数可小至100 ps)。

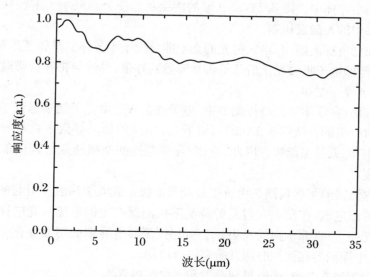

图 3.10　典型热释电探测器的响应度与波长的依赖关系

表 3.1　不同类型的探测器的基本参数

探测器	光谱范围(μm)	响应时间	$D^*(cm \cdot Hz^{1/2} \cdot W^{-1})$
热电堆	0.1～40	20 ms	$\approx 1 \times 10^8$
热释电探测器	0.1～40	10 ns～100 ps	$\approx 1 \times 10^8$
光电导探测器	1～20	$\approx \mu s$	$1 \times 10^9 \sim 2 \times 10^{11}$
光电二极管	0.8～4	ns	$1 \times 10^{10} \sim 2 \times 10^{12}$
雪崩光电二极管	0.8～2	10 ps～1 ns	$1 \times 10^{10} \sim 2 \times 10^{12}$
光电倍增管	0.1～1.5	0.5～5 ns	/

光电探测器

光电探测器利用光子吸收引起的微观量子效应而导致的宏观物理量的变化来探测光强。半导体技术的持续进步使得光电探测器的使用日益增多。当合适波长的光到达光电探测器并被吸收时,载流子密度(自由电子和空穴的密度)发生变化,导致半导体的电导率(电阻)发生变化。校正后,根据电导率的变化可以给出入射光的强度。

根据半导体材料的性质,光电探测器可以分为本征探测器和非本征探测器。本征光电探测器是纯半导体,而在非本征光电探测器的制备过程中要人为地添加一些杂质到半导体中。图 3.11(a)、(b)的能级示意图分别展示了本征探测器和非本征探测器中的光激发机制。

在本征光电探测器中,当入射光的光子能量大于半导体的禁带宽度时,会发生光激发过程,即电子吸收光子后从价带被激发到导带,导致导带和价带载流子密度增加,因此电导率增加。

另一方面,在非本征光电探测器中,电子或空穴是由光子能量远低于禁带宽度的入射辐射产生的。从图 3.11(b)可以看出,杂质的加入导致了在半导体禁带内生成了施主和/或受主能级。因此,价带/导带与这些杂质能级之间的能量间隔小于禁带宽度。

光电探测器的主要局限是由价带或杂质能级上载流子热激发引起的噪声。如果存在大的暗电流(在没有入射光的情况下探测器产生的电流),光电探测器的灵敏度就会变差,只有非常强的光束才会引起探测器电导率的明显变化。为了降低暗电流,光电探测器在使用时通常需要进行冷却。

光电探测器有两类:光电导探测器和光电二极管。

（ⅰ）光电导探测器。图 3.12 为光电导探测器的工作原理示意图。入射光产生光电流,通过与光强度成正比的电压信号来测量此光电流。这是因为在大多数光电导探测器中,稳态载流子密度与单位时间内吸收的光子数成正比,即与入射光功率成正比。

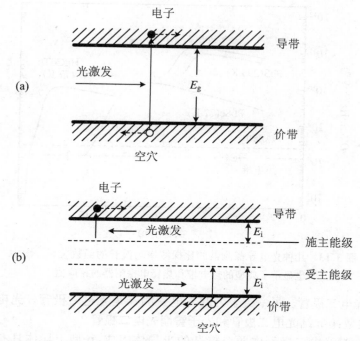

图 3.11　（a）本征光电探测器和（b）非本征光电探测器的光激发机制

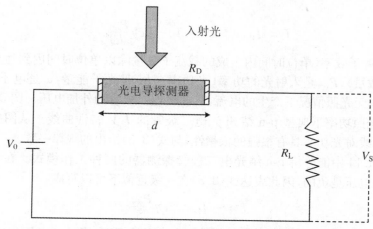

图 3.12　光电导探测器的工作原理示意图

　　图 3.13 展示了某些光电导探测器的比探测率 D^* 与入射波长的函数关系。为了便于比较,图中也显示了典型的热电堆和热释电探测器的相应值。可以看到,与热探测器相比,光电导探测器具有更高的比探测率(几乎高两个数量级)。光电导探测器的主要缺点是其比探测率强烈地依赖于波长。此外,光电导探测器不能

用于探测可见光,因为当波长小于 1 μm 时光电导探测器的探测能力急剧下降。

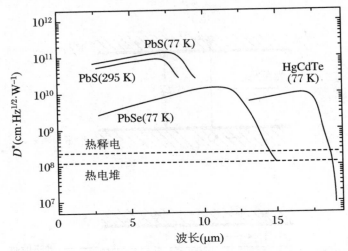

图 3.13 几种光电导探测器的比探测率与波长的函数关系。图中
也显示了典型的热电堆和热释电探测器的相应值

（ⅱ）光电二极管。另一类著名的光电探测器是光电二极管。**光电二极管**可
分为两种类型:p-n 结光电二极管和光子**雪崩光电二极管**。

（a）p-n 结光电二极管由两个掺杂的半导体组成:p 型半导体具有过剩的空
穴,n 型半导体具有过剩的传导电子。在被光照的 p-n 结中,电流和外加电压之间
的关系为

$$I = I_R (e^{eV/(kT)} - 1) - 2e\eta \frac{P_{opt}}{h\nu} \tag{3.5}$$

其中,η 是量子效率(单位时间内生成的载流子数量除以单位时间内到达光电二极
管的光子数量),P_{opt} 是入射光的功率(光功率),$h\nu$ 是光子能量,e 是电子电荷,I_R
是 p-n 结在无光照情况下产生的电流,V 是光电二极管的外加电压。图 3.14 显示
了在不同光照功率下典型 p-n 结 Si 光电二极管的 I-V 特性曲线。从图中可以看
出,I-V 曲线对光功率具有很强的依赖性,与式(3.5)给出的规律一致。

从图 3.14 中能分析 p-n 结光电二极管探测器的两种工作模式。在第一种模
式下,外加电压是负的,因此表达式(3.5)在一级近似下可以写成

$$I \approx - I_R - 2e\eta \frac{P_{opt}}{h\nu}$$

这表明信号强度随入射光功率线性增加。在这种情况下,当外加电压为负时,说明
光电二极管工作在光导模式。

光电二极管也可用于光伏模式。在这种情况下,光电二极管开路工作,因此
$I = 0$,由式(3.5)可得

$$V = \frac{kT}{e}\ln\left(\frac{2e\eta}{I_R} \times \frac{P_{opt}}{h\nu} + 1\right) \tag{3.6}$$

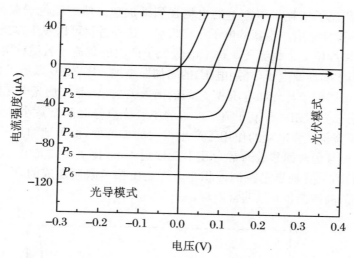

图 3.14　典型 p-n 结 Si 光电二极管在不同光照功率下的 I-V
　　　　特性曲线（$P_1 < P_2 < P_3 < P_4 < P_5 < P_6$）。图中指出
　　　　了光电二极管探测器的两种工作模式

在这种模式下,信号电压与光功率不成正比,而遵循对数趋势。此外,在这种配置中,探测器的时间常数可以短到几纳秒。

图 3.15 展示了 Ge 和 InAs 光电二极管的比探测率 D^* 与波长的依赖关系。表 3.1 还列出了这些探测器的主要性能以供比较。

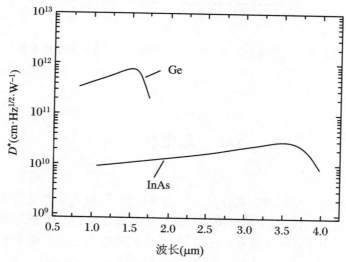

图 3.15　Ge 和 InAs 光电二极管的比探测率与波长的依赖关系

（b）**雪崩光电二极管**是高浓度掺杂的 p-n 结。这种高掺杂导致了 p-n 结附近价带和导带的强烈弯曲。当一个高掺杂的光电二极管被反向极化（施加一个负电

压)时,光生载流子被耗尽层产生的电场强烈地加速。然后载流子获得足够的动能,并与原子弹性碰撞产生新的电子 - 空穴对。这些过程可以发生多次,因此吸收一个光子可以产生多个载流子。每个吸收光子产生的载流子数被称为倍增因子。显然,倍增因子随加速电压(外加电压)的增加而增加。图 3.16 显示了典型雪崩光电二极管的倍增因子与外加电压 V 之间的函数关系(V_0 是雪崩光电二极管的击穿电压)。雪崩二极管相对于 p-n 结二极管的主要优点是时间常数小。在雪崩光电二极管中,载流子在强电场的作用下产生很大的加速度,极大地缩短**渡越时间**。雪崩光电二极管的时间常数通常为几十皮秒到 1 ns(比 p-n 结光电二极管低几个量级)。它们的主要缺点是探测面积小。这是由技术限制造成的,因为制备大面积、均匀性好、高掺杂 p-n 结非常困难。

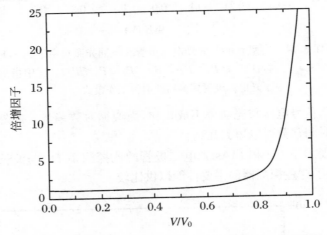

图 3.16 典型雪崩光电二极管的倍增因子与外加电压的函数关系

3.4 光电倍增管

光电倍增管(PMT)可以看作是一种光电探测器,但由于光电倍增管在光谱学领域的特殊地位,故在本节单独概述。这种探测器比前面几节描述的探测器更加复杂和昂贵。由于灵敏度高和稳定性好,光电倍增管可能是光谱学实验中最常用的探测器。

3.4.1　光电倍增管的工作原理

光电倍增管的示意图如图 3.17 所示。**光电倍增管**由光电阴极、一串倍增极（又称打拿极）和集电极（阳极）组成。当被探测光照射到光电阴极（光电倍增管的活性区域）时,光电阴极吸收入射光子而产生电子。这些电子被打拿极加速和放大,最后在阳极便得到放大的光电流。根据光电流的大小就可以探测入射光的强弱。

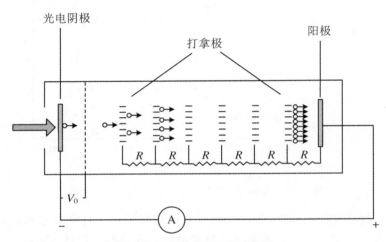

图 3.17　光电倍增管的示意图

光电阴极由逸出功(定义为电子脱离该材料所需的能量,又称功函数)非常小的材料组成。光电阴极通常由多碱金属化合物构成,也包括一些半导体材料,如 GaAs 和 InGaAs。采用半导体光电阴极可以提高光电倍增管在深红和近红外区域的光谱响应。光电阴极的量子效率定义为每个入射光子释放的电子数。有时也用前一节定义的光生电流除以入射光功率的响应度 R 来描述光电阴极响应。光电阴极的响应度与量子效率 η 有很强的关系。考虑到每个入射光子产生的电荷为 $\eta \times e$(e 为电子电荷),可以很容易地得到

$$R = \frac{e \times \eta \times \lambda}{hc} \tag{3.7}$$

其中,λ 是入射光波长,h 是普朗克常量,c 是光速。前文已经指出响应度是入射波长的函数($R \equiv R_\lambda$)。图 3.18 中 η 对 λ 的依赖性已经证明了这一点。

图 3.18 显示了几种光电阴极的量子效率与波长的关系。在所有情况下量子效率都小于 30%,并在近红外区下降到零。人们正在努力开发具有红外响应的新型光电阴极材料。现在已经可以购买到在 $1.5\,\mu\mathrm{m}$ 处非零响应的商用光电倍增管。然而,一般来说,光谱范围越宽,光电阴极的量子效率就越低。

此时需要提到的是:与其他探测器一样,即使在没有光照的情况下,光电阴极也会因热激活而发射电子。如前所述,光电阴极是由逸出功小的材料制成的,因此热能可以超过发射电子所需的能量。正如稍后将看到的,这是光电倍增管中主要的噪声源之一。幸运的是,通过适当的冷却可以有效减少光电阴极的暗电流。

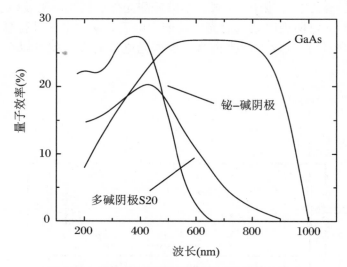

图 3.18 几种光电阴极的量子效率与波长的关系

光电阴极受光照射而发射电子后,光电阴极和第一个打拿极之间的外加电压(图 3.17 的 V_0)就会加速这些电子。打拿极由 CsSb 制成,它具有较高的二次电子发射系数。因此,当光电阴极发射的一个电子到达第一个打拿极时,打拿极将发射多个电子。放大系数由二次电子发射系数 δ 给出。此系数定义为每个入射电子在打拿极上产生的发射电子数。因此,通过第一个打拿极后,电子数将变为光电阴极发射的电子数与 δ 的乘积。第一个打拿极发出的电子会被加速到第二个打拿极,在第二个打拿极中会发生新的倍增过程,以此类推。光电倍增管的增益 G 将取决于打拿极的数目 n 和二次发射系数 δ,即

$$G = \delta^n \tag{3.8}$$

取典型值 $\delta \approx 5$,假设有 10 个打拿极,式(3.8)给出 $G = 5^{10}$(10^7 的量级)的增益。当然,δ 的特殊值取决于打拿极的材料和打拿极之间施加的电压。与光电阴极的情况类似,光电倍增管的响应度 R^{PM} 定义为在阳极测量到的电流除以到达光电阴极的光功率:

$$R^{PM} = \frac{e \times \eta \times \lambda \times G}{hc} \tag{3.9}$$

式中,λ 为入射光波长,G 为公式(3.8)所示的光电倍增管的增益。

打拿极之间电压的施加方式取决于光电倍增管的使用模式是连续的还是脉冲的。对于连续光的测量,按图 3.17 所示的方案施加电压。在这种方案中,任意两

个相邻打拿极之间都有一个固定电阻 R。通过施加一恒定电流 I 可以使相邻打拿极之间都存在一恒定电压 IR，即相邻打拿极之间的电压都相同。这个打拿极之间的加速电压通常是 150 V 左右，使用的电阻量级约 100 kΩ。

当被检测的是脉冲光时，光电倍增管内部会产生非常高的峰值电流，因此光电倍增管的结构稍有不同（见图 3.19）。在这种情况下，在最后几个打拿极之间增加了一些电容器 C。这些电容器的作用是避免在光电倍增管内部循环的大电流引起加速电压的任何变化。对于 10 mA 的脉冲电流，采用的电容量级为 20 nF。

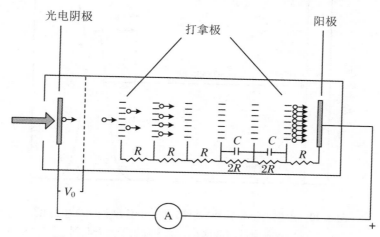

图 3.19　专为测量脉冲光而设计的光电倍增管示意图

一旦电子被加速和倍增，它们就会到达阳极。到达阳极的电子会产生电流。这种电流可以直接测量，也可以通过监测给定负载电阻 R_L 上感应的电压增量来间接测量。负载电阻非常关键，因为它决定了光电倍增管的时间常数。**光电倍增管**的典型时间常数是 2 ns，并且选择合适的负载电阻和阳极材料可以降低时间常数至 0.5 ns。

当用光电倍增管测量随时间变化的信号时，时间灵敏度通常受到非均匀渡越时间的限制。**渡越时间**是阴极产生的电子到达阳极所需的时间。如果所有发射的电子都有相同的渡越时间，那么在阳极上感应到的电流将显示出与入射光相同的时间依赖性，当然在时间上会有延迟。然而，并不是所有的电子都有相同的渡越时间。这就使得电子到达阳极的时间具有不确定性。造成这种分散的主要因素有两个：

（ⅰ）电子（光生电子和打拿极产生的电子）沿着不同的轨迹到达阳极。

（ⅱ）发射的光电子初速度不同，不管是来自阴极的还是来自打拿极的。

图 3.20 显示了渡越时间分散对理想尖锐光脉冲测量的影响。由于光电子从光电阴极到阳极需要一段时间（渡越时间），光电倍增管信号相对于入射光脉冲在时间上是延迟的。此外，由于渡越时间分散，产生的信号并不遵循入射光的时间形

态。从图 3.20 中可以看出,检测到的信号比入射脉冲宽。可以引入光电倍增管的另一个重要参数——上升时间。光电倍增管的上升时间定义为整个光电阴极在理想尖锐光脉冲照射下,阳极电流从脉冲信号开始到脉冲信号最大值所需的时间[1],如图 3.20 所示。渡越时间分散以及由此产生的上升时间限制光电倍增管只能用于亚纳秒级光脉冲的测量。

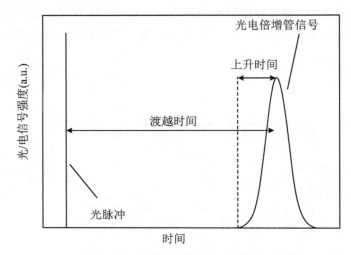

图 3.20　理想尖锐光脉冲(实线)在光电倍增管中产生的相应电信号的时间演化。图中标出了上升时间

3.4.2　光电倍增管的噪声

正如前面提到的,与输入信号(入射光)无关的任何随机输出信号都被称为**噪声**。在光电倍增管中,根据噪声来源可将噪声分为三类:暗电流噪声、散粒噪声和约翰逊噪声。下面将解释它们的区别。

暗电流噪声

即使在没有光照(黑暗)的情况下,光电阴极也会发射出一些被热激发的电子。由于光电阴极是低逸出功材料,热能可以高到足以产生电子发射。这些发射出来的电子会产生所谓的暗电流。暗电流随时间随机变化,因而被认为是噪声。实验已经确定,在没有光照射的情况下由光电阴极发射电子产生的暗电流大小由下式给出:

$$I_t = aAT^2 e^{-e\phi/(kT)} \tag{3.10}$$

其中,k 为玻尔兹曼常量,a 为与光电阴极材料有关的常数(对于纯金属,$a =$

---

① 或从脉冲信号的 10% 上升到 90% 所需的时间(译者注)。

$1.2 \times 10^6 \text{ m}^{-2} \cdot \text{K}^{-2} \cdot \text{A}$），$A$ 为光电阴极的面积，T 为光电阴极的温度，$e\phi$ 为相应的功函数。很明显，暗电流大小由光电阴极材料的常数 a 和功函数 $e\phi$ 的值决定。然而，对于给定的材料，可以通过减少光电阴极的面积或冷却光电倍增管来减小暗电流。事实上，通常采用半导体制冷和/或封闭循环水制冷的方式来冷却光电倍增管。

例 3.1

（a）请计算金属光电阴极在室温（$T = 300 \text{ K}$）下的暗电流强度，其面积为 10 cm^2，$e\phi = 1.25 \text{ eV}$。

（b）如果光电倍增管有 10 个打拿极，每个打拿极的二次发射系数为 $\delta = 4$，请计算在阳极产生的暗电流强度（输出暗电流）。

（c）光电阴极冷却到 5 ℃ 时，请估计暗电流大小。

（a）室温下（$kT = 0.026 \text{ eV}$）的暗电流由式（3.10）给出：

$$I_t(T = 300 \text{ K}) = 1.2 \times 10^6 \times 10^{-3} \times 300^2 \times e^{-1.25/0.026} \text{ A} \approx 1.4 \times 10^{-13} \text{ A}$$

这是光电阴极的暗电流。

（b）在光电倍增管中，这种电流将被打拿极放大。放大倍数由式（3.8）给出：

$$G = 4^{10} \approx 10^6$$

因此，输出的暗电流（I_t^{Out}）为

$$I_t^{\text{Out}} = I_t G = 1.4 \times 10^{-13} \times 10^6 \text{ A} = 1.4 \times 10^{-7} \text{ A} = 140 \text{ nA}$$

（c）如果光电倍增管（和光电阴极）冷却到 5 ℃，即 278 K，则光电阴极的暗电流为

$$I_t(T = 278 \text{ K}) = 1.2 \times 10^6 \times 10^{-3} \times 278^2 \times e^{-1.25/0.024} \text{ A} \approx 2.2 \times 10^{-15} \text{ A}$$

所以光电阴极的暗电流减小为 $\dfrac{1}{64}$。显然，输出的暗电流也会减小为 $\dfrac{1}{64}$。

散粒噪声

噪声源与电流的离散性有关。当在光电阴极中感应或产生一定的电流 i 时，由电子的量子特性引起电流存在一定的不确定度。已经证明，频率在 f 和 $f + \Delta f$ 之间的任何电流的抖动由下式给出：

$$\Delta i = \sqrt{2ie\Delta f} \tag{3.11}$$

对于光电阴极，这种抖动既影响暗电流（i_t）也影响光照感应电流（i_{lum}）。在没有光照射的情况下，光电阴极中唯一产生的电流为暗电流，因此与之相关的散粒噪声为 Δi_t。当光照感应电流（i_{lum}）小于与暗电流相关的散粒噪声（Δi_t）时，光电倍增管将不能区分任何光照感应电流。在这些条件下，入射光无法被光电倍增管探测到，因为它不能分辨噪声和信号。因此，与暗电流相关的散粒噪声决定了特定光电倍增

管(或特定光电阴极)能检测到的最小入射光强度。例 3.2 清楚地显示了这一点。

例 3.2

(a) 请计算 400 nm 下量子效率为 0.2 的光电阴极可探测到的最小光功率,其面积为 $10\,\mathrm{cm}^2$,$e\phi = 1.25\,\mathrm{eV}$。假设入射波长为 400 nm,带通宽度为 1 Hz。估计光电阴极被冷却到 5 ℃时可检测的最小光强度。

(b) 计算由先前的光电阴极和 10 个打拿极组成的光电倍增管能测量的最小光功率,每个打拿极的二次发射系数为 $\delta = 4$。

(a) 式(3.7)给出了光电阴极的响应度。采用 MKS 单位制,可得

$$R = \frac{e \times \eta \times \lambda}{hc} = \frac{1.6 \times 10^{-19} \times 0.2 \times 0.4 \times 10^{-6}}{6.63 \times 10^{-34} \times 3 \times 10^8}\,\mathrm{A \cdot W^{-1}} = 0.06\,\mathrm{A \cdot W^{-1}}$$

例 3.1 中该光电阴极在室温($T = 300\,\mathrm{K}$)下工作的暗电流约为 $1.4 \times 10^{-13}\,\mathrm{A}$。可以测量的最小电流等于散粒噪声对暗电流造成的电流分散,即

$$I_{\min} = \Delta I_t = \sqrt{2I_t e \Delta f} = \sqrt{2 \times 1.4 \times 10^{-13} \times 1.6 \times 10^{-19} \times 1}\,\mathrm{A}$$
$$= 2.1 \times 10^{-16}\,\mathrm{A}$$

因此,光电阴极能探测到的最小光功率为

$$P_{\min} = \frac{I_{\min}}{R} = \frac{2.1 \times 10^{-16}}{0.06}\,\mathrm{W} = 3.2 \times 10^{-15}\,\mathrm{W}$$

对应的光子通量为

$$\Phi_{\min} = \frac{P_{\min}}{hc/\lambda} = \frac{3.2 \times 10^{-15}}{6.63 \times 10^{-34} \times 3 \times 10^8/(0.4 \times 10^{-6})}\,\text{光子/s} = 6\,445\,\text{光子/s}$$

当光电阴极冷却到 5 ℃时,暗电流从 $1.4 \times 10^{-13}\,\mathrm{A}$ 降低到 $2.2 \times 10^{-15}\,\mathrm{A}$。因此,5 ℃时可检测的最小电流为

$$I_{\min}(5\,℃) = \Delta I_t(5\,℃) = \sqrt{2I_t(5\,℃)e\Delta f}$$
$$= \sqrt{2 \times 2.2 \times 10^{-15} \times 1.6 \times 10^{-19} \times 1}\,\mathrm{A} = 2.7 \times 10^{-17}\,\mathrm{A}$$

同上,可以确定,光电阴极在 5 ℃下可检测到的最小光子通量是 828 光子/s,为在室温下可检测到的最小光子通量的 1/8。

(b) 当考虑可以被光电倍增管检测到的最小光强度时,要考虑的响应度是 R^{PM},它取决于光电倍增管的特定增益($G \approx 10^6$,在例 3.1 中计算得到)。因此 R^{PM} 为

$$R^{PM} = \frac{e \times \eta \times \lambda \times G}{hc}$$
$$= \frac{1.6 \times 10^{-19} \times 0.2 \times 0.4 \times 10^{-6} \times 1 \times 10^6}{6.63 \times 10^{-34} \times 3 \times 10^8}\,\mathrm{A \cdot W^{-1}}$$
$$= 6.4 \times 10^4\,\mathrm{A \cdot W^{-1}}$$

此外,光电阴极的暗电流在到达阳极之前将被放大 G 倍。因此,在室温下阳极能检测到的最小强度为

$$I_{min}^{PM} = \Delta I_t^{PM} = \sqrt{2 I_t G e \Delta f}$$

$$= \sqrt{2 \times 1.4 \times 10^{-13} \times 1 \times 10^6 \times 1.6 \times 10^{-19} \times 1} \, A = 2.1 \times 10^{-13} \, A$$

因此

$$P_{min}^{PM} = \frac{I_{min}^{PM}}{R^{PM}} = \frac{2.1 \times 10^{-13}}{6.4 \times 10^4} = 3.3 \times 10^{-18} \, W$$

$$\Phi_{min}^{PM} = \frac{P_{min}^{PM}}{E_{ph}} = \frac{3.3 \times 10^{-18}}{6.63 \times 10^{-34} \times 3 \times 10^8 / (0.4 \times 10^{-6})} \approx 6 \text{ 光子/s}$$

这确实是一个非常低的光子通量。

约翰逊噪声(热噪声)

这种噪声是由光电倍增管中使用的不同电阻中载流子(电子)的热运动造成的,又称热噪声。一般来说,这种噪声源产生的信号的不确定度比暗电流噪声和散粒噪声产生的信号的不确定度要低得多。

3.5　信噪比的优化

许多光谱学实验中涉及的辐射强度都很低。在这种情况下,噪声可能和信号一样强。**信噪比**是表征被测信号质量的量。有多种方法专门用于提高这一比值。其中一些涉及测量过程,而另一些则涉及使用某些特定的电子设备来处理被测信号。下面列出了最常用的提高信噪比的方法。

3.5.1　多次平均降噪

当然,优化信噪比最简单的方法是反复多次测量,然后计算信号平均值。由于噪声在时间上随机分布,多次平均就可以减少噪声。信噪比随平均测量次数的增加而增加。用 N 表示信号的平均测量次数,根据统计学的基本原理,信噪比增大 $\sqrt{N}$。这种方法代表了提高信噪比的一种有效方法,但它同时也意味着对给定测量进行大量的重复,因此增加了测量的时间。

3.5.2 锁相放大器

为了提高信噪比,人们开发了多种基于信号的电子分析技术,这类技术不需要大量的测量时间。这一节的主题是锁相放大器,下一节是光子计数器。

当某材料被恒定强度的光束照射(连续照射)时,在排除可能来自不同噪声源的贡献后,光照产生的辐射信号(荧光、散射光、反射光和透射光)的强度在不同时间是恒定不变的。通常情况下,由噪声引起的信号部分随时间随机分布。相反,样品信号由激发光束(假定其强度与时间无关)产生,因此样品信号与时间无关。图 3.21(a)给出了连续照射(激发)下得到的总信号(包括噪声和样品信号)。如果激发光被调制,由激发光束引起的样品信号强度也将被调制。通常用机械斩波器来调制连续光源,此斩波器是一种具有均匀间隔斩波槽的转动圆盘。光斩波器通常配备光电池和适当的电子器件,以产生按斩波频率调制的电信号。在后续信号处理中,该电信号被用作参考信号。图 3.21(c)展示了用机械调制的激发光束得到的信号强度(荧光、散射光、反射光或透射光强度),该调制的激发光束强度显示在图 3.21(b)中。从图 3.21(c)可以清楚地看出,即使泵浦光被斩波器阻挡,噪声也会存在。从图中还可以清楚地看出,噪声产生的信号频率范围很大(在时间上随机分布),而样品信号强度具有与泵浦光相同的频率(调制频率)。最后需要注意的是,在激发信号和调制信号(包括噪声和样品信号)之间可能会出现一定的相位失配。这种相位失配可能是由各种物理过程引起的,其内容超出了本章的范围。在图 3.21(c)中也可以观察到相位失配的情况(注意:调制信号相对于激发信号在时间上发生延迟)。

锁相放大器首先是一种可调谐到选定频率的放大器,因此它可以选择性地放大按给定频率调制的信号。在测量信号时,利用光电池提供的参考信号可以将锁相放大器调谐到泵浦光的斩波频率。因此,只有与参考信号频率相同的电信号(样品信号)才会被放大,而其他频率的信号(噪声)则不会被放大。另外,锁相放大器能够可控地调整斩波器提供的参考信号与被测信号之间的相位差。当参考信号中人工诱导的相位等于激发光束和被测信号之间的相位差时,就能获得最佳的放大效果。因此,锁相放大器对激发信号和被测信号之间的相位失配非常敏感,具有重要的应用价值。

大多数常见的锁相放大器工作在几赫兹到 100 kHz 的频率范围。这对于分析光信号的时间演化非常重要,如荧光衰减时间的测量。虽然锁相放大器的这种特殊应用超出了本节的范围,但值得注意的是可以通过调节信号强度和斩波器提供的参考信号之间的相对相位(时间延迟)来实现。

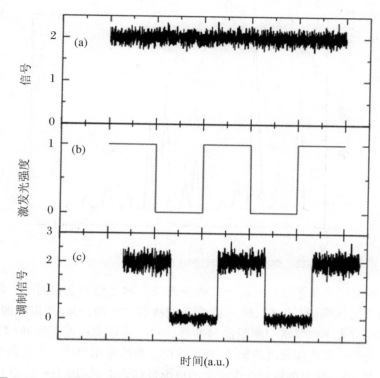

图 3.21　(a) 连续光束照射材料时得到的总信号（包括噪声和样品信号）；
(b) 通过机械斩波器获得的经调制的激发光强度；(c) 机械调制
光束照射材料时获得的调制信号（包括噪声和样品信号）。注意：
相对于激发信号存在一定的相位失配

3.5.3　光子计数器

光子计数器用于处理光电倍增管产生的微弱信号。光电倍增管输出信号通常
由一系列不同强度的离散峰组成（见图 3.22）。正如本章前面所述，光电子（由光
照引起）和光电阴极产生的热电子被打拿极多次放大。然而，与热电子相对应的峰
值通常比光电子产生的峰值要小（光照在光电阴极上产生的电子数大于热发射的
电子数）。

对于某些**光电倍增管**（量子效率高、渡越时间短且上升时间短），在无光照的情
况下产生的脉冲（尖脉冲）数量与这些脉冲的强度密切相关，如图 3.23 所示。可以
观察到，在没有任何光照的情况下（非照射模式），产生的脉冲数仅在低脉冲强度区
域。这当然是合理的，因为在无光照情况下，脉冲由噪声引起，而噪声通常产生低
强度的峰值。如果光电倍增管被光照（照射模式），则在一定强度范围内的脉冲数
量急剧增加。即使在照射模式下，仍然存在热发射，在低脉冲强度区域（脉冲强度

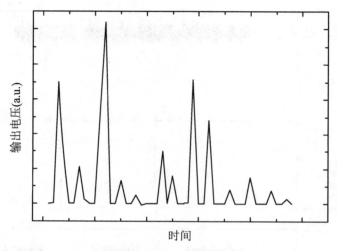

图 3.22 典型光电倍增管产生的输出信号与时间的关系

$I < H_1$），照射模式和非照射模式下的两条曲线实际上是完全相同的。但是，在一定的脉冲强度区间（$H_1 < I < H_2$），这两条曲线有很大的差异，所以在照射模式下测量的脉冲数大于在黑暗中测量的脉冲数。对于非常高强度的脉冲（$I > H_2$），因为照射不会产生如此高强度的脉冲，所以这两条曲线是相似的。根据两条曲线（照射和非照射）不一样时的脉冲强度定义的范围被称为鉴别阈值（图 3.23 中的 H_1 和 H_2）。光子计数器只简单地记录了强度从 H_1 到 H_2 的脉冲数。所有强度低于 H_1 的脉冲或峰值均被忽略。同时，所有强度高于 H_2 的脉冲或峰值也被忽略。综上所述，噪声对纯信号的贡献达到最小，从而极大地提高了信噪比。

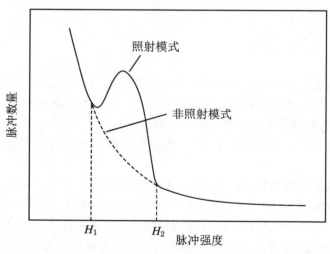

图 3.23 照射模式和非照射模式下光电倍增管产生的脉冲数与
脉冲强度（脉冲高度）的函数关系

3.5.4 光学多道分析仪

光学多道分析仪（OMA）的使用提高了测量微弱吸收和荧光光谱时的信噪比。OMA 的基本结构示意图如图 3.24 所示。

从图 3.24 可以看出，常规 OMA 的构造与单色仪非常相似。采用衍射**光栅**对入射辐射的不同光谱成分进行空间分离。然后利用一维窄二极管/探测器阵列（通常含 1024 个二极管）来分析色散光。在这种结构中，每个光谱成分的相关强度由一个单独的二极管记录。由于无须转动光栅，这种仪器能够快速测量整个光谱。OMA 的主要优点是可以实时测量光谱。当使用了适当的电子设备时，OMA 能对每个光谱成分进行单独平均或积分。二极管阵列通常由 Si 二极管制成，这是因为它们的光谱响应覆盖了很宽的波长范围，通常从 400 nm 到 1 100 nm。二极管的典型尺寸（像元）为 25 μm×2.5 mm，像元－像元间距为 25 μm。使用快速扫描二极管阵列时，每个二极管的扫描时间可以低至 13 μs。这就使得每秒可以记录大约 70 个光谱。当与标准的单色光＋光电倍增管组合相比较时，Si 阵列的灵敏度通常要低一个数量级以上。然而，对于一个典型的 1 024 像元阵列，测量时间大约只需原来的 1/1 000。这样就允许进行长时间的积分或平均，从而大幅提高信噪比。OMA 的缺点是其光谱分辨率低于单色仪。

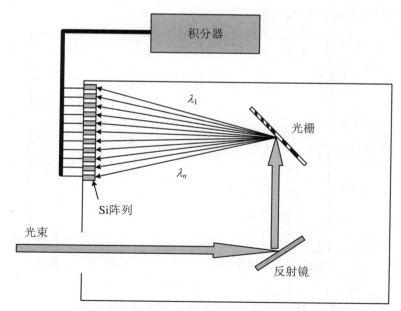

图 3.24 光学多道分析仪的基本结构示意图

3.6 脉冲信号探测器

物理现象时间演化的测量对于充分理解光与物质的相互作用以及光谱学都至关重要。1.4 节展示的时间分辨光谱正好与此相关。现在来回顾一下,当给定的材料被适当波长的脉冲光激发时,光学活性中心吸收入射光并被激发到更高的能量状态。此时停止激发,中心将通过发射光子和(或)声子的方式弛豫到能量较低的状态。发射强度随时间的演化提供了所涉及物理现象本质的宝贵信息。如果使用恰当的探测器,则由探测器测量的信号将显示与发光相同的时间演化性质。然而,这需要特殊的系统来记录这些快速信号。所需的特殊实验仪器,如探测器,取决于所涉及的现象发生的时间尺度。因此,没有一种通用的实验仪器可以适用于所有的光谱学过程。

得益于科学技术的进步,可以用光学手段检测的物理过程的时间尺度一直在持续变短。图 3.25 显示了近几个世纪以来可检测到的最小时间尺度的演变。可以看出,在过去 300 年里,时间灵敏度提高了 10^{12} 倍以上。在光谱学中大多数物理现象发生在 ms 量级到 fs 量级的时间范围内。

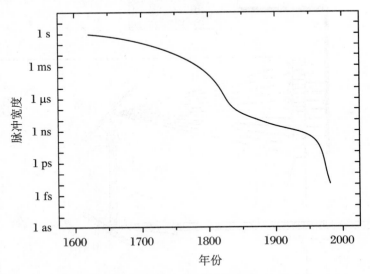

图 3.25 近几个世纪以来可被探测的最小时间尺度

下面简要介绍用于该时间范围内信号检测的主要方案和实验装置。在 3.7 节还将介绍用于测量 ps 量级到 fs 量级范围内光信号的仪器。

3.6.1　数字示波器

对于从几毫秒到几百皮秒的时间尺度的测量，**数字示波器**＋探测器的组合就构成了最简单的实验装置。现代示波器的工作带宽高达 6 GHz，时间分辨率短至 50 ps。商用光电探测器的时间常数可达 100 ps 量级。此外，雪崩光电二极管的时间常数在几十皮秒范围。因此，适当的示波器＋探测器组合能够测量时间尺度大于数百皮秒的光信号的时间演化过程。现代数字示波器能实现非常多的积分次数，因此可以通过多次测量取平均来提高信噪比，这是此类实验装置主要的优点。

3.6.2　Boxcar 积分器

在一些实验方案中，可以用 Boxcar 积分器（信号平均器）代替数字示波器。图 3.26 给出了 Boxcar **积分器**的基本工作原理示意图。

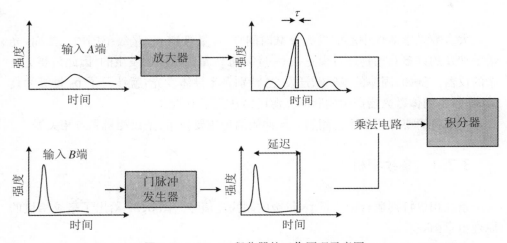

图 3.26　Boxcar 积分器的工作原理示意图

Boxcar 积分器有两个输入端。其中，输入 A 端的被测信号被适当地放大；输入 B 端提供触发信号。触发信号可以由 Boxcar 积分器本身（内部触发器）产生，也可以由泵浦源（通常是激光器）产生，用来确定样品被激发的时间（$t = 0$）。B 端的触发信号被门脉冲发生器处理后，输出一个相对于参考脉冲（触发器）具有一定延迟时间 t 的方波信号。此方波信号通常被称为取样门信号，其宽度用 τ 表示。将门信号与输入 A 端放大后的被测信号一起输入乘法电路，此乘法电路的功能就是将两个信号相乘，因此只选择了被测信号中与门信号重叠的部分。将这个被选择的部分信号输入积分器并与后续信号加以积累平均。以这种方式就可以测量 t 时刻(相对于激发时间)信号的强度。通过改变延迟时间 t,逐次对整个信号进行分段取样,并用积分器给出平均信号对应的强度－时间曲线。选择合适的门信号宽度 τ,Boxcar 积分器可以获得 100 ps 量级的时间分辨率。

更加复杂的 Boxcar 积分器可以在一个周期信号内进行多门(或多点,如 1 024 点)同时取样,取样点的时间间隔是固定的,取样后存放于存储器的相应地址。经多次重复采样平均,即可通过每个点的平均信号来获得信号对应的强度－时间曲线。这与最简单的单点(或单门)Boxcar 积分器不同。这些多点 Boxcar 积分器又被称为数字多点信号平均器,其时间分辨率随门(用于信号放大)的数目的增加而增加。数字多点信号平均器的优势是每次可以多点取样(如 1 024 点),因此大大减少了测量时间。

3.7　特别专题:条纹相机和自相关器

大多数光学活性中心的发光衰减时间在 ns 量级到 ms 量级范围内。然而,光谱学涉及的许多其他物理过程是在 ps 量级到 fs 量级范围内发生的,因此需要更复杂的仪器。例如,固体的带间跃迁发光,特别是半导体发光,就涉及了 ps 量级的衰减时间;由**固体激光器**产生的脉冲光源已经达到了 fs 量级。

本节将简要介绍用于检测超短脉冲的两种主要技术:条纹相机和自相关器。

3.7.1　条纹相机

条纹相机特别适合于测量 ps 量级的超快光信号。图 3.27 给出了**条纹相机**的原理示意图。

入射脉冲光经过狭缝后,聚焦到光电阴极上并产生光电子发射。发射的电子数与给定时刻到达光电阴极的光强度成正比。在光电阴极和荧光屏之间,施加了由快速电压发生器控制的外加电场,如图 3.27 所示,外加电场使电子发生偏转。在实际测量中,入射脉冲触发快速扫描电路产生一锯齿波高电压(与入射光同步且随时间发生快速变化)。在快速扫描过程中,光电阴极发射的电子由于在时间上稍有不同,会在不同的电场下产生偏转,因此它们在垂直方向上以不同的角度发生偏转,即它们会到达荧光屏上的不同位置。于是,就将光辐射的时间特性转变为荧光屏的空间特性,即荧光屏上垂直方向的空间宽度(见图 3.27)等价于光脉冲的时间宽度。在荧光屏垂直方向上给定点的亮度与相应时间入射光的强度成正比。通过这种方法可以再现脉冲光的时间特性。

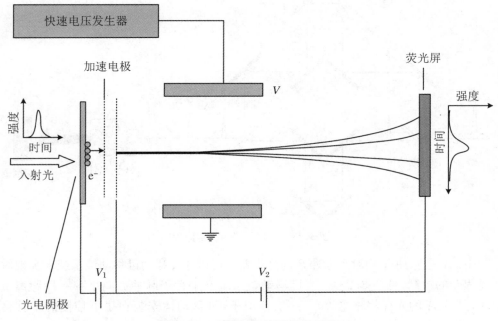

图 3.27　条纹相机的原理示意图

条纹相机的时间分辨率可以优于 1 ps。对于微弱信号,需要对荧光屏信号进行累积,这会降低时间分辨率(10 ps 量级)。条纹相机的主要优点是它能在短时间内提供大量信息;主要缺点是成本高,检测光谱范围有限(500~1 100 nm)。

3.7.2　自相关器

自相关器是探测 fs 量级到 ps 量级超短脉冲的重要工具。图 3.28 展示了**自相关器**的基本原理示意图。

第一步,利用分光镜将待测光脉冲分为强度相等的两束光脉冲(图 3.28 中的 A 和 B)。第二步,其中一个脉冲(脉冲 A)相对于另一个有一定的延时。有多种不同的机制可以在两个同步脉冲之间产生可控的延时。脉冲传播一定距离所需的时间由 L/c 给出,其中 L 表示光程,c 表示光速。一般情况下,光程可以表示为脉冲经过的距离(l)乘传播介质的折射率(n)。无论是传播距离还是折射率,其任何变化都会导致脉冲之间产生一定的延时。如图 3.28 所示,假定通过精确控制传播距离 l 来控制脉冲的延时。脉冲 A 比脉冲 B 途经了更远的距离。实际脉冲之间的延迟时间 Δt 由下式给出:

$$\Delta t = \Delta x / c \tag{3.12}$$

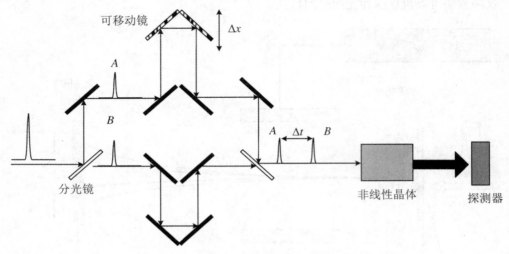

图 3.28 自相关器的基本原理图

其中 Δx 是脉冲 A 相对于脉冲 B 的光程差。可以通过移动可移动镜系统来实现对光程差的控制(见图 3.28)。当可移动镜系统在平行于脉冲方向平移一段距离 a 时,脉冲 A 的光程将增加 $2a$。一般情况下,可移动镜安装在压电控制的平移台上,从而实现对反射镜的精确微调。

一旦产生了可控的延时,将两个脉冲光会聚在一个非线性晶体上。如果此非线性晶体满足一些几何条件(如 2.5 节定义的相位匹配条件),这两个脉冲将发生和频,并产生波长等于入射脉冲一半的倍频光(两个脉冲具有相同的频率)。

倍频光的强度取决于多种因素,如几何因素(入射光的聚焦大小和偏振)、非线性晶体的温度、非线性转换效率以及相互作用的两个脉冲的特定延时。如果延时大于脉冲宽度,非线性晶体内的脉冲将不会在时间上重叠,倍频光的强度最小(见图 3.29)。随着延时缩短,两个脉冲在非线性晶体内发生时间重叠,导致倍频光的强度增大。如果延时为零,则倍频光的强度最大。

因此,通过测量倍频光强度与光程差(或可移动镜位移)的函数关系,并应用公式(3.12),可以绘制倍频光强度与延时的函数关系。通过此测量获得了超短脉冲的形状和宽度。

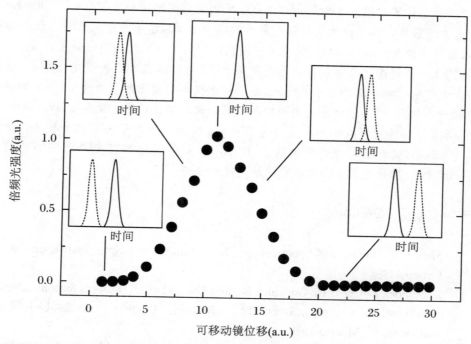

图 3.29 自相关器中产生的倍频光强度与可移动镜系统位移的函数关系。插图显示了图 3.28 中脉冲 A（虚线）和脉冲 B（实线）的强度随时间的变化曲线

练 习 题

3.1 21 mW 的光束到达光电导探测器，其有效面积厚度为 1 mm。在 965 nm（入射波长）处的吸收系数为 23 cm^{-1}。如果量子效率为 0.13，计算单位时间内产生的载流子数目。

3.2 用功率未知的绿色光束（532 nm）照射光电二极管。二极管在室温下以光伏模式工作。光照后二极管的光生电压为 34 mV。如果在无光照情况下光电二极管产生的电流为 1 mA，量子效率为 0.65，请计算入射光功率。

3.3 计算内量子效率为 0.90 的光电二极管在室温下用波长为 1 140 nm、功率为 0.35 mW 的光束照射时的感应电流。光电二极管工作在光导模式下，且无光照时光电二极管不会产生电流。光电二极管冷却到 5 ℃ 时会发生什么？

3.4 用图 3.18 所示的 GaAs 光电阴极测量 100 mW 的光束。如果入射波长为 650 nm（假定吸光度为 100%），计算产生的光电子数。

3.5 计算面积为 $3\ cm^2$、$e\phi = 1.05\ eV$ 的金属光电阴极在室温（$T = 300\ K$）下的暗电流强度。如果此光电阴极的量子效率为 0.75，计算出可被检测的最小功率（入射光束波长为 $808\ nm$）。讨论光电阴极冷却到 $260\ K$ 时的改进效果。

3.6 使用由练习题 3.5 的光电阴极和 10 个打拿极构成的光电倍增管，估算此光电倍增管能检测的最小光功率，每个打拿极的二次发射系数为 $\delta = 6$。如果光电阴极冷却到 $5\ ℃$，估计能检测到的最小光功率。假设带通宽度为 $1\ Hz$。

3.7 条纹相机的加速电压设为 $500\ V$。如果用于电子偏转的电极之间的距离为 $15\ cm$，电极之间的外加电压为 $1\ 200\ V$，光电阴极和荧光屏之间的距离为 $30\ cm$ 时，计算荧光屏上可观察到的最大空间偏转。

参考文献和延伸阅读

[1] Spex J Y. Guide for Spectroscopy[M]. Jobin Yvon Spex Instruments S. A. Group, 1994.

[2] Fernandez J, Cussó F, González R, and García Solé J. Láseres Sintoni-zables de estado sólido y Aplicaciones [M]. Madrid: Ediciones de la Universidad Autónoma de Madrid 1989.

[3] Kuzmany H. Solid State Spectroscopy: An Introduction[M]. Berlin: Springer-Verlag, 1998.

第 4 章　固体的光学透明度

4.1　引　　言

前面章节回顾了常见的光谱技术的基本原理以及光谱测量所需的仪器装置。定义了若干光学量（例如 α、A、T 和 R），它们作为入射光波长的函数可以被直接测量。从而可以在全光学波长范围内测量固体的透明度。现在利用一些模型来预测和解释给定材料的透明度（吸收谱、反射谱或透射谱）。首先，将这些光学量（α、A、T 和 R）与材料的其他经典物理量（如相对介电常数 ε 或折射率 n）联系起来。然后，利用简单的微观和宏观模型来分析这些物理量的频率（波长）依赖性。到本章结束时，将能够预测一些光谱并根据固体材料的光学特性将其分为金属、半导体或绝缘体；将能够理解这些光谱的形状如何与给定固体材料的电子结构密切相关，以及这些光谱如何反馈出材料特定的电子结构信息。

4.2　光学量和介电常数

首要任务是将可测量光学量与介电常数联系起来。**介电常数**描述了给定材料对外加电场的响应。该电场由传播到固体中的电磁波产生。如 1.2 节定义的光学波长范围，电磁辐射波长（200 nm≤λ≤3 000 nm）远大于固体中原子间的距离。因而可将固体当作连续介质以便能够采用经典方法来描述电磁辐射的传播。为简便起见，考虑各向同性介质，沿 z 方向传播且角频率为 ω 的电磁波的电场随时间和空间的变化可表示为

$$E = E_0 e^{i(Nkz - \omega t)} \tag{4.1}$$

其中，$k = 2\pi/\lambda$，它是真空中光波矢的模；$|E_0|$ 是 $z = 0$ 处的电场振幅；N 是**复折射率**。复折射率 N 的定义如下：

$$N = n + \mathrm{i}\kappa \tag{4.2}$$

复折射率的实部是**折射率** $n = c/v$(c 和 v 分别是光在真空和介质中的传播速度),虚部 κ 是**消光系数**。这里有必要回顾一下,n 和 κ 的大小都依赖于传播电磁波的频率(波长),即 $N \equiv N(\omega)$。

将式(4.2)和 $k = \omega/c$ 代入式(4.1),可以得到

$$E = E_0 \mathrm{e}^{-\frac{\omega}{c}\kappa z} \mathrm{e}^{\mathrm{i}\omega(\frac{n}{c}z - t)} \tag{4.3}$$

因此,非零的消光系数 κ 导致光波在材料中呈指数衰减。由于光波强度 I 与电场模方成正比($I \sim |E|^2 = EE^*$),因此可以给出沿传播方向 z 的光波强度衰减的表达式:

$$I = I_0 \mathrm{e}^{-2\frac{\omega}{c}\kappa z} \tag{4.4}$$

其中 I_0 为入射光强度($z = 0$)。将上式与 Lambert-Beer 定律(参见式(1.4))比较,得到**吸收系数** α(从**吸收谱**直接测量确定)与消光系数 κ 之间的关系:

$$\alpha = \frac{2\omega}{c}\kappa \tag{4.5}$$

现在将固体材料的折射率和消光系数与相对介电常数联系起来。假定有一非磁性固体(相对磁导率 $\mu = 1$),$N = \sqrt{\varepsilon}$,其中 ε 是材料的相对**介电常数**。由于 ε 也是复数物理量:$\varepsilon = \varepsilon_1 + \mathrm{i}\varepsilon_2$,因此可以得到

$$(n + \mathrm{i}\kappa)^2 = \varepsilon_1 + \mathrm{i}\varepsilon_2 \tag{4.6}$$

上式实部和虚部的解如下所示:

$$\varepsilon_1 = n^2 - \kappa^2 \tag{4.7}$$

$$\varepsilon_2 = 2n\kappa \tag{4.8}$$

众所周知,通过测量可以得到整个频率范围($0 \leqslant \omega < \infty$)内的吸收系数(进而得到消光系数),再利用 Kramers-Krönig 关系(Fox,2001 年)可获得 $N(\omega)$ 的实部,即折射率 $n(\omega)$。这意味着从光吸收实验可以获得介电常数实部和虚部的频率依赖性。

同时可以得到 n 和 κ 作为相对介电常数的函数:

$$n = \left\{ \frac{1}{2} \left[(\varepsilon_1^2 + \varepsilon_2^2)^{1/2} + \varepsilon_1 \right] \right\}^{1/2} \tag{4.9}$$

$$\kappa = \left\{ \frac{1}{2} \left[(\varepsilon_1^2 + \varepsilon_2^2)^{1/2} - \varepsilon_1 \right] \right\}^{1/2} \tag{4.10}$$

在确定固体与真空的界面处电磁辐射的边界条件后,就可以确定固体的**反射率**。对于真空中的固体,考虑光垂直入射的简单情况,从基础光学教材中可知

$$R = \frac{(1 - n)^2 + \kappa^2}{(1 + n)^2 + \kappa^2} \tag{4.11}$$

因此,根据式(4.9)~式(4.11),由 ε_1 和 ε_2 可以分别得到**光学量** n、κ(或 α)和 R。

下一节将建立一个简单的模型来预测给定材料的相对介电常数 ε_1 和 ε_2 的频率依赖性。只要已知某任意特定波长(或频率)时的相对介电常数(n 和 κ),就可以

确定该波长(或频率)下第 1 章定义的可测量光学量的值。

例 4.1　锗在 400 nm 处的复折射率为 $N = 4.141 + i2.215$。在此波长下,计算(a)厚度为 1 mm 的样品的光密度和(b)垂直入射时的反射率。

(a) 根据式(4.2), $\kappa = 2.215$,考虑到 $\omega = 2\pi c/\lambda$,吸收系数可由式(4.5)给出:

$$\alpha = \frac{2\omega}{c}\kappa = \frac{4\pi}{\lambda}\kappa = \frac{4\pi \times 2.215}{400 \times 10^{-9}} \text{ m}^{-1} = 6.96 \times 10^{7} \text{ m}^{-1} = 6.96 \times 10^{5} \text{ cm}^{-1}$$

由式(1.10)可知,厚度为 1 mm 的样品的光密度为

$$OD = \frac{\alpha x}{2.303} = \frac{6.96 \times 10^{5} \times 0.1}{2.303} = 30\,221$$

上述光密度值太大以致无法用分光光度计测量(参见 1.3 节)。

(b) 由式(4.2)可知 $n = 4.141$,代入式(4.11),可得垂直入射时的反射率为

$$R = \frac{(1 - 4.141)^2 + 2.215^2}{(1 + 4.141)^2 + 2.215^2} = 0.471 = 47.1\%$$

基于上述例子,可以根据不同波长的 n 和 κ(或 ε_1 和 ε_2)数值预测特定固体的光学透明度。这些光学量在不同的光学材料手册中均有报道(例如:Palik,1985 年;Weber,2003 年)。现在,通过三种相关固体材料来介绍不同的光学波长范围(紫外光,50～350 nm;可见光,350～700 nm;近红外光,700～3 000 nm)中关于**金属**、**半导体**和**绝缘体**透明度的一些基本性质:

- Al(典型金属)在紫外光区的反射率 R 变化为 0 到 90%,然而在可见光区和近红外光区具有高反射率。
- Si(典型半导体)强烈吸收紫外光,部分反射和吸收可见光与近红外光。
- SiO_2(典型绝缘体)在紫外光区有强烈的吸收上升沿(**基本吸收边**),在可见光区是透明的。

4.3　洛伦兹振子

上一节已经展示了可测量光学量与介电常数(ε_1、ε_2)之间的关系,现在需要确定这些介电常数如何依赖入射电磁辐射的频率,然后就能够预测任何材料光学**吸收谱**和**反射谱**的具体形状。

显然需要从微观(经典和量子)模型开始讨论。这些模型需要利用固体中原子间(或离子间)结合力本质以及价电子是否可以在固体中自由移动的相关知识。

在**金属**中,价电子是传导电子,因此可以自由移动。相反,**绝缘体**中价电子位

于固定格位周围,例如在离子固体中它们被束缚于特定离子。**半导体**可当作金属和绝缘体之间的中间形式,其价电子有两种:自由电子和束缚电子。

　　描述光辐射与固体相互作用的最简单而最通用的模型是经典的**洛伦兹模型**。它假定价电子通过简谐力被固体中特定原子束缚。这些简谐力是库仑力,它们促使价电子回到原子核周围的特定轨道。因此,固体被认为是原子振子的集合,每个振子都具有固有特征频率。假设用其固有频率(共振频率)激发其中一个原子振子,就会产生一个共振过程。从量子观点来看,这些频率对应于价带跃迁至导带所需吸收光子的频率。在该方法中,只考虑了某个特殊的共振频率 ω_0,换句话说,固体是由一系列等价的原子振子组成的。在此情况下,ω_0 对应于带隙频率。

　　这种原子振子模型(其中假设价电子为束缚价电子)对于金属也是完全有效的,只是此时必须设定 $\omega_0 = 0$。

　　接下来分析光波与频率为 ω_0 的振子集合之间的相互作用。在该情况下,被原子核束缚的价电子的运动是阻尼振荡,这是由光波的振荡电场导致的。该原子振子被称为**洛伦兹振子**。这样一个价电子的运动可以用下列微分方程来描述:

$$m_e \frac{\mathrm{d}^2 \boldsymbol{r}}{\mathrm{d} t^2} + m_e \Gamma \frac{\mathrm{d} \boldsymbol{r}}{\mathrm{d} t} + m_e \omega_0^2 \boldsymbol{r} = - e \boldsymbol{E}_{\mathrm{loc}} \tag{4.12}$$

其中,m_e 和 e 分别是电子的质量和电荷,$\boldsymbol{r}$ 是电子相对于平衡状态的位置。谐波项 $m_e \omega_0^2 \boldsymbol{r}$ 表示作用于价电子的弹性回复力。对于金属来说,因为价电子(传导电子)是自由电子,该谐波项显然为零。阻尼项 $m_e \Gamma \mathrm{d} \boldsymbol{r}/\mathrm{d} t$ 表示因固体对价电子运动的影响而产生的黏滞力(阻尼力,与速度成正比、反向),其中 Γ 为阻尼系数,表示相互碰撞的频率,其倒数为电子的平均寿命。该项产生于价电子经历的各种散射过程。在固体中,它通常与声子激发产生的能量损失有关。$- e \boldsymbol{E}_{\mathrm{loc}}$ 项是指光的振荡电场 $\boldsymbol{E}_{\mathrm{loc}}$ 作用于价电子上的力(光场驱动力),其中下标 loc 表示局域场。假设该电场按照 $\mathrm{e}^{-\mathrm{i}\omega t}$ 形式振荡,则式(4.12)的解与时间相关,并可由下式给出:

$$\boldsymbol{r} = \frac{- e \boldsymbol{E}_{\mathrm{loc}} / m_e}{(\omega_0^2 - \omega^2) - \mathrm{i}\Gamma\omega} \tag{4.13}$$

其中 $\boldsymbol{r}$ 是复数,这是因为 $\boldsymbol{r}$ 和 $\boldsymbol{E}_{\mathrm{loc}}$ 间存在相位移动(由非零阻尼项产生)。

　　局域电场 $\boldsymbol{E}_{\mathrm{loc}}$ 的振荡特性会诱导产生一个振荡电偶极矩 $\boldsymbol{p} = - e \boldsymbol{r}$。考虑到 $\boldsymbol{p} = \alpha \boldsymbol{E}_{\mathrm{loc}}$,$\alpha$ 为原子极化率(对于不是很强的局域电场关系成立),利用式(4.13)可得

$$\alpha = \frac{e^2 / m_e}{(\omega_0^2 - \omega^2) - \mathrm{i}\Gamma\omega} \tag{4.14}$$

需要再次指出,由于阻尼项的存在,极化率为复数。

　　此时,若对局域电场作一定的假设,就可以将原子极化率 α(微观量)与介电常数 ε(宏观量)联系起来。

　　考虑到 $\varepsilon = D/E$,其中电位移矢量由 $\boldsymbol{D} = \boldsymbol{E} + 4\pi \boldsymbol{P}$(CGS 单位制)给出,$\boldsymbol{E}$ 为宏观电场强度,$\boldsymbol{P}$ 为宏观极化强度。考虑到原子密度 N,宏观极化强度为 $\boldsymbol{P} = N \langle \boldsymbol{p} \rangle =$

$N\alpha\langle E_{\mathrm{loc}}\rangle$（其中符号"$\langle\ \rangle$"表示平均值），因此 $D = E + 4\pi N\alpha\langle E_{\mathrm{loc}}\rangle$。假设$\langle E_{\mathrm{loc}}\rangle = E$[①]，可以得到

$$\varepsilon = 1 + 4\pi N\alpha \tag{4.15}$$

这里应该记住，α 和 ε 都是复数量。将式(4.14)代入式(4.15)，得到 ε 与入射光频率的依赖关系(CGS 单位)：

$$\varepsilon = 1 + \frac{4\pi Ne^2}{m_{\mathrm{e}}} \frac{1}{(\omega_0^2 - \omega^2) - \mathrm{i}\Gamma\omega} \tag{4.16}$$

然后，将等式右边第二项的分子、分母同乘 $(\omega_0^2 - \omega^2) + \mathrm{i}\Gamma\omega$，可以得到**介电常数**实数项和虚数项：

$$\varepsilon_1 = 1 + \frac{4\pi Ne^2}{m_{\mathrm{e}}} \frac{\omega_0^2 - \omega^2}{(\omega_0^2 - \omega^2)^2 + \Gamma^2\omega^2} \tag{4.17}$$

$$\varepsilon_2 = \frac{4\pi Ne^2}{m_{\mathrm{e}}} \frac{\Gamma\omega}{(\omega_0^2 - \omega^2)^2 + \Gamma^2\omega^2} \tag{4.18}$$

一般情况下每个原子具有一个以上的价电子，同时考虑到存在不同的共振频率而非特定频率 ω_0 的可能性，可以将式(4.16)推广为

$$\varepsilon = 1 + \frac{4\pi Ne^2}{m_{\mathrm{e}}} \sum_j \frac{N_j}{(\omega_j^2 - \omega^2)^2 - \mathrm{i}\Gamma_j\omega} \tag{4.19}$$

其中 N_j 为被共振频率 ω_j 束缚的价电子密度，$\sum_j N_j = N$ 为价电子总密度。

式(4.19)与 $\varepsilon(\omega)$ 的量子力学表达式是相似的，只是 N_j 被替换为 Nf_j。然而，一些项的物理意义却大不相同。ω_j 表示原子中两个能量相差 $\hbar\omega_j$ 的电子态之间的跃迁频率；f_j 是上述跃迁中与量子概率相关的无量纲量(被称为**振子强度**，在下一章 5.3 节正式定义)，并满足 $\sum_j f_j = 1$。需要提到的是，多重共振频率 ω_j 应与多重价带到导带奇点的跃迁或由光学活性中心引起的跃迁有关。该模型没有区分这些可能的过程，只是将多重共振与不同的共振频率联系起来。

我们现在能够理解固体对振荡频率为 ω 的电磁场的响应。为了简单起见，假设式(4.17)、(4.18)涉及的固体是由单电子经典原子组成的，且只有一个与带隙相关的共振频率 ω_0。利用这些表达式，在图 4.1(a)中展示了 ε_1 和 ε_2 与入射光子能量的依赖关系。

同时，根据式(4.9)~(4.11)可以获得可测量光学量 n、κ 和 R 的光谱特性。图 4.1(a)给出了 ε_1 和 ε_2 的值，图 4.1(b)给出了由 ε_1 和 ε_2 得到的消光系数 $\kappa(\omega)$ 和反射率 $R(\omega)$ 的光谱依赖性。从光谱角度来看，n 的光谱特性不具有与 $\kappa(\omega)$ 和 $R(\omega)$ 类似的相关性。为简便起见，图 4.1(b)省略了 n 的光谱特性。通过观察

---

① 一般来说，$\langle E_{\mathrm{loc}}\rangle \neq E$，这是因为局域电场在原子格位上取平均，而非在这些格位之间的空间区域上取平均。在金属中，价电子是自由的(非局域电子)，$\langle E_{\mathrm{loc}}\rangle = E$ 的假设是合理的。但是，对于被束缚的价电子(电介质和半导体)，上述关系还不是非常清楚。然而，为了能够对光学性质进行定性描述，仍然保留该假设。

图 4.1(a)、(b)，可以看到四个明显的光谱区域。

光谱区域 Ⅰ 对应的是远低于共振频率的低频透明区，即 $\omega \ll \omega_0$。根据式(4.18)和式(4.8)，在该区域中 $\varepsilon_2 = 2n\kappa \approx 0$，故 $\kappa \approx 0 (n \geqslant 1)$。此外，根据式(4.7)，$\varepsilon_1 = n^2 - \kappa^2 \approx n^2 > 1$。从图 4.1(b)可以看出，该光谱区域具有高透明度的特点：吸收弱，反射率较低。从图 4.1(a)可知，在该区域内 ε_1 随电磁辐射频率 ω 增大而增大。折射率 n（为简便起见，未显示）也随 ω 增大而增大。该特性对应于所谓的正常色散。

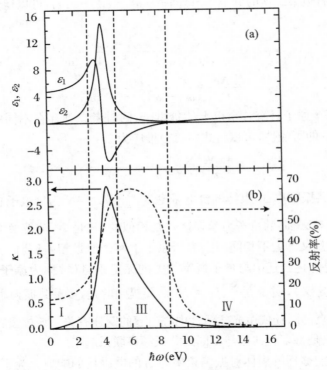

图 4.1 (a)ε_1 和 ε_2 的光谱依赖性以及(b)κ 和 R 的光谱依
赖性。这些曲线代表了光学波长范围内的典型值；
$\hbar\omega_0 = 4\,\mathrm{eV}, \hbar\Gamma = 1\,\mathrm{eV}, 4\pi Ne^2/m_e = 60$

光谱区域 Ⅱ 对应的是接近共振频率的区域，即共振吸收区，$\omega \approx \omega_0$。从图 4.1(a)可以看出，在该区域中 ε_1 达到最大值，随后在一定的能量范围内随着光频率的增大而减小，最后再增大。上述减小是在该光谱区域内反常色散的表现。这种反常特性（也由 n 表示）伴随着反射率 $R(\omega)$ 的显著增大和 $\kappa(\omega)$（以及 $\varepsilon_2(\omega)$）的强吸收，如图 4.1(b)（或图 4.1(a)）所示。

在光谱区域 Ⅲ（金属反射区）中，$\omega \gg \omega_0$，光子能量远大于价电子结合能，此时价电子相当于金属的传导电子（自由电子）。因此，绝缘体在该光谱区域具有金属反射性（高反射率）。从图 4.1(b) 可以看出，光谱区域Ⅲ中反射率 $R(\omega)$ 很高，然而消光系数 $\kappa(\omega)$ 随频率的增大而迅速减小。

最后，光谱区域Ⅳ的起始点是 $\varepsilon_1 = 0$。因此，$\omega > \omega_p$，ω_p 被称为等离子体频率。该频率代表透明度极高的区域（$\kappa \approx 0$，$R \approx 0$），即高频透明区，如图 4.1(b) 所示。这对于金属来说尤其重要，正如将在下一节看到的。事实上，在这些极高的频率下，固体对电磁场没有反应而变得透明。假设式 (4.17) $\varepsilon_1 = 0$，且 $\omega \gg \omega_0 \gg \Gamma$，等离子体频率由下式给出（CGS 单位）：

$$\omega_p = \sqrt{4\pi Ne^2/m_e} \tag{4.20}$$

现在来检验简单洛伦兹模型的有效性，以便能够解释实际固体的光谱。图 4.2 是典型**半导体** Si（图 4.2(a)）和典型**绝缘体** KCl（图 4.2(b)）的**反射谱**，显示了反射率与光子能量的依赖关系，洛伦兹振子模型不能定量解释这两个光谱。事实上，前面假定只有单一共振频率 ω_0。但在一般情况下，固体包含了分布在能带上不同共振频率的振子集合。在 Si 和 KCl 晶体的光谱中，确实可以清楚地观察到不止一个共振频率。

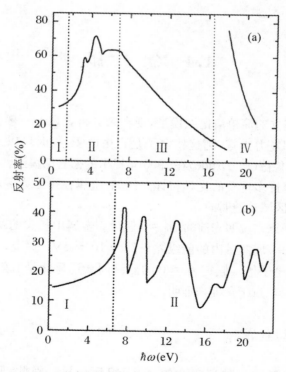

图 4.2　(a) Si 和 (b) KCl 的反射谱（经允许复制于 Philipp 和 Ehrenreich，1963 年）

在任何情况下，只要将共振频率 ω_0 与固体的主要带间跃迁对应的跃迁频率联系起来，简单的洛伦兹模型就可以合理地定性解释固体光谱的主要特征。很容易用洛伦兹模型来解释 Si 的反射谱(图 4.2(a))。从图 4.2(a)可以清晰地观察到上述四个光谱区域,尽管只有区域Ⅰ和部分区域Ⅱ位于光学波长范围内。在光子能量为 3 eV 处,反射率急剧上升,峰值共振频率 $\omega_0 \approx 6.8 \times 10^{15}$ s^{-1}。考虑到每个 Si 原子有 4 个价电子,由式(4.17)可以得到在低频($\omega \to 0$)时 $\varepsilon_1 = 13.5$。该值与低频时的实验测量值 $\varepsilon_1 = 12$ 相差不大。

KCl 的光谱区域Ⅰ和Ⅱ清晰可见(参见图 4.2(b))。由于Ⅰ区覆盖了所有的光学波长范围,从光谱角度来看,KCl 是一种高度透明的材料。在能量高于大约 7 eV 时,会出现一些尖峰。这些峰对应于激子和带间奇点,它们无法用经典洛伦兹振子模型定量解释。然而,由于光谱区域Ⅰ和Ⅱ能被观察到,定性响应得到了满意的解释。

通常情况下,良好**绝缘体**的光谱区域Ⅲ和Ⅳ是远离光学波长范围的,然而对于某些半导体来说光谱区域Ⅲ和Ⅳ处于光学波长范围内。这就解释了为什么有很多半导体(如 Ge 和 Si)具有金属特性,而大多数好的绝缘体(如 KCl 和 NaCl)在可见光下高度透明。

4.4　金　属

基于上一节建立的简单洛伦兹模型,现在来分析**金属**的一般光学特性。假定作用于价电子的回复力为零,则这些电子是自由电子,同时可以认为式(4.12)的 $\omega_0 = 0$。这就是德鲁德(P. Drude)在 1900 年提出的**德鲁德模型**。接下来将看到该模型如何成功解释许多重要的光学特性。例如,金属在可见光区域是极好的反光体,然而在紫外光区域是透明的。

可以从量子观点来说明先前的 $\omega_0 = 0$ 假设。金属中相关的跃迁发生在带内,且通常是导带内。金属能带内的能级差大约为 10^{-27} eV。因此,在光学波长范围内(光子能量约几电子伏),假定 $\omega_j \approx 0$ 的能级间跃迁显然是有效的,即经典假设 $\omega_0 = \omega_j \approx 0$ 也可以从量子角度来证明。

4.4.1　理想金属

为了简化,先考虑一种理想**金属**,即无阻尼金属。因此,假设式(4.17)和式(4.18)中 $\omega_0 = 0$,$\Gamma = 0$,可以得到

$$\varepsilon_1 = 1 - \frac{4\pi N e^2}{m_e} \frac{1}{\omega^2} = 1 - \frac{\omega_p^2}{\omega^2} \qquad (4.21)$$

$$\varepsilon_2 = 0 \tag{4.22}$$

其中 ω_p 是式(4.20)给出的**等离子体频率**。

利用式(4.9)和式(4.10),可以得到作为入射光频率函数的光学量 n 和 κ。图 4.3 展示了光学量作为 ω/ω_p 的函数关系。当光频率低于 ω_p 时,折射率为零($n=0$),消光系数随着频率的增大而减小($\kappa^2 = \omega_p^2/\omega^2 - 1$)。当 $\omega = \omega_p$ 时,$\kappa = 0$。当频率高于等离子体频率时,消光系数均等于零($\kappa=0$),然而折射率随着频率($n^2 = 1 - \omega_p^2/\omega^2$)的增大而增大,趋向极限值 $n=1$。显然,某些折射率值在物理上是不可接受的。例如,n 等于零将导致相速度为无穷大($v = c/n$)。上述无穷大相速度的物理意义是:当频率低于 ω_p 时,所有价电子都在进行同相振荡;当频率高于 ω_p 时,这种相干性会被破坏,从而形成等离子体。

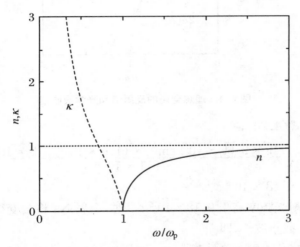

图 4.3　理想金属(无阻尼的自由电子)的光学量 n 和 κ 与光频率的依赖关系

图 4.4 给出了根据式(4.5)和式(4.11)计算得到的理想金属的光谱。从吸收谱可以看出,吸收系数 α 随着频率增大而迅速减小($\alpha = (2\omega/c)\sqrt{\omega_p^2/\omega^2 - 1}$);当 $\omega \geqslant \omega_p$ 时,吸收系数变为零。从**反射谱**可以看出,当频率低于 ω_p 时,$R = 1$;当频率高于 ω_p 时,R 随着频率增大而迅速下降($R = [\omega_p/(\omega + \sqrt{\omega^2 - \omega_p^2})]^4$)。

因此,**德鲁德模型**预测:理想金属在频率不超过 ω_p 时是 100% 的反射体,在更高的频率下则高度透明。这一结果与几种金属的实验光谱相当吻合。事实上,根据等离子体频率 ω_p 可确定金属的透明区域。根据式(4.20),该频率只取决于传导电子的密度 N。N 等于金属原子的密度乘它们的价电子数。这让我们可以在 N 已知的情况下确定金属的透明区域,如例 4.2 所示。

例 4.2　Na 是一种传导电子密度 $N = 2.65 \times 10^{22}$ cm^{-3} 的金属。请确定(a)它的等离子体频率、(b)透明区域的波长范围、(c)厚度为 1 mm 的 Na 样品在极低频率下的光密度。

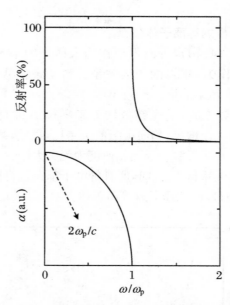

图 4.4　理想金属的反射谱和光学吸收谱

（a）根据式（4.20），有

$$\omega_p = \sqrt{\frac{4\pi \times 2.65 \times 10^{22}\ \text{cm}^{-3} \times (1.6 \times 10^{-19} \times 3 \times 10^{9}\ \text{stc})^2}{9.1 \times 10^{-28}\ \text{g}}}$$
$$= 9.18 \times 10^{15}\ \text{s}^{-1}$$

（b）当入射光频率高于 $9.18 \times 10^{15}\ \text{s}^{-1}$ 时，金属 Na 将会变得透明。对应的波长 λ_p 被称为截止波长，即

$$\lambda_p = \frac{2\pi c}{\omega_p} = \frac{2\pi \times 3 \times 10^{10}\ \text{cm} \cdot \text{s}^{-1}}{9.18 \times 10^{15}\ \text{s}^{-1}} = 2.05 \times 10^{-5}\ \text{cm} = 205\ \text{nm}$$

因此，Na 是一种可应用于波长小于 205 nm 的优良滤光器。

（c）在低频（长波）下，Na 是全反射材料。光吸收系数 α 也很大，并由下式给出：

$$\alpha = (2\omega/c)\sqrt{\omega_p^2/\omega^2 - 1}$$

因此，当 $\omega = 0$ 时：

$$\alpha = \frac{2\omega_p}{c} = \frac{2 \times 9.18 \times 10^{15}\ \text{s}^{-1}}{3 \times 10^{10}\ \text{cm} \cdot \text{s}^{-1}} = 6.12 \times 10^5\ \text{cm}^{-1}$$

根据式（1.10），厚度为 1 mm 的样品对应的光密度为

$$OD = 6.12 \times 10^5\ \text{cm}^{-1} \times 0.1\ \text{cm} \times \lg e = 2.6 \times 10^4$$

事实上，该光密度值太大以致无法用分光光度计来测量。此外，理想金属的反射率为 1，因此低频光线无法穿透金属。

上述例子根据自由电子密度 N 计算了金属 Na 的等离子体频率。表 4.1 列出

了不同碱金属的截止波长 λ_p 测量值及自由电子密度。需要注意的是,在理想的金属模型中,λ_p 的实验值与根据式(4.20)计算的理论值比较吻合。还可以看到,N 值位于 $10^{22} \sim 10^{23}$ cm^{-3} 范围内,使得计算出的截止波长位于紫外光谱区域。因此,一般来说金属是良好的紫外辐射滤光器。它可以透射波长小于 λ_p 的辐射,反射(也可以吸收)波长大于 λ_p 的辐射。在某些方面,对于频率为 3 MHz(无线电波)的情形,金属的这种特性类似于电离层的高反射率(自由电子浓度高),使得信号的长距离传输成为可能。

表 4.1　碱金属截止波长的计算值和实验值

金属	N ($\times 10^{22}$ cm^{-3})	λ_p (nm) 计算值	λ_p (nm) 实验值
Li	4.70	154	205
Na	2.65	205	210
K	1.40	282	315
Rb	1.15	312	360
Cs	0.91	350	440

4.4.2　阻尼效应

若考虑一个非零的阻尼项 $\Gamma \neq 0$,则式(4.21)和式(4.22)须写成

$$\varepsilon_1 = 1 - \frac{\omega_p^2}{\omega^2 + \Gamma^2} \tag{4.23}$$

$$\varepsilon_2 = \frac{\omega_p^2 \Gamma}{\omega(\omega^2 + \Gamma^2)} \tag{4.24}$$

可以看出,与理想金属不同的是,ε_2 值不为零。

金属的**阻尼**项是自由电子受到固体中原子和电子的散射而产生的,这也是电阻产生的原因。

现在来考虑在消除外部局域场驱动后自由电子的运动,洛伦兹振子公式(4.12)将简化为

$$\frac{d^2 \boldsymbol{r}}{dt^2} + \Gamma \frac{d\boldsymbol{r}}{dt} = 0 \tag{4.25}$$

可以写成关于自由电子速率 v 的形式:

$$\frac{dv}{dt} + \Gamma v = 0 \tag{4.26}$$

上述微分方程的解是 $v = v_0 e^{-\Gamma t}$。此解表明,在消除驱动力(局域电场)后,电子速率呈指数形式衰减至零,衰减时间为 $\tau = 1/\Gamma$。该时间表示金属中电子的平均自由

碰撞时间,一般为 $\tau \approx 10^{-14}$ s,对应于阻尼系数(频率)$\Gamma \approx 10^{14}$ s^{-1}。这意味着在频率不超过 10^{14} s^{-1} 时,阻尼效应将会是显著的。也就是说,当波长大于 $\lambda = c/\Gamma = 3\,000$ nm 时,即在光学波长范围的长波极限处,这些效应将非常重要。因此,我们期望就光学光谱而言,理想模型金属不会受到阻尼效应的影响。

在图 4.5 中,将 Al 的实验测量反射谱与理想金属模型以及阻尼金属模型预测的反射谱进行了比较。Al 的自由电子密度 $N = 18.1 \times 10^{22}$ cm^{-3}(每个原子有三个价电子),所以根据式(4.20),其等离子体能量为 $\hbar\omega_p = 15.8$ eV,从而可以计算出理想金属的反射谱。与实验光谱相比,考虑阻尼项($\Gamma = 1.25 \times 10^{14}$ s^{-1},由测量的直流电导率导出)的阻尼金属模型在理想金属模型上略有改进。这两种模型预测光谱的主要区别是:当入射光频率在 ω_p 以下时,阻尼金属模型的反射率略小,并且紫外光透射边稍微平滑些。

最后,需要指出的是理想金属模型和阻尼金属模型都不能解释频率在 ω_p 以下时 Al 的实际反射率低于计算值($R \approx 1$)的原因。此外,这些简单的模型也无法说明诸如在 1.5 eV 附近观察到的反射率下降等特征。为了解释这些现象,以便能够更好地理解实际金属,必须考虑能带结构,这将在 4.8 节讨论。

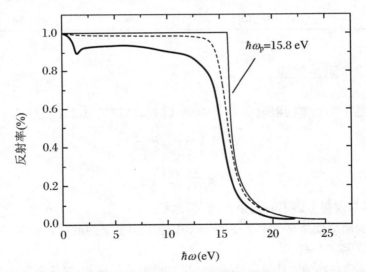

图 4.5 Al 的实验测量反射谱(粗实线)与理想金属模型($\hbar\omega_p = 15.8$ eV, 细实线)以及阻尼金属模型($\Gamma = 1.25 \times 10^{14}$ s^{-1},虚线)预测反射谱的比较(实验数据经允许复制于 Ehrenreich 等,1962 年)

4.5　半导体和绝缘体

与金属不同,**半导体**和**绝缘体**具有被束缚的价电子,这会引起带间跃迁。本节和下节的目标是理解给定材料的吸收谱与能带结构的关联性,特别是与涉及跃迁的态密度的关联性。

首先来回顾一下固体中**能带结构**的物理含义。孤立原子的跃迁发生在一系列分立能级之间。因此,这些能级之间的光跃迁会在特定的光子共振频率处产生吸收谱线和发射谱线。这些光谱对应于单个原子或相距甚远(无限远)的原子情形。随着原子间距离的减小,单个原子的电荷分布开始发生相互作用。因此,每个原子能级发生位移并分裂为 $(2l+1)N$ 个分子能级;其中 N 为参与成键的原子(或离子)数,N 具有阿伏伽德罗常数的数量级,$2l+1$ 为原子能级的轨道简并度(l 为轨道角动量量子数)。在固体中原子可以在短的平衡距离下聚集在一起,这主要是由于离子键、共价键或金属键的作用。因此,每个能级分裂成大量间隔很小的能级,从而形成一个准连续能带。尽管固体中光跃迁比原子跃迁复杂得多,但是某些情况仍然保留单个原子跃迁的特征。

图 4.6 给出了一个很好的定性原理图来解释固体的金属性或绝缘性。

气态原子钠(Na)的电子构型为 $1s^2 2s^2 2p^6 3s^1$,1s、2s 和 2p 电子能级处于充满状态,3s 能级处于半充满状态,其他激发态(3p、4s 等)则是全空状态。在固体状态下(图 4.6 左侧),这些原子能级移动并分裂成能带:1s、2s 和 2p 能带被完全占据;而 $3s(l=0)$ 能带即导带,是半满的,所以仍然有大量($N(2l+1)/2 = N/2$)的 3s 激发能级是空的。因此,电子很容易被外加电场激发至空能级,从而成为自由电子。这让固体 Na 具有典型的**金属**特性。

氯化钠(NaCl)作为一种典型的**绝缘体**(图 4.6 右侧),其情况则完全不同。Cl 原子的电子构型为 $1s^2 2s^2 2p^6 3s^2 3p^5$。NaCl 是离子晶体,其晶体结构由 Na^+ 和 Cl^- 离子组成。由于 NaCl 固体中平衡距离较短,每个 Na 原子倾向于将 3s 电子(参见上面的电子构型)转移到 Cl 原子的 3p 能级。这一过程使得 Na^+ 离子的 3s 能带变成空带,而 Cl^- 离子的 3p 能带被完全占据(注意该能带与 Cl^- 的 3s 能带杂化)。$3s3p(Cl^-)$ 能带(价带)顶部与 $3s(Na^+)$ 能带(导带)底部之间的能量差约为 8 eV(带隙能量)。因此,在施加电场时,NaCl 不会出现电子传输产生的导电性。从光学角度看,上述 NaCl 晶体的能隙会在能量高于约 8 eV 时形成连续吸收谱。该光谱是由带间跃迁产生的,即从 $3s3p(Cl^-)$ 态跃迁到 3s 能带(Na^+)激发态或其他更高能带的状态。NaCl 并不吸收低于约 8 eV 的能量,因此该材料在可见和紫外波段是透明的(截止波长 $\lambda_g = 155$ nm,在真空紫外光谱区域)。

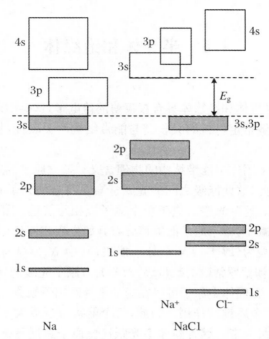

图 4.6 金属(Na)和绝缘体(NaCl)的能带填充示意图

因此,能隙给出了非金属固体的光学透明区域。表 4.2 给出了几种典型**半导体**和**绝缘体**的能隙值 E_g(以及相应截止波长 λ_g)。Ge、Si 和 GaAs 的低能隙值(约为 1 eV)解释了这些固体在室温下观察到的半导体特性,这是因为大量的价电子可以被热激发而越过带隙。这些较低的能隙值也解释了它们在可见光谱区域的不透明性。另一方面,ZnO、金刚石和 LiF 的大能隙使得这些晶体在可见光下是高度透明的。特别地,LiF 的大能隙使得该晶体可以作为紫外可见窗口材料。

表 4.2 一些固体的带隙能量(E_g)与截止波长(λ_g)

固体	E_g(eV)	λ_g(nm)
Ge	0.67	1 851
Si	1.14	1 088
GaAs	1.5	827
ZnO	3.2	387
金刚石	5.33	233
LiF	13.7	90

图 4.6 的简单能隙图似乎表明,固体中跃迁应比原子的更宽,但仍以确定的能

量为中心。然而,源于固体的典型能带结构,即晶体的能带能量 E 与电子波矢 k($|k| = 2\pi/a$,a 是原子间距)的依赖关系,带间跃迁通常展现出复杂的光谱形状。

图 4.7(a)给出了 Si 在能隙附近的能带结构,其带隙能量 $E_g = 1.14\,\text{eV}$。价带(VB)与导带(CB)之间的区域为该材料的禁带。这种能带结构决定了价带到导带跃迁产生的光谱的一些特征。例如,图 4.7(b)给出了硅的室温吸收谱,主要由光子能量约 $E_1 = 3.5\,\text{eV}$ 和 $E_2 = 4.3\,\text{eV}$(对比图 4.2(a)给出的反射谱)处的两个主峰和约 1.14 eV 处非常弱的峰(图中不明显)组成。后者与能隙即带间跃迁起始点有关。

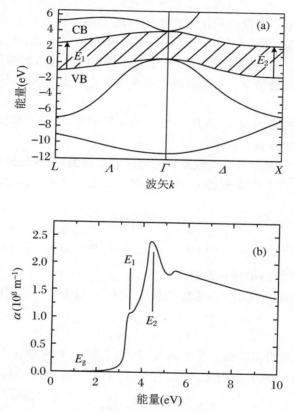

图 4.7　(a) Si 在带隙能量附近的能带结构图(经允许复制于 Cohen 和 Chelikowsky,1988 年);(b) 室温下 Si 的吸收谱(经允许复制于 Palik,1985 年)

在 E_1 和 E_2 处的两个峰(如图 4.7 中标注线所示)与布里渊区中高对称性特殊点(以 L 和 X 标记)附近的跃迁相关。然而,为了解释这两个吸收峰的精确位置,也需要考虑态密度函数。因此,很明显带间光谱的完整解释远非如此简单。

从价带到第一个空带(导带)跃迁对应的**吸收谱**通常被称为基本吸收谱。对许多晶体来说,该光谱位于光学波长范围内。

4.6 基本吸收边的光谱形状

从硅的吸收谱(图4.7(b))可以看到在3.5 eV和4.3 eV主峰附近的吸收系数非常大,达到了10^8 m^{-1}数量级。这意味着光密度非常高(对于0.1 mm厚的样品,为4.3×10^3)。因此,只能使用沉积在透明衬底上的薄膜来测量吸收谱。事实上,通常只能测量到能隙(对于Si约为1.14 eV)附近的光谱区域。该区域通常被称为**基本吸收边**,它表现为吸收系数的迅速增大。基本吸收边可以提供关于能隙附近能带结构非常有用的信息。本节将研究基本吸收边的光谱形状及其与能带结构的关系。

如果一固体被频率$\omega \geqslant \omega_g (E_g = \hbar\omega_g)$的辐射照射,则部分辐射会被固体吸收。在该频率处的**吸收系数**正比于:

- 从初态i到末态f(由组成原子的原子轨道得到)的**跃迁概率** P_{if};
- 初态被占据的电子密度n_i和末态空出的电子密度n_f,这包括所有能量差为$\hbar\omega$的初末态。

因此,可以得到

$$\alpha(\omega) = A \sum_{i,f} P_{if} n_i n_f \tag{4.27}$$

其中A是使等式两边单位一致的系数。

在讨论$\alpha(\omega)$的谱形之前,考虑动量守恒条件,对于一个给定的跃迁,必须满足选择定则

$$\boldsymbol{k}_p + \boldsymbol{k}_i = \boldsymbol{k}_f \tag{4.28}$$

其中,$\boldsymbol{k}_i$和$\boldsymbol{k}_f$分别为初态和末态的波矢,$\boldsymbol{k}_p$为入射光子的波矢。对于典型的可见光子($\lambda = 600$ nm),波矢值为$k_p = 2\pi/\lambda \approx 10^5$ cm^{-1};然而对于晶体中典型电子,k与布里渊区的大小有关,$k_{i,f} \approx \pi/a \approx 10^8$ cm^{-1}(考虑单胞尺寸为$a \approx 1$ Å $= 10^{-8}$ cm),可以看到$k_p \ll k_{i,f}$,因此选择定则(4.28)变为

$$\boldsymbol{k}_i = \boldsymbol{k}_f \tag{4.29}$$

这一重要的选择定则表明带间跃迁必须满足波矢守恒。满足波矢守恒的跃迁(如图4.8(a)中由垂直箭头标记的跃迁)被称为**直接跃迁**。在价带顶与导带底具有相同波矢的材料中容易观察到这种跃迁,这些材料被称为**直接带隙**材料。

在具有图4.8(b)所示能带结构的材料中,导带底与价带顶的波矢相差很大,这些材料被称为**间接带隙**材料。根据公式(4.29)给出的选择定则,在能隙处的跃迁是不允许的。但是在晶格声子的参与下,它们仍有可能发生。这些跃迁被称为

间接跃迁。间接跃迁的动量守恒定律可以写为

$$\boldsymbol{k}_i \pm \boldsymbol{k}_\Omega = \boldsymbol{k}_f \tag{4.30}$$

其中 $\boldsymbol{k}_\Omega$ 表示涉及声子的波矢。式（4.30）中符号"$\pm$"表明间接跃迁可以通过吸收（$+$）或发射（$-$）声子发生。在第一种情形下，晶体吸收能量为 $E = E_g - E_\Omega$ 的光子；在第二种情形下，晶体吸收能量为 $E = E_g + E_\Omega$ 的光子（E_Ω 是涉及声子的能量）。

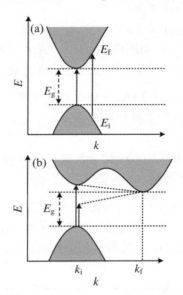

图 4.8 具有带隙能量 E_g 的固体中的带间跃迁：（a）直接带隙，用箭头指出了两个直接跃迁；（b）间接带隙，用箭头指出了两个间接跃迁。光子能量低于 E_g 的跃迁需要吸收声子；光子能量高于 E_g 的跃迁涉及声子的发射

间接跃迁比直接跃迁弱得多，因为后者不需要声子参与。然而，许多间接带隙材料在技术应用中发挥着重要作用，例如 Si（能带结构参见图 4.7(a)）或 Ge（能带结构参见图 4.11）。接下来将讨论直接跃迁和间接跃迁的光谱形状。

4.6.1 直接跃迁的吸收边

首先考虑两个直接带隙能谷之间的跃迁，如图 4.8(a)所示。假设所有满足动量守恒的跃迁都是允许的（允许的**直接跃迁**）。这就意味着，对于任何 k 值，P_{if} 都不等于零。P_{if} 与初态和末态的矩阵元有关，假设它与和这些态（$|k|$）相关的频率无关，则式（4.27）可以改写为

$$\alpha(\omega) = AP_{if}\rho(\omega) \tag{4.31}$$

其中 $\rho(\omega)$ 是**联合态密度**（具有相同波矢 k 且能量差为 $\hbar\omega$ 的电子状态对的数目）。该函数依赖于能带形状。

在附录 A 中,已经确定具有抛物线能带的一般情形下,$\rho(\omega)$ 如下所示:

$$\rho(\omega) = \frac{1}{2\pi^2}\left(\frac{2\mu}{\hbar}\right)^{3/2}(\omega - \omega_g)^{1/2} \tag{4.32}$$

其中 μ 是折合有效质量,由 $1/\mu = 1/m_e^* + 1/m_h^*$ 给出(m_e^* 和 m_h^* 分别为电子和空穴的有效质量)。因此,允许的直接跃迁吸收边具有如下频率依赖关系:

$$\begin{aligned}\alpha(\omega) &= 0, && \omega < \omega_g \\ \alpha(\omega) &\propto (\omega - \omega_g)^{1/2}, && \omega \geqslant \omega_g\end{aligned} \tag{4.33}$$

一些Ⅲ-Ⅴ型半导体(例如 AlP、GaAs、InSb、AlAs 和 InAs)展现出直接跃迁吸收边。例 4.3 将给出关于 InAs 基本吸收边的分析讨论。

例 4.3 图 4.9(a)给出了 InAs 吸收系数与光子能量的依赖关系。

(a) 请确定 InAs 是否为直接带隙半导体。

(b) 请估算带隙能量。

(c) 如果厚度为 1 mm 的 InAs 样品被波长为 2 μm 的 1 W 激光照射,请确定光束通过样品后的激光功率。只考虑光吸收导致的光损失。

(a) 为了确定 InAs 是否为直接带隙材料,现在来计算图 4.9(a)所示的吸收谱中吸收系数的平方 α^2 与光子能量 $\hbar\omega$ 的依赖关系,结果如图 4.9(b)所示。可以清楚地观察到 $\alpha^2 \propto (\hbar\omega - \hbar\omega_g)$ 的线性相关性,这与式(4.33)一致。因此,InAs 是一种直接带隙半导体。

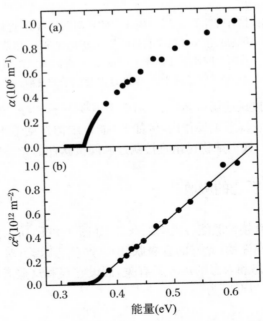

图 4.9 (a) InAs 在基本吸收边区域的室温吸收谱;
(b) 吸收系数的平方与光子能量的依赖关系

（b）将图 4.9（b）所示的线性关系外推到纵坐标的零值点，可以直接得到 InAs 的带隙能量 $E_g = \hbar\omega_g = 0.35\,\text{eV}$。

（c）根据图 4.9（a），波长为 $2\,\mu\text{m}(0.62\,\text{eV})$ 处的吸收系数为 $10^6\,\text{m}^{-1}$。因此，可以根据式（1.4）得到激光强度的衰减。假设光束尺寸不变，激光功率的衰减可由下式得到：

$$P = P_0 e^{-\alpha x} = (1\,\text{W}) \times e^{-10^6\,\text{m}^{-1} \times 10^{-3}\,\text{m}} = e^{-1\,000}\,\text{W} \approx 0$$

因此，激光功率会因吸收而完全衰减。

这里并没有考虑反射率。实际上反射率应该也很高，这可以根据图 4.1（b）所示的光谱区 Ⅱ 确定。在实际情况下，只有功率为 $P_0(1-R)$ 的激光才能穿入样品，其中 R 是样品的反射率。考虑样品内表面的反射率，光束通过样品后的激光功率变为 $P = P_0 e^{-\alpha x}(1-R)^2 = e^{-1\,000}(1-R)^2\,\text{W} \approx 0$。在任何情况下，激光都被 InAs 样品完全衰减。

对于一些直接带间隙材料，电子的量子跃迁选择定则导致 $P_{if} = 0$。然而，这只在 $k = 0$ 时才严格成立。对于 $k \neq 0$，在一级近似下可以假定，涉及的价带顶和导带底状态的矩阵元与 k 成正比，即 $P_{if} \sim k^2$。在抛物线能带的简化模型中（参见附录 A），可以得到 $\hbar\omega = \hbar\omega_g + \hbar^2 k^2/(2\mu)$，所以 $P_{if} \sim k^2 \sim (\omega - \omega_g)$。因此，根据式（4.31）和式（4.32），这些跃迁（被称为禁戒的**直接跃迁**）的吸收系数具有如下频率依赖性：

$$\begin{aligned} \alpha(\omega) &= 0, &\omega &< \omega_g \\ \alpha(\omega) &\propto (\omega - \omega_g)^{3/2}, &\omega &\geqslant \omega_g \end{aligned} \tag{4.34}$$

一些复合氧化物，如 SiO_2，表现出禁戒的直接跃迁。

4.6.2　间接跃迁的吸收边

对于间接带隙材料，价带中所有占据态均可与导带中所有空态相关联。在这种情况下，吸收系数正比于初末态密度的乘积（参见式（4.27）），但需要对能量差为 $\hbar\omega \pm E_\Omega$（E_Ω 为涉及声子的能量）的所有可能的状态组合进行积分。这种形式的计算已超出本书范畴，它会给出在 ω_g 附近如下所示的光谱依赖性（Yu，1999 年）：

$$\alpha(\omega) \propto (\omega - \omega_g \pm \Omega)^2 \tag{4.35}$$

其中 $\pm\Omega$ 项表示频率为 Ω 的声子被吸收或发射。

需要注意的是，此处频率依赖关系不同于由式（4.33）和式（4.34）给出的**直接带隙**材料的频率依赖关系。这提供了一种通过简单分析基本吸收边来确定特定材料的带隙是直接带隙还是间接带隙的简便方法。表 4.3 总结了直接带隙材料和间接带隙材料**基本吸收边**的频率依赖关系。

表 4.3　直接带隙和间接带隙材料的基本吸收边与频率关系

材料	频率依赖关系
直接允许带隙	$\alpha(\omega)\propto(\omega-\omega_g)^{1/2}$，$\omega\geqslant\omega_g$
直接禁戒带隙	$\alpha(\omega)\propto(\omega-\omega_g)^{3/2}$，$\omega\geqslant\omega_g$
间接带隙	$\alpha(\omega)\propto(\omega-\omega_g\pm\Omega)^2$

图 4.10(a)描绘了**间接带隙材料**吸收边的一般形状。从图中($\alpha^{1/2}$-ω 曲线)可以清楚地观察到两种不同的线性区域。较低频率处的直线显示吸收阈值频率为 $\omega_1=\omega_g-\Omega$，对应于吸收声子(能量为 $\hbar\Omega$)过程。第二条直线与频率轴相交于 $\omega_2=\omega_g+\Omega$ 处，对应于发射声子(能量为 $\hbar\Omega$)过程。带隙频率对应于这两个频率的中点：$\omega_g=(\omega_1+\omega_2)/2$。此外，涉及的声子频率也可以根据光谱来确定：$\Omega=(\omega_2-\omega_1)/2$。

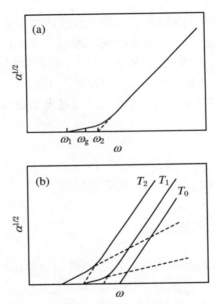

图 4.10　(a) 间接带隙材料对应的吸收谱形状；(b) 间接带隙对应于吸收谱的温度变化。$T_0=0\,\mathrm{K}$，$T_2>T_1$

由于声子参与了**间接跃迁**，可以预期间接带隙材料的吸收谱必然会在很大程度上受到温度的影响。事实上，吸收系数也必然与光子－声子相互作用的概率成正比。该概率 η_B 是由玻色－爱因斯坦统计给出的关于声子数的函数：

$$\eta_B=\frac{1}{e^{\hbar\Omega/(kT)}-1} \tag{4.36}$$

因此，必须在式(4.35)中引入新的比例因子来考虑上述作用：

- 对于包含声子吸收的跃迁，$\alpha \propto \eta_B$。
- 对于包含声子发射的跃迁，$\alpha \propto (\eta_B + 1)$。

然后将式(4.35)改写为更一般的形式，它考虑了 η_B 的温度依赖性：

$$\alpha_a \propto (\omega - \omega_g + \Omega)^2 \times \eta_B = \frac{(\omega - \omega_g + \Omega)^2}{e^{\hbar\Omega/(kT)} - 1} \tag{4.37}$$

$$\alpha_e \propto (\omega - \omega_g - \Omega)^2 \times (\eta_B + 1) = \frac{(\omega - \omega_g - \Omega)^2}{1 - e^{-\hbar\Omega/(kT)}} \tag{4.38}$$

其中下标 a 和 e 分别表示声子吸收或发射过程。因为这两种过程都有可能，所以吸收系数表示为 $\alpha(\omega) = \alpha_a(\omega) + \alpha_e(\omega)$。

图 4.10(b)给出了间接带隙**吸收谱**的温度依赖关系。需要指出，随着温度的降低，α_a 的贡献越来越小。这是由于声子密度因子与温度的依赖关系（参见式(4.37)）。事实上，在 0 K 时没有声子被吸收，只能观察到一条与声子发射过程相关的直线。从图 4.10(b)还可以推断 ω_g 随着温度降低而变大，这反映了能隙的温度依赖性。

例 4.4　Ge 的吸收边

Ge 是一种间接带隙材料，但是它的能带结构使得在分析基础吸收边附近的光谱区域时，可以观察到两个能隙（一个直接、一个间接）。如图 4.11(a)所示，导带底位于 L_1 点，价带顶（Γ_{25} 点）在 $k = 0$ 处，间接能隙为 0.66 eV。

图 4.11(b)展示了利用 Ge 吸收谱(300 K)得到的 $\alpha^{1/2}$ 与光子能量 $\hbar\omega$ 的曲线。双线性拟合证实了 $\Gamma_{25} \rightarrow L_1$ 跃迁来自间接带隙跃迁，如式(4.37)和式(4.38)预期的那样。这与图 4.10(a)一致，外推可以得出 $\hbar\omega_1 = 0.618$ eV，$\hbar\omega_2 = 0.637$ eV。现在，可以估计室温下带隙值 $\hbar\omega_g = (\hbar\omega_1 + \hbar\omega_2)/2 = 0.628$ eV（与 0 K 时带隙能量 0.66 eV 相差不大），以及协助间接跃迁的声子能量 $\hbar\Omega = (\hbar\omega_2 - \hbar\omega_1)/2 = 9.5 \times 10^{-3}$ eV ≈ 77 cm^{-1}。

图 4.11(a)所示的 Ge 的能带结构也给出了 0.8 eV 的第二个带隙，该带隙是直接带隙，对应于 $\Gamma_{25} \rightarrow \Gamma_2$ 跃迁。事实上，当能量大于 0.8 eV 时，实验测量的 α^2 与光子能量的线性关系也显示出这种直接带隙特性。根据观察到的 $\alpha \propto (\hbar\omega - 0.8)^{1/2}$ 的趋势，可以说该直接跃迁是允许的（参见表 4.3）。

最后必须指出（注意图 4.11 中的比例系数），与直接吸收系数（能量大于 0.8 eV）相比，间接吸收系数（能量介于 0.6 eV 到 0.75 eV）通常是微不足道的。这是因为考虑到间接吸收过程的二阶性质，它比直接吸收过程弱得多。

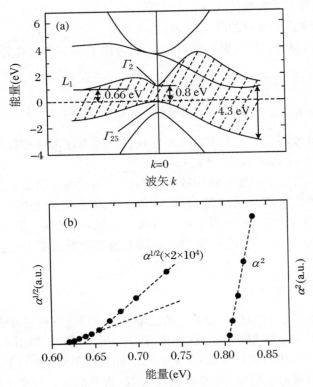

图 4.11　(a) Ge 的能带结构(经允许复制于 Cohen, 1998 年);(b) 关于 Ge 吸收边的分析。需要注意第一条拟合线与第二条拟合线之间的比例系数差异(经允许复制于 Dash, 1955 年)

4.7　激　　子

　　在一些半导体或绝缘体材料的吸收谱中,在光子能量接近但低于能隙(近边低能区域)处会出现一系列分立的吸收峰。这些特征峰对应于一种被称为激子的特殊类型激发。

　　当能量 $\hbar\omega \geqslant \hbar\omega_g$ 的光子被吸收时,导带中产生一个电子,价带产生一个空穴;两者都是自由的,可以在晶体中独立运动。然而,两者所带电荷相反,由于库仑力相吸而形成**电子-空穴对**。此中性电荷对被称为**激子**。它可以在不影响电导率的情况下在晶体中运动并传递能量。由于激子中电子和空穴是被束缚的,激子会在共振能量接近但低于带隙能量处产生分立的能级,如图 4.12 所示。这些能级产生

能量低于能隙 E_g 的激子跃迁。

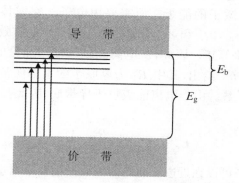

图 4.12　激子能级示意图。箭头表示相对能隙
E_g 的可能激子光跃迁。E_b 是结合能

最简单的激子可以用氢原子来模拟,电子和空穴(相当于氢原子核)在彼此周围稳定的轨道上运动。在该模型中,晶体材料中可能会出现两种基本类型的激子:

- 弱束缚激子(**万尼尔激子**);
- 紧束缚激子(**弗仑克尔激子**)。

这两种激子的示意图如图 4.13 所示。相比于原子间距离,万尼尔激子的半径更大(图 4.13(a)),因此它们对应于离域态,且这些激子可以在晶体中自由移动。而弗仑克尔激子位于原子格位附近,半径比万尼尔激子小得多。接下来将分别描述这两种激子的主要特征。

(a)　　　　　　　　　　　　　　　(b)

图 4.13　(a)万尼尔激子和(b)弗仑克尔激子的示意图

4.7.1　万尼尔激子

对于万尼尔激子,由于电子与空穴的距离比原子间的距离大,可以认为两个

粒子都在具有相对介电常数 ε_r 的均匀晶体中运动。因此,可以利用氢原子的里德堡能级来处理这些激子的能级。但需要用电子－空穴体系的折合有效质量 $\mu(1/\mu = 1/m_e^* + 1/m_h^*, m_e^*$ 和 m_h^* 分别是电子和空穴的有效质量)以及考虑晶体的相对介电常数 ε_r [①] 来修正。因此,从电离能级(0 eV)测量的类氢原子的能级由 $-[\mu R_H/(m_e \varepsilon_r^2)](1/n^2)$ 给出,其中 R_H 为氢原子的里德堡常数(13.6 eV),m_e 为电子质量,n 为主量子数。由于电离能级位于导带底,因此晶体中激子能级(参见图4.12)为

$$E_n = E_g - \frac{\mu R_H}{m_e \varepsilon_r^2} \frac{1}{n^2} \tag{4.39}$$

因此,**万尼尔激子**可以在近边低能光谱区域产生若干对应于不同的态($n=1$, $2,3,\cdots$)的吸收峰。从图4.14氧化亚铜(Cu_2O)的低温吸收谱中可以清楚地观察到激子的一些类氢光谱峰。这些峰对应于不同的以量子数 $n=2,3,4,5$ 标记的激子态。

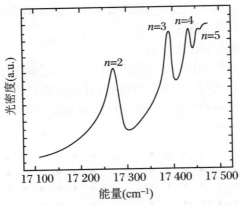

图4.14 Cu_2O 在 77 K 时的吸收谱,图中显示了 $n=2,3,4,5$ 时的激子谱峰

在用于处理万尼尔激子的简单玻尔模型中,**电子－空穴对**的轨道半径由下式给出:

$$r_n = \frac{m_e \varepsilon_r a_B}{\mu} n^2 \tag{4.40}$$

其中 $a_B = 5.29 \times 10^{-11}$ m 为玻尔半径。根据式(4.39)和式(4.40),基态($n=1$)的能量最低、半径最短。因此,电离激子所需的能量(结合能)由下式给出:

$$E_b = \frac{\mu R_H}{m_e \varepsilon_r^2} \tag{4.41}$$

对于万尼尔激子(主要在半导体中观察到),其结合能在 meV 量级,如表4.4

---

① 这里使用 ε_r 来表示相对介电常数,而不是用4.2节和4.3节的符号 ε。事实上,标准的符号是 ε_r。在前面章节,为了简单起见,在不同的公式中使用了 ε。

所示。从这张表中也可以看出一般趋势:E_b 倾向于随 E_g 的增大而增大。这主要是因为随着带隙的增大,ε_r 减小,μ 增大。

表 4.4　不同材料的带隙(E_g)与激子的结合能(E_b)

万尼尔激子			弗仑克尔激子		
晶体	E_g(eV)	E_b(meV)	晶体	E_g(eV)	E_b(meV)
GaN	3.5	23	LiF	13.7	900
ZnSe	2.8	20	NaF	11.5	800
CdS	2.6	28	KF	10.8	900
ZnTe	2.4	13	PbF	10.3	800
CdSe	1.8	15	NaCl	8.8	900
CdTe	1.6	12	KCl	8.7	900
GaAs	1.5	4.2	KBr	7.4	700
InP	1.4	4.8	KI	6.3	400
GaSb	0.8	2.0	NaI	5.9	300

例 4.5　根据图 4.14 所示的吸收谱,确定:(a) Cu_2O 的能隙;(b) 激子的折合有效质量,假设 $\varepsilon_r = 10$;(c) $n = 2$ 时激子的玻尔半径。

(a) 从图 4.14 可以看到,在能量分别为 17 260 cm^{-1}($n = 2$)、17 373 cm^{-1}($n = 3$)、17 408 cm^{-1}($n = 4$)和 17 426 cm^{-1}($n = 5$)处存在四个明显的激子峰。根据这些能量,得到如下经验关系:
$$E(cm^{-1}) = 17\ 458 - 800 \times (1/n^2)$$
由式(4.39)可知,上式右边第一项对应于 Cu_2O 的能隙:$E_g = 17\ 458\ cm^{-1} = 2.16\ eV$。

(b) 由上式和式(4.39)可以得到 $\mu R_H/(m_e \varepsilon_r^2) = 800\ cm^{-1} = 0.099\ eV$。因此,$\mu/m_e = (0.099 \times 10^2)/13.6 = 0.7$。激子的折合有效质量为 $\mu = 0.7 m_e$。

(c) 利用式(4.40),其中 $\mu = 0.7 m_e$,$\varepsilon_r = 10$,$a_B = 5.29 \times 10^{-11}$ m,$n = 2$,可以得到 $r_2 = 3 \times 10^{-9}$ m $= 3$ nm。注意,该激子半径(30 Å)比晶体中平均原子间距离(Å 数量级)要大得多,与万尼尔激子的弱束缚性一致。

4.7.2　弗仑克尔激子

在**弗仑克尔激子**中观察到的谱峰与类氢方程(4.39)不一致,因为其激发被局域在单个原子附近。因此,激子半径与原子间距相当,不能把晶体当作具有相对介

电常数 ε_r 的连续介质来处理。

弗仑克尔激子通常存在于大带隙的晶体中。碱金属卤化物是一个极具代表性的例子。其带隙位于紫外光谱区域,它在可见光区是透明的。图 4.15 为 NaCl 和 LiF 的室温吸收谱。在接近晶体带隙处的 7.9 eV(NaCl)和 12.8 eV(LiF)强吸收峰,对应于弗仑克尔激子吸收。根据 $E_b = E_g - E_{peak}$ 很容易估算这些激子的结合能,在 NaCl 和 LiF 晶体中激子的结合能均为 0.9 eV。表 4.4 中列出了不同卤化碱的结合能和带隙。从表中可以看出,结合能要比 300 K 时的玻尔兹曼能($kT \approx$ 0.026 eV)大得多,因此在室温下也能观察到强的激子峰(图 4.15)。这些晶体中激子峰对应于局域在阴离子(F^-、Cl^-、Br^- 和 I^-)上的跃迁,这是因为它们的电子激发能级比阳离子的低。在低温下测量光谱时,可以在这些峰上观察到附加结构。这种结构可以提供关于这些激子的电子能级的更多信息。

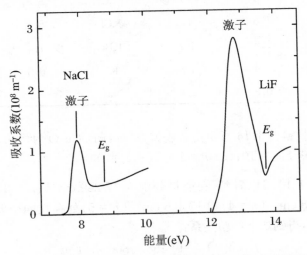

图 4.15 NaCl 和 LiF 在 300 K 时的吸收谱(近基本吸收边)

(经允许复制于 Palik,1985 年)

也可以在许多有机晶体和惰性气体晶体(Ne、Ar、Kr 和 Xe)中观察到弗仑克尔激子。然而,后一类晶体的带隙(9.3~21.6 eV)超出了光学波长范围,而且它们只能在低温下结晶。

4.8 特别专题:金属的颜色

在 4.4 节为金属建立的简单自由电子模型(**德鲁德模型**)成功地解释了金属的

一般特性,例如对紫外辐射的滤光作用以及在可见光区的高反射率。然而,尽管光滑金属面通常是很好的反射镜,但是在视觉上我们感觉 Au 是黄色的,Cu 呈红色,而 Ag 没有任何特殊颜色;也就是说,Ag 在整个可见光谱中具有高反射率。为了解释其中的一些光谱差异,必须讨论金属带间跃迁的性质。

图 4.16 给出了 Ag 与 Cu 的反射谱。由式(4.20)计算出 $Ag(\hbar\omega_p = 9\ eV)$ 和 $Cu(\hbar\omega_p = 10.8\ eV)$ 的等离子体频率对应的光子能量,不能解释 $4\ eV(Ag)$ 和 $2\ eV$(Cu)处反射率的剧烈下降。这些特征与带间吸收边有关,它涉及与初、末态相关的能带结构和态密度。事实上,**反射谱**的这些特征解释了 Ag 的无色和 Cu 的红色。

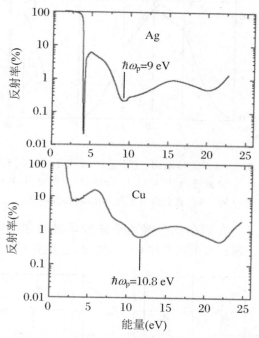

图 4.16　Ag 与 Cu 的反射谱。每种情况下均标出了等离子体频率
对应的光子能量(经允许复制于 Ehrenreich,1962 年)

为了分析这些带间效应,现在来回顾图 4.5 所示的 Al 的反射谱。**德鲁德模型**无法解释 $1.5\ eV$ 附近反射率的下降以及理想(或阻尼)金属模型中反射率的降低。图 4.17 所示为 Al 的能带结构。费米能级能量 E_F 给出了占据态和空态之间的界限。类似绝缘体和半导体中的直接跃迁(见式(4.31)),金属的吸收系数与涉及跃迁的态密度成正比。因此,反射率在 $1.5\ eV$ 附近的下降(图 4.5)与 Al 的能带结构图中 W 和 K 点附近的跃迁有关,这种跃迁来自所谓的平行能带效应。因为(在费米能级以上和以下的)两条能带几乎是平行的,所以在几乎相同的光子能量($1.5\ eV$)处可以产生大量的跃迁。换句话说,这意味着在该能量处的态密度非常高,从而导致了强吸收(反射率的强烈下降)。

通过仔细观察图 4.17 可以看到,在费米能级以下和以上的能带之间也会发生其他能量高于 1.5 eV 的跃迁。然而,由于这些能带不是平行的,这些能量处的态密度低于 1.5 eV 处的态密度,其吸收强度弱于 1.5 eV 处的吸收。但是,在任何情况下,这些吸收概率仍然较大,这就解释了为什么实验中观察到的 Al 反射率低于德鲁德模型的预测值(见图 4.5)。

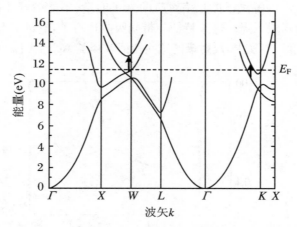

图 4.17　Al 的能带结构。已用箭头标出 W 和 K 点附近
　　　　　 的跃迁,它们导致 1.5 eV 处(见图 4.5)的反射
　　　　　 率下降(经允许复制于 Segall,1961 年)

Cu 和 Ag(图 4.16)在频率低于**等离子体频率**时的光谱特征的解释要比 Al(图 4.16)更加复杂。现在来重点关注 Cu 的情况,它是具有 $3d^{10}4s^1$ 外层电子组态

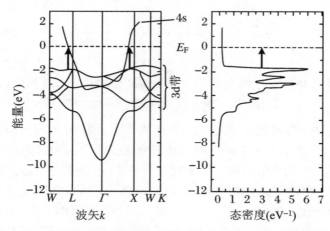

图 4.18　左图表示 Cu 的能带结构,两个箭头表示从 3d 能带的跃
　　　　　 迁,它们导致了在 2 eV 附近反射率的下降(见图 4.16);
　　　　　 右图表示利用能带结构计算的 Cu 的态密度,箭头表示
　　　　　 3d→4s 跃迁的阈值(经允许复制于 Moruzzi 等,1978 年)

的金属。图 4.18 给出了 Cu 的能带结构(左图)和态密度(右图)。态密度的尖峰主要与费米能级 E_s 以下的 3d 电子有关。另一方面,4s 能带是半满的,即费米能级位于该能带中间。因此可以清晰地观察到 3d→4s 带间跃迁。图 4.18 中箭头所示的 3d→4s 跃迁中能量最低的跃迁位于 2 eV 附近。这就解释了金属 Cu 的反射谱在该能量附近下降的原因(图 4.16 下图),因此 Cu 显红色。然而,Ag 的 3d→4s 跃迁阈值约为 4 eV。这可以解释其反射谱在该能量处强烈下降的原因(图 4.16 上图),因此 Ag 在整个可见光区域是 100% 反射的,进而 Ag 是无色的。

练　习　题

4.1　氯化钠(NaCl)晶体在红外区域表现出非常高的吸收率和反射率。6 000 nm 处的相对介电常数实部 $\varepsilon_1 = 16.8$,虚部 $\varepsilon_2 = 91.4$。请估算在该波长下,(a) 折射率和消光系数,(b) 1 mm 厚 NaCl 样品的光密度和反射率(垂直入射)。(c) 如果上述样品在 6 000 nm 处被强度为 I_0 的光束照射(垂直入射),请估计该光束通过样品后的强度(同时考虑样品的吸收和前后表面的反射过程)。

4.2　钠(Na)气体在 589 nm 和 589.6 nm 处有两个明显的吸收峰。将该气体看作稀释介质($n \approx 1$),原子密度为 $N = 1 \times 10^{11}$ cm^{-3},阻尼系数(频率)$\Gamma = 628$ MHz。请估算:(a) 在上述两个峰位处样品的吸收系数;(b) 1 mW 的 589.0 nm 激光束通过 5 cm 厚 Na 气体样品池后的功率。

4.3　图 4.19 给出了绝缘体(LiNbO$_3$)、半导体(Si)和金属(Cu)的室温吸收谱。

(a) 确定与上述每种材料相关的光谱。

(b) 根据这些光谱,估算 Si 和 LiNbO$_3$ 的能隙值以及 Cu 的等离子体频率。

(c) 预测一下这些材料在可见光区域的透明度。

4.4　锌(Zn)是一种二价金属,原子的密度为 6.6×10^{22} cm^{-3}。请确定在光学波长范围内适合当作优良反射镜的波长区域。

4.5　考虑一种价电子密度为 2×10^{22} cm^{-3} 的理想金属。对于这样的金属,请估算:(a) 等离子体频率;(b) 厚度为 0.1 mm 的样品在 400 nm 处的光密度;(c) 在 300 nm 处的反射率。它在该波长下是透明的吗?

4.6　图 4.20(a)显示了碲化镉(CdTe)的能带结构,其中阴影区域对应于该半导体的禁带。

(a) 根据这张图,你认为 CdTe 是直接带隙材料还是间接带隙材料?

(b) 利用图 4.20(b)估算能隙并确定其带间跃迁是允许的还是禁戒的。

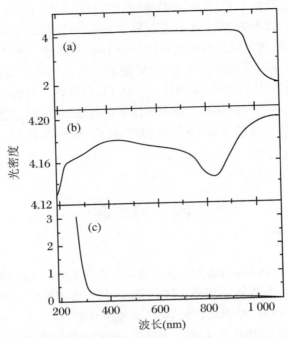

图 4.19 三种固体材料在室温时的吸收谱(参见练习题 4.3 中的内容)

(c) CdTe 在可见光区域中是透明的吗?

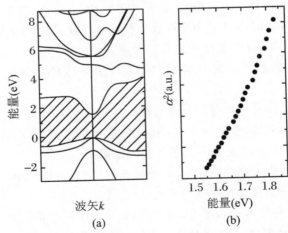

图 4.20 CdTe 的能带结构(左)和 CdTe 吸收系数平方与光子能量的关系(右)

4.7 给定薄膜半导体样品的光学吸收谱的数据处理如图 4.21 所示。

(a) 根据该图,估计这种半导体的能隙,并判断它是直接带隙还是间接带隙。

(b) 为此半导体画一个可能的能带结构图,并指出从图 4.21 中推断出的主要

跃迁。

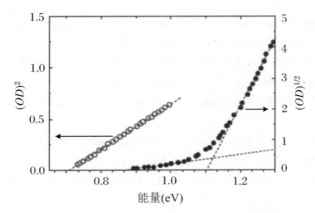

图 4.21　薄膜半导体样品的吸收谱（OD 表示光密度）

4.8　磷化铟（InP）的带隙能量为 1.424 eV。对于该半导体，$m_e^* = 0.077 m_e$，$m_h^* = 0.2 m_e$，$\varepsilon_r = 12.4$。

（a）请估算与万尼尔激子的 $n=1$、$n=2$ 和 $n=3$ 态相关的峰值波长。

（b）请确定这些激子的结合能。

（c）请计算一个激子从基态 $n=1$ 激发到激发态 $n=2$ 所需的能量（$R_H = 13.6$ eV）。

4.9　1.2 K 下超纯砷化镓（GaAs）的吸收谱在 1.5149 eV、1.5180 eV 和 1.5187 eV 处出现 3 个尖锐的吸收峰，分别对应于 $n=1$、$n=2$ 和 $n=3$ 激子态吸收。请确定（a）GaAs 带隙，（b）$\varepsilon_r = 12.8$ 时激子的折合有效质量。（c）GaAs 具有立方结构，晶格常数为 0.56 nm。请估算在 $n=1$ 激子轨道内的单胞个数。（d）请估算可观察到激子吸收峰的最高温度。

参考文献和延伸阅读

［1］　Cohen M L, and Chelikowsky J. Electronic Structure and Optical Properties of Semiconductors［M］. Berlin：Springer-Verlag, 1988.

［2］　Dash W C, and Newman R. Intrinsic Optical Absorption in Single-Crystal Germanium and Silicon at 77 K and 300 K［J］. Phys. Rev., 1955, 99(4)：1151-1155.

［3］　Ehrenreich H, Philipp H R, and Segall B. Optical Properties of Aluminum［J］. Phys. Rev., 1962, 132(5)：1918-1928.

［4］　Ehrenreich H, and Philipp R H. Optical Properties of Ag and Cu［J］. Phys. Rev., 1962, 128(4)：1622-1629.

［5］　Fox M. Optical Properties of Solids［M］. Oxford：Oxford University

Press，2001.

[6]　Henderson B，and Imbusch G F. Optical Spectroscopy of Inorganic Solids[M]. Oxford：Oxford Science Publications，1989.

[7]　Moruzzi V L，Janak J F，and Williams A R. Calculated Electronic Properties of Metals[M]. New York：Pergamon Press，1978.

[8]　Palik E D. Handbook of Optical Constants of Solids [M]. San Diego：Academic Press，1985.

[9]　Philipp H R，and Ehrenreich H. Optical Properties of Semiconductors[J]. Phys. Rev.，1963，129(4)：1550-1560.

[10]　Philipp H R，and Ehrenreich H. Intrinsic Optical properties of Alkali Halides[J]. Phys. Rev.，1963，131(5)：2016-2022.

[11]　Segall B. Energy Bands of Aluminum[J]. Phys. Rev.，1961，124（6），1797-1806.

[12]　Svelto O. Principles of Lasers[M]. New York：Plenum Press，1986.

[13]　Weber M J. Handbook of Optical Materials[M]. Boca Raton，Florida：CRC Press，2003.

[14]　Wooten F. Optical Properties of Solids [M]. New York：Academic Press，1972.

[15]　Yu P Y，and Cardona M. Fundamentals of Semiconductors. Physics and Materials Properties[M]. Berlin：Springer-Verlag，1999.

第5章 光学活性中心

5.1 引 言

无机材料各种有趣的光学性质和应用都依赖于**光学活性中心**。这些中心由晶体生长过程中有意引入的掺杂离子或者通过各种方法产生的晶格缺陷（色心）构成。这两种类型的局域中心都能在材料能隙内形成能级，因此它们可以产生频率低于基本吸收边的光跃迁。本章将主要讨论由掺杂离子产生的中心。同时如下一章所示，本章内容也适用于色心。

中心的光学特征取决于杂质种类及其掺入的晶格。例如，$Al_2O_3:Cr^{3+}$ 中 Cr^{3+} 离子产生 694.3 nm 和 692.8 nm 处的尖锐线谱发射。然而，**紫翠玉** $BeAl_2O_4:Cr^{3+}$ 中同样的 Cr^{3+} 离子产生位于 700 nm 附近的宽带发射，该发射可用于产生红光至红外光范围的宽带可调谐激光辐射。

暂不考虑掺杂离子如何影响晶体的电子结构，本章将先通过自由杂质离子（不在晶体中）的能级结构及其局域环境来理解中心的光学特征。特别地，从考虑自由杂质离子的能级开始，分析这些能级如何受到晶格（环境）中最近邻离子的影响。这样一来，可以将体系简化为一个单体问题。

如图 5.1 所示，考虑一个位于晶格格位上的杂质离子 A（中心离子），它被 6 个与其间距为 a 的晶格离子 B（配位离子）包围。配位离子 B 位于八面体的顶点。离子 A 和 6 个配位离子 B 共同构成一个赝分子 AB_6，并被称为中心。这是固体中光学离子的常见结构（中心），被称为八面体结构，本文将以它为例进行讨论。当然，围绕离子 A 的其他结构也是存在的，它们的研究方法均与八面体中心非常相似。

本章将讨论产生光学谱带的中心，这种类型的中心被称为光学活性中心。我们将尝试理解这些中心如何产生新的光学谱带（并不存在于未掺杂晶体中），并预测它们的主要特征（光谱位置、强度、形状等）。

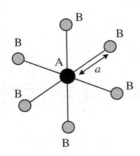

图 5.1 光学活性中心 AB_6 结构的示意图。该中心由掺杂
光学离子 A 及其所处的 B 离子八面体组成

5.2 静态相互作用

现在来确定光学活性中心 AB_6（图 5.1）的能级结构。考虑理想情况，即刚性（非振动）晶格，A-B 间距 a 保持不变，a 对应于振动情形时的平均距离。我们知道，配位离子 B 在 A 格位处产生的电场可以改变（移动和劈裂）A 的能级结构。这种静电场通常被称为**晶体场**。

为了解释 AB_6 中心的光吸收带和发射带，首先通过求解薛定谔方程来确定它的能级 E_i：

$$H\Psi_i = E_i \Psi_i \tag{5.1}$$

其中，H 表示 AB_6 中心价电子所有相互作用的哈密顿量，Ψ_i 是中心的本征函数。根据中心的特定类型，有两种方法常被用于求解薛定谔方程(5.1)，即晶体场理论和分子轨道理论。下面将分别加以讨论。

5.2.1 晶体场理论

在**晶体场理论**中，A 离子周围的 B 离子会产生静电晶体场并作用于 A 离子的价电子。假定价电子局域在 A 离子处，而 B 离子的电荷不能进入这些价电子所占据的区域。因此，哈密顿量可以写成

$$H = H_{FI} + H_{CF} \tag{5.2}$$

其中，H_{FI} 是与自由离子 A 相关的哈密顿量（A 离子孤立的理想情形，类似于这些离子的气体相）；H_{CF} 是晶体场哈密顿量，它表示 A 的价电子与 B 离子产生的静电晶体场之间的相互作用。晶体场哈密顿量可以写成

$$H_{CF} = \sum_{i=1}^{N} eV(r_i, \theta_i, \varphi_i) \tag{5.3}$$

其中 $eV(r_i, \theta_i, \varphi_i)$ 是 A 离子的位于 $(r_i, \theta_i, \varphi_i)$（球坐标）处的第 i 个价电子感受到的来自 6 个 B 离子的势能，上述求和扩展到所有价电子（N）上。

为了应用量子力学微扰理论，自由离子项通常写成

$$H_{FI} = H_0 + H_{ee} + H_{SO} \tag{5.4}$$

其中，H_0 为中心场哈密顿量（反映原子核以及内、外壳层电子作用于价电子上的电场项），H_{ee} 是外层（价）电子之间库仑相互作用而引起的微扰项，H_{SO} 表示所有价电子自旋-轨道相互作用的求和。

根据晶体场项 H_{CF} 与上述三个自由离子项的大小比较，可以采用不同的微扰求解式（5.1）：

• 弱晶体场：$H_{CF} \ll H_{SO}, H_{ee}, H_0$。在此情形下，自由离子 A 的能级仅被晶体场轻微扰动（移动和劈裂）。于是，可将自由离子波函数为基函数应用于微扰理论。H_{CF} 是作用于 $^{2S+1}L_J$（其中 S 和 L 分别为自旋角动量和轨道角动量量子数，$J = L + S$）态的微扰哈密顿量。这种方法通常用于描述三价稀土离子的能级，因为这些离子的 4f 价电子被外层 $5s^2 5p^6$ 电子屏蔽。$5s^2 5p^6$ 电子部分地屏蔽了 B 离子产生的晶体场（参见 6.2 节）。

• 中等晶体场：$H_{SO} \ll H_{CF} < H_{ee}$。在此情形下，晶体场比自旋-轨道相互作用强，但它仍然弱于价电子之间的相互作用。此处，晶体场被视为作用于 ^{2S+1}L 项上的微扰。这种方法可应用于处于某些中等强度晶体场中的过渡金属离子（见 6.4 节）。

• 强晶体场：$H_{SO} < H_{ee} < H_{CF}$。在此方法中，晶体场比自旋-轨道相互作用以及电子-电子相互作用都强。这适用于强晶体场中的过渡金属离子（见 6.4 节）。

为了说明如何解决微扰问题，现描述一个最简单的例子，它对应于作用在单个 d^1 价电子的八面体晶体场。

作用于 d^1 光学离子的晶体场

d^1 外层电子构型（单个 d^1 价电子）所处晶体场是最简单的一个例子，此时 $H_{ee} = 0$。因此，中等晶体场和强晶体场之间并无差别。

假设 AB_6 中心的离子 A（图 5.1）具有这种外层电子构型，也就是八面体晶体场中 A 具有一个 d^1 电子。例如，钛蓝宝石 $Al_2O_3 : Ti^{3+}$ 的 Ti^{3+} 离子（外层电子构型为 $3d^1$）。$Al_2O_3 : Ti^{3+}$ 可应用于宽带可调谐固体激光器（参见 2.5 节）。在该晶体中，Ti^{3+} 离子（离子 A）被 6 个 O^{2-} 离子（离子 B）包围。虽然实际的环境对称性与图 5.1 相比稍有偏差，但是可以采用这种八面体环境作为一级近似。

对于自由 Ti^{3+} 离子，即在没有晶体场的情形下，哈密顿量具有球对称性并且 $3d^1$ 态的角向本征函数是球谐函数，$Y_l^{m_l}$（附录 B 中给出）中 $l = 2, m_l = 2, 1, 0, -1, -2$ 情形。因此，$3d^1$ 态是五重简并的。

在附录 B 中,将配位离子视为点电荷,已经应用微扰法求出了八面体环境中 d^1 离子的能级。现在用具体的物理图像说明晶体场是如何对 d^1 离子起作用的。考虑另一组基函数,即如图 5.2 所示的 d 轨道。这些轨道是实函数,它们从下列球谐函数的线性组合得到:

$$d_{z^2} \propto Y_2^0$$
$$d_{x^2-y^2} \propto (Y_2^2 + Y_2^{-2})$$
$$d_{xy} \propto -i(Y_2^2 - Y_2^{-2})$$ (5.5)
$$d_{xz} \propto -(Y_2^1 - Y_2^{-1})$$
$$d_{yz} \propto i(Y_2^1 + Y_2^{-1})$$

从图 5.2 可以看出,由于其相似的对称性,中心离子(如 Ti^{3+} 离子)的三个 d^1 轨道(d_{xy}、d_{xz} 和 d_{yz})受到配位离子(如 O^{2-} 离子)八面体晶体场的影响相同,这些轨道具有相同的能量。虽然不是很直观,但也可以看出,轨道 d_{z^2} 和 $d_{x^2-y^2}$ 受到配位离子八面体晶体场的作用是类似的,因而它们也具有相同的能量。这意味着 d 轨道的五重简并态在八面体晶体场中分裂成两个能级:一个是与 d_{xy}、d_{xz} 和 d_{yz} 轨道有关的三重简并能级(用 t_{2g} 表示);另一个则是与 d_{z^2} 和 $d_{x^2-y^2}$ 轨道有关的双重简并能级(用 e_g 表示)。用于表示晶体场分裂能级的命名法见第 7 章的**群论**。

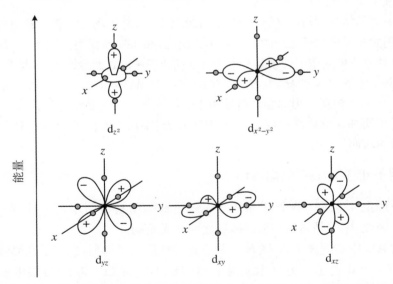

图 5.2　八面体结构的配位离子(如 O^{2-} 离子)对中心离子(如 Ti^{3+} 离子)d^1 轨道的作用。阴影圆圈代表配位氧离子(图 5.1 的 B),黑点代表中心离子(图 5.1 的 A)

通过进一步查看图 5.2,可以看到 d_{xy}、d_{xz} 和 d_{yz} 轨道的纺锤状电子云处于氧离子之间;d_{z^2} 和 $d_{x^2-y^2}$ 的纺锤状电子云总是指向氧离子。这就使得 t_{2g} 能级处于更稳定(能量更低)的状态,低于 e_g 能级,如图 5.3 所示。

Al_2O_3:Ti^{3+} 中 Ti^{3+} 离子的吸收谱(见图 5.4)为以上讨论的 d 能级分裂提供了

实验证据:500 nm 附近的宽带吸收来自 $t_{2g} \to e_g$ 跃迁。

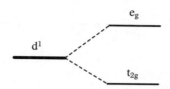

图 5.3　八面体环境导致的 d^1 能级分裂

对 $Al_2O_3:Ti^{3+}$ 中 Ti^{3+} 情况的讨论也适用于 AB_6 中心中具有外层 d^1 电子构型的任意光学离子 A。对于这种 AB_6 中心,应用微扰理论并考虑配位 B 离子为点电荷,可计算得出 t_{2g} 和 e_g 能级之间的能量间隔($E_{e_g} - E_{t_{2g}}$)等于 $10Dq$(CGS 单位制,参见附录 B)。其中,$D = 35Ze^2/(4a^5)$ 是依赖于配位 B 离子的因子(Ze 是每个配位离子的电荷);$q = (2/105)\langle r^4 \rangle$($r$ 是电子的径向位置)反映 d^1 价电子的性质。因此,能级间隔可以写成

$$E_{e_g} - E_{t_{2g}} = 10Dq = \frac{10}{6} Z \frac{e^2 \langle r^4 \rangle}{a^5} \tag{5.6}$$

例 5.1　$10Dq$ 的估算

若已知 $\langle r^4 \rangle$ 项,利用式(5.6)可以估算出与中心离子距离为 a、带 Ze 电荷的配位离子的八面体晶体场中 d^1 光学离子的 Dq 参数。虽然在多数情况下难以计算该参数,但可以通过考虑 $r \approx 2a_0$ 对晶体场的 $10Dq$ 进行粗略估算。其中 $a_0 \approx 0.5$ Å 为氢原子的玻尔半径。因而,$\langle r^4 \rangle \approx r^4 = 16a_0^4$。假设 A-B 间距的典型值 $a \approx 5a_0 \approx 2.5$ Å;配位点电荷为 $2e$,即 $Z = 2$(对应于 $Al_2O_3:Ti^{3+}$ 体系的 O^{2-} 配位离子)。

将这些值代入式(5.6),得到

$$10Dq = \frac{10}{6} \times 2 \times \frac{e^2 \times 16}{5^5 \times a_0} = \frac{10}{6} \times 2 \times \frac{(1.6 \times 10^{-19} \times 3 \times 10^9 \text{ stc})^2 \times 16}{5^5 \times 0.5 \times 10^{-8} \text{ cm}}$$

$$= 7.8 \times 10^{-13} \text{ erg} \approx 4\,000 \text{ cm}^{-1}$$

上述数值与实验测得的八面体晶体场($10\,000 \sim 20\,000$ cm^{-1})中 d^1 离子的吸收谱值相差甚远。估算的 $10Dq$ 值对应于波长为 $2\,500$ nm 的红外吸收,这与 $Al_2O_3:Ti^{3+}$ 的 $t_{2g} \to e_g$ 跃迁对应的 500 nm 吸收峰(参见图 5.4)相差甚远。

如果考虑 B 离子的非点电荷分布与共价效应,则实验与理论计算的 Dq 值的一致性将略有提高。然而,Dq 值通常是从实验测量得到的,是一个经验参数,可以很好地解释它对 a(A-B 间距)的依赖性。

到目前为止,已经讨论了 6 个 B 配位离子的八面体晶体场作用于离子 A 的情况。在许多光学离子激活的晶体中,如 $Al_2O_3:Ti^{3+}$,激活离子 A 的局域对称性与完美的八面体对称性(O_h 对称)稍有偏差。这种畸变可以看作对八面体晶体场的

一个扰动。通常,这种扰动会解除 t_{2g} 和 e_g 能级的简并,从而在 $t_{2g} \leftrightarrow e_g$ 吸收/发射带中产生附加结构。

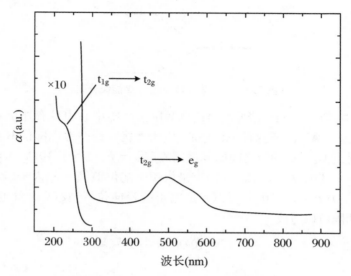

图 5.4 $Al_2O_3 : Ti^{3+}$ 中 Ti^{3+} 的室温吸收谱

另一方面,除了 O_h 对称,其他主要对称形成的晶体场也与这类情况相似。为此,可以用图 5.5(a)来表示 AB_6 中心的八面体结构(与图 5.1 是相同的)。图中显示,B 离子位于边长为 $2a$ 的立方体的六个面心,离子 A(未在图中显示)位于立方体体心,A-B 间距等于 a。

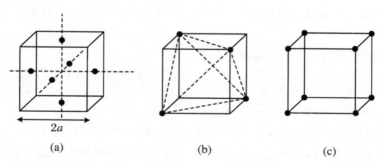

(a)   (b)   (c)

图 5.5 中心离子 A(位于立方体中心,但未在图中显示)周围配位离子 B(黑点)的结构:(a) 八面体;(b) 四面体;(c) 立方体

这种表示法的优点是其他典型结构也可以利用该立方体来表示,如图 5.5(b)、(c)所示。图 5.5(b)所示的结构对应于具有四面体结构的 AB_4 中心。这种结构(T_d 对称性)由四个位于立方体相间顶点(正四面体的顶点)的配位 B 离子组成,而离子 A 位于立方体中心。假设边长仍为 $2a$,则 A-B 间距为 $a\sqrt{3}$。图 5.5(c)所示的结构对应于具有立方对称性(O_h 对称)的 AB_8 中心。这种结构由 8 个位于立

方体顶点的配位 B 离子组成,离子 A 位于立方体中心。A-B 间距仍然是 $a\sqrt{3}$。

图 5.5 中用立方体来表示不同的对称中心表明可以容易地将这些对称性联系起来。特别地,按照附录 B 中相同的步骤,可以看出四面体、立方体对称性的晶体场强度 $10Dq$ 与八面体对称性的晶体场强度相关。假设这三种对称性的 A-B 间距相同,晶体场强度之间的关系如下所示(Henderson 和 Imbusch,1989 年):

$$Dq(八面体) = -\frac{9}{4}Dq(四面体) = -\frac{9}{8}Dq(立方体) \tag{5.7}$$

可以看到八面体对称性的晶体场能级分裂是四面体对称性的 9/4 倍,是立方体对称性的 9/8 倍。负号表示 e_g 和 t_{2g} 能级相对于八面体场的倒转,如图 5.6 所示。因此,只要对 $10Dq$ 值进行适当改变,所有对 AB_6 中心进行的晶体场分裂计算都可以应用于图 5.5(b)、(c)所示的 AB_4 和 AB_8 中心。

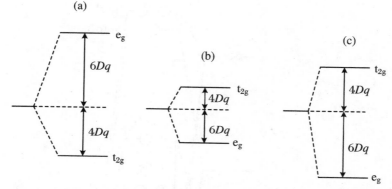

图 5.6　d^1 电子在不同对称性晶体场中能级分裂示意图:(a) 八面体对称;
(b) 四面体对称;(c) 立方体对称

最后必须指出,多电子 d^n 态的晶体场分裂的计算比 d^1 态要复杂得多。对于 d^n($n>1$)态,必须考虑到 d 电子间的静电相互作用以及这些价电子与晶体场的相互作用。

5.2.2　分子轨道理论

分子轨道理论是一种半经验方法,用于解释价电子不属于特定离子的光学活性中心的能级结构。在参考的 AB_6 中心里,离子 A 和 B 共同拥有价电子。该方法基于对 AB_6 赝分子的分子轨道(MO)Ψ_{MO} 的计算,Ψ_{MO} 是离子 A 和 B 各自原子轨道 Ψ_A 和 Ψ_B 的线性组合。AB_6 中心的分子轨道 Ψ_{MO} 可以写成下列形式:

$$\Psi_{MO} = N(\Psi_A + \lambda\Psi_B) \tag{5.8}$$

其中,N 是归一化系数,λ 是混合系数。这些 MO 函数是薛定谔方程(5.1)的近似解。它们作为 AB_6 中心波函数的有效性可以通过利用它们所计算的可观测量与实验结果进行比较来验证。

图 5.7 为八面体 AB₆ 中心的 MO 能级示意图，A 为过渡金属阳离子，B 为阴离子。分子不同的 MO 能级是由离子 A(图 5.7 左侧)的 3d、4s 和 4p 外层原子轨道以及配位 B 离子(图 5.7 右侧)的 p 和 s 原子轨道决定的。由于对称性，配位离子 s 和 p 轨道的线性组合才能成键，从而产生图 5.7 所示的 B 离子的 $\pi(p_x, p_y)$ 和 $\sigma(s-p_z)$ 能级。AB₆ 中心的 MO 能级可用与对称性相关的特定标记来表示，即用 A 和 B 原子轨道的空间成键类型(σ)或(π)来表示[①]。每一种化学键都会产生一个低能态，σ 或 π 成键态，以及一个高能态，σ^* 或 π^* 反键态。成键态对应于 AB₆ 中心的较低能级。反键态对应于 AB₆ 中心的较高能级，用星号" * "表示。

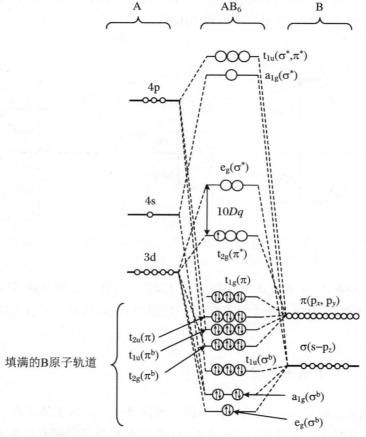

图 5.7 分子轨道理论中八面体 AB₆ 中心的能级示意图。它由 A 和 B 的原子能级构成。满态和半满态(每个态具有两种相反的自旋状态)来自 A = Ti³⁺ 和 B = O²⁻ 离子的杂化电子轨道。(经允许复制于 Ballhausen 和 Gray，1965 年)

---

① σ 键既可由 s 轨道也可由 p 轨道形成，而 π 键由 p-p 轨道形成。

考虑八面体中心 $Ti^{3+}O_6^{2-}$，例如 $Al_2O_3:Ti^{3+}$ 晶体的吸收中心。Ti^{3+} 离子的外层电子构型为 $3d^1$，而 O^{2-} 离子的外层电子构型为 $2p^6$。因此，6 个 O^{2-} 离子（B 离子）提供的 36 个电子填满 AB_6 中心的较低能级。由于对称性，O^{2-} 离子的 $2p_z$ 原子轨道与 O^{2-} 离子的 $3s$ 原子轨道结合形成 σ 键，而 $2p_x$ 和 $2p_y$ 原子轨道结合产生 π 键。由于中心 Ti^{3+} 离子在填充 MO 能级的过程中提供一个 $3d$ 电子，$Ti^{3+}O_6^{2-}$ 的电子占据情况如图 5.7 所示。其中每个箭头表示一个自旋方向。因此，AB_6 中心的最后一个非空（部分填充）能级是反键态 $t_{2g}(\pi^*)$ 能级。实际上，$Al_2O_3:Ti^{3+}$ 在 500 nm 附近的吸收带（图 5.4）对应于 $t_{2g}(\pi^*){\rightarrow}e_g(\sigma^*)$ 跃迁，这与晶体场理论预测的跃迁相同，其晶体场强为 $10Dq$。而更高的吸收带则由 $t_{1g}(\pi){\rightarrow}t_{2g}(\pi^*)$ 和 $t_{1g}(\pi){\rightarrow}e_g(\sigma^*)$ 跃迁产生，这只能利用 MO 理论解释。事实上，图 5.4 所示的吸收谱中 240 nm 附近出现的肩峰必定归因于其中的一个跃迁，即 $t_{1g}(\pi){\rightarrow}t_{2g}(\pi^*)$ 跃迁。这些高能跃迁将主要属于 O^{2-} 配位离子的电子转移到主要属于 Ti^{3+} 离子上，因此被称为电荷迁移跃迁。

因此，MO 理论通常用于解释所谓的电荷迁移光谱。对于固体中各种各样的中心，晶体场理论至少可以提供光谱的定性解释。

5.3　谱　带　强　度

上一节已经知道了如何确定光学活性中心的能级。光谱是由这些能级之间的跃迁产生的。例如，吸收谱是由基态能级和不同的激发态能级之间的跃迁产生的。每个波长处的吸收系数正比于相应跃迁的跃迁概率。

本节将研究单个二能级原子中心在单色电磁波照射下的吸收概率和发射概率。

5.3.1　吸收概率

从第 1 章可知，从 i 态到 f 态的光跃迁概率 P_{if} 正比于 $|\langle \Psi_f | H | \Psi_i \rangle|^2$，其中矩阵元中 Ψ_i 和 Ψ_f 分别表示基态和激发态的本征波函数，H 是入射光与系统（中心价电子）之间相互作用的哈密顿量。假设 H 是时间的正弦函数，并且频率 ω 等于入射波的频率，则有

$$H = H^0 \sin \omega t \tag{5.9}$$

接下来对受到这种随时间变化的相互作用的简单二能级中心应用基本的含时微扰理论。解决了这个基本问题（Svelto，1986 年），**跃迁概率 P_{if}** 可由下式给出：

$$P_{if} = \frac{\pi}{2\hbar^2} |H_{if}^0|^2 \delta(\Delta\omega) \tag{5.10}$$

其中，$H_{if}^0 = \langle \Psi_f | H^0 | \Psi_i \rangle$；$\delta(\Delta\omega) = \delta(\omega - \omega_0)$，它表明只有入射单色光频率 $\omega = \omega_0$ 时才能发生这种跃迁。这种狄拉克 δ 函数在物理上是不能接受的，因为光学谱带具有确定的形状。因此，它应该被相应的**线型函数** $g(\omega)$ 代替，类似于在 1.3 节处理的**跃迁截面**。

如果跃迁具有电偶极性质，则其相互作用哈密顿量可以写成 $H = p \cdot E$，其中 p 为电偶极矩，E 为辐射电场。电偶极矩由 $p = \sum_i er_i$ 给出，其中 r_i 是第 i 个价电子的位置（中心原子核为坐标原点），并且对所有价电子求和。通常，光跃迁中只考虑一个电子的状态变化，所以 $r_i = r$，$E = E(r, t)$。

现在假设电磁波的波长比原子的尺寸大得多。当然，这对于光学波长范围来说是正确的，因为最短波长约为 200 nm，而原子尺寸只有 0.1 nm。在这种情形下，电场在原子尺寸范围内不变，从而 $E \approx E(0, t) = E_0 \sin \omega t$。因此，可以得到

$$H_{if}^0 = E_0 \cdot \mu_{if} \tag{5.11}$$

其中 E_0 是原子核处数值，以及

$$\mu_{if} = \langle \Psi_f | er | \Psi_i \rangle = e \int \Psi_f^* r \Psi_i dV \tag{5.12}$$

是电偶极矩的矩阵元。若 θ 为 E_0 与 μ_{if} 之间的夹角，则式(5.11)的矩阵元的平方为

$$|H_{if}^0|^2 = E_0^2 |\mu_{if}|^2 \cos^2\theta \tag{5.13}$$

其中 $|\mu_{if}|^2 = \mu_{if}^* \cdot \mu_{if}$，因为 μ_{if} 是复矢量。

现在考虑入射波与中心相互作用，这些中心的 μ_{if} 相对于 E_0 是随机指向的，可以将式(5.13)对所有可能的方向取平均。考虑到 $\langle \cos^2\theta \rangle = 1/3$（所有的取向 θ 的概率相同），可以得到 $\langle |H_{if}^0|^2 \rangle = \frac{1}{3} E_0^2 |\mu_{if}|^2$。重写式(5.10)可以给出二能级中心**吸收概率**的更详细表达式，如下所示：

$$P_{if} = \frac{\pi}{3n\varepsilon_0 c_0 \hbar^2} I |\mu_{if}|^2 \delta(\Delta\omega) \tag{5.14}$$

其中，$I = \frac{1}{2} nc_0\varepsilon_0 E_0^2$ 是入射辐射强度（假设是平面入射波），c_0 是真空中的光速，n 是吸收介质的折射率，ε_0 是真空介电常数。

式(5.14)表明吸收概率取决于入射光强度和矩阵元 μ_{if}。容易看出 $|\mu_{if}| = |\mu_{fi}| = |\mu|$，因此可以推断两个确定能级 i 和 f 之间的吸收概率等于 f 和 i 之间的**受激辐射**概率：

$$P_{if} = P_{fi} = P \tag{5.15}$$

5.3.2 允许的跃迁与选择定则

由式(5.14)和式(5.15)可知，特定跃迁的概率取决于式(5.12)给出的电偶极

矩的矩阵元 $\boldsymbol{\mu}$。这些跃迁是由电偶极矩的矩阵元与入射辐射场之间相互作用引起的,所以被称为**电偶极跃迁**。因此,当 $\boldsymbol{\mu} \neq 0$ 时,电偶极跃迁是允许的。

现在来检验 $\boldsymbol{\mu} \neq 0$ 的情形。在式(5.12)中,算符 $\boldsymbol{r}$ 具有奇字称($\boldsymbol{r} = -(-\boldsymbol{r})$)。因此,只要波函数 Ψ_i 与 Ψ_f 具有相同字称,矩阵元 $\boldsymbol{\mu}$(或 $\langle \Psi_f | \boldsymbol{r} | \Psi_i \rangle$)为零。事实上,式(5.12)的积分可以写成 $\boldsymbol{r}$ 和 $-\boldsymbol{r}$ 处两个贡献之和。对于具有相同字称的波函数,这些贡献数值相等但正负相反,故 $\boldsymbol{\mu} = 0$。因此,当初态、末态具有相反字称时电偶极跃迁是允许的,而对于具有相同字称的初态、末态则是禁戒的。考虑到一个态的字称是由 $(-1)^l$ 给出的,其中 l 是轨道角动量量子数,上述就是量子力学的 Laporte **选择定则**。然而,后面将指出一些晶体的光学活性中心并不严格遵守这一定则。

假设一个跃迁是电偶极禁戒的,仍然有可能观察到由**磁偶极跃迁**引起的吸收带或发射带。在这种情形下,中心与入射辐射磁场之间的相互作用导致了这种跃迁。相互作用哈密顿量可以写为 $H = \boldsymbol{u}_m \cdot \boldsymbol{B}$,其中 $\boldsymbol{u}_m$ 是磁偶极矩,$\boldsymbol{B}$ 是辐射磁场。

例 5.2　电偶极跃迁与磁偶极跃迁的对比

本例将粗略估计电偶极跃迁与磁偶极跃迁强度比的数量级。当然,假设这两个过程都是允许的(如下所示,这对于一给定跃迁是不可能的),并且采用相同的激发强度。

电偶极跃迁概率(式(5.10))可以粗略近似为
$$(P_{if})_e \propto (E_0 \times p)^2 \approx (E_0 \times ea)^2$$
其中,价电子电偶极矩的数值 p 已被近似为电子电荷 e 和原子半径 a 的乘积,E_0 是入射辐射产生的电场振幅。

利用类似的方法,可以近似计算磁偶极允许跃迁的跃迁概率:
$$(P_{if})_m \propto (B_0 \times u_m)^2 \approx (B_0 \times \beta)^2$$
其中 B_0 为入射辐射引起的磁场振幅,价电子的磁矩近似为玻尔磁子 $\beta = 9.27 \times 10^{-24}$ A·m^2。该方法是合理的,因为 $\boldsymbol{u}_m = -g\beta \boldsymbol{J}$,$g$ 为旋磁系数(自由电子为 1/2),$\boldsymbol{J} = \boldsymbol{L} + \boldsymbol{S}$ 为总角动量。由此,玻尔磁子明确定义了 $\boldsymbol{u}_m$ 值,所以 $|\boldsymbol{u}_m| \approx \beta$。

考虑到对于平面波,$E_0 = B_0 \times c$(c 为光速),假设 $a \approx 0.5$ Å(玻尔半径),电偶极和磁偶极跃迁概率比值为
$$\frac{(P_{if})_e}{(P_{if})_m} \approx \frac{(B_0 c \times ea)^2}{(B_0 \times \beta)^2} = \left(\frac{cea}{\beta}\right)^2 \approx 10^5$$

可以看到,电偶极允许跃迁比磁偶极允许跃迁强得多。事实上,对于电偶极特征支配的中心光跃迁,磁偶极跃迁的贡献可以忽略不计,它被更强的电偶极跃迁完全掩盖。

如例 5.2 所示,磁偶极跃迁要比电偶极跃迁弱得多。然而,当一个辐射跃迁是

电偶极过程禁戒的时候,它可能通过磁偶极过程来发生。事实上,磁偶极矩是一个偶宇称函数[①],因此**磁偶极跃迁**在相同宇称态之间是允许的,在不同宇称态之间是禁止的。于是电偶极禁戒的跃迁是磁偶极允许的,反之亦然。例如,上一节讨论的 Ti^{3+} 离子 3d→3d 跃迁是电偶极禁戒的,而磁偶极跃迁则是允许的,因为这两种态具有相同的宇称($l=2$)。这条规则只对特定中心(特定晶体环境中的离子)严格成立,此时 l 仍然是"好量子数"。

到此为止,我们已经简单地重新查看了自由离子电子组态(s,p,d,…)之间的选择定则。回顾其他相互作用的定则,例如电子－电子相互作用和自旋－轨道相互作用,也具有指导意义:

- 对于 ^{2S+1}L 项(总自旋角动量量子数 S 和总轨道角动量量子数 L 为好量子数的态),允许的跃迁为 $\Delta S = 0$ 和 $\Delta L \neq 0$。

- 对于 $^{2S+1}L_J$ 态(总角动量量子数 J 是一个好量子数的态),选择定则为 $\Delta J = \pm 1, 0$,但 $J = 0 \rightarrow J = 0$ 是禁戒的。

5.3.3 偏振跃迁

现在考虑一个吸收(或发射)过程,其中入射(或发射)光是线偏振的,也就是说,它的电矢量 E 沿着一个确定的方向振荡。假定该方向平行于给定中心的一对称轴,比如 x 轴。假设一电偶极允许的跃迁,其光与中心之间相互作用哈密顿量现在可以表示为 $H = p \cdot E = p_x E$。因此,式(5.12)的矩阵元必须写成 $\langle \Psi_f | ex | \Psi_i \rangle$。根据电子态的性质,即使矩阵元 $\langle \Psi_f | ex | \Psi_i \rangle$ 为零,矩阵元 $\langle \Psi_f | ey | \Psi_i \rangle$ 也可取非零值,此时跃迁也可以发生。这意味着,在 $| \Psi_i \rangle$ 和 $| \Psi_f \rangle$ 这两个态之间的光跃迁过程中,$E /\!/ x$ 光不被吸收(发射),而 $E /\!/ y$ 偏振光则会被吸收(或发射)。事实上,式(5.14)给出的总吸收(或发射)概率 P_{if} 必须包含对所有允许偏振的求和:

$$P_{if} = (P_{if})_x + (P_{if})_y + (P_{if})_z \qquad (5.16)$$

其中 $(P_{if})_x$、$(P_{if})_y$、$(P_{if})_z$ 分别为电场沿 x、y、z 轴的吸收(或发射)概率。一般来说,计算晶体中心的这些概率是一项复杂的任务。然而,正如将在第 7 章看到的,可通过中心的对称性来确定一个特定偏振方向的给定跃迁是否允许。

5.3.4 自发辐射概率

式(5.14)给出了简单二能级体系的吸收概率 P_{if}。由式(5.15)可知,它与受激辐射概率 P_{fi} 相等。然而,正如 1.4 节所示,一旦体系被激发,它也可以通过发射光

---

① 可通过经典物理的价电子来大致理解,其中电子围绕原子核在半径 r 处的圆形轨道运动。在此情况下,磁偶极矩的大小与圆轨道的面积成正比,即 $|u_m| \propto r^2$,因此 $u_m(r) = u_m(-r)$。

子自发地回到基态,其中光子能量对应于两个能级间的能量差。每秒自发辐射概率或辐射速率 A 已在式(1.17)中定义。该概率可以通过微扰理论来估算,也可以通过爱因斯坦提出的辐射量子理论来估算。在后一种方法(在附录 C 中给出)中,假设二能级系统被放置于一个**黑体辐射**腔中,其腔壁保持恒温 T。通过爱因斯坦系数可以将自发辐射概率与吸收概率联系起来。对于电偶极跃迁,**自发辐射概率**由下式给出:

$$A = \frac{n\omega_0^3}{3\pi\hbar\varepsilon_0 c_0^3}\ |\boldsymbol{\mu}|^2 \qquad (5.17)$$

其中 ω_0 对应于体系的跃迁频率。

由式(5.17)可知,自发辐射概率与 $|\boldsymbol{\mu}|^2$ 成正比,因此可以用之前为吸收和受激辐射建立的选择定则来预测自发辐射能否发生。此外,需要指出的是 A 正比于 ω_0^3。因此,当系统二能级之间的能量差很小时,辐射速率 A 也很小。在这种情况下,A_{nr}(见式(1.17))描述的无辐射过程将会占据主导地位,因此观察不到光发射。

例 5.3　电偶极跃迁和**磁偶极跃迁**的辐射寿命

可见光范围内自发辐射概率的数量级可由式(5.17)估计。考虑一个典型的电介质,其在可见光范围的中段波长 $\lambda_0 = 500$ nm($\omega_0 = 3.8\times10^{15}$ s^{-1})处,$n = 1.5$。假设取近似 $|\boldsymbol{\mu}| = ea$,其中电子电荷 $e = 1.6\times10^{-19}$ C,原子半径 $a\approx1$ Å,则式(5.17)给出电偶极自发辐射概率:

$$(A)_e = 9\times10^7\ \text{s}^{-1} \approx 10^8\ \text{s}^{-1}$$

对应的辐射寿命为 $(\tau_0)_e = 1/(A)_e \approx 10^{-8}\ \text{s}^{-1} = 10$ ns。

如例 5.2 所示,容易得到 $(A)_e/(A)_m\approx10^5$,其中 $(A)_m$ 为磁偶极跃迁自发辐射概率。因此,采用刚刚对 $(A)_e$ 的估计,可以得到磁偶极跃迁自发辐射概率:

$$(A)_m = 10^{-5}\ (A)_e \approx 10^3\ \text{s}^{-1}$$

对应的辐射寿命为 $(\tau_0)_m\approx10^{-3}\ \text{s}^{-1} = 1$ ms。

通过测量荧光衰减实验获得荧光寿命 τ,假定无辐射速率 A_{nr} 已知,可以利用式(1.20)来确定辐射寿命 $\tau_0 = 1/A$。对于无辐射速率可忽略的过程($A_{nr}\approx0$),$\tau\approx\tau_0$。电偶极跃迁的寿命在纳秒量级,磁偶极跃迁的寿命在毫秒量级。

5.3.5　晶体对跃迁概率的影响

需要指出的是,由式(5.14)和式(5.17)给出的吸收概率和发射概率仅仅是针对稀薄介质中心推导出来的。正如在第 4 章(4.3 节)提到的,在晶体这样的致密介质中必须引入适当的修正,这是因为需要考虑由入射电磁波引起的作用于吸收中心价电子上的实际**局域场** E_{loc}。该电场可能不同于式(5.11)所考虑的介质中平均电场 E_0。为了考虑这种影响,必须在式(5.14)和式(5.17)给出的**跃迁概率**中将

因子 $|\boldsymbol{\mu}|^2$ 替换为 $(E_{loc}/E_0)^2 |\boldsymbol{\mu}|^2$。因此,**自发辐射概率**式(5.17)可以简写成

$$A = \frac{1}{4\pi\varepsilon_0} \frac{4n\omega_0^3}{3\hbar c_0^3} \left(\frac{E_{loc}}{E_0}\right)^2 |\boldsymbol{\mu}|^2 \tag{5.18}$$

对于晶体中心必须考虑的第二个影响是:用来计算矩阵元 $\boldsymbol{\mu}$ 的初态(基态)和末态(激发态)的本征函数 $\varPsi_i$ 和 $\varPsi_f$ 不再是自由离子的而是晶体离子的波函数。因此,前面建立的选择定则必须加以修正。例如,Laporte 定则会受到强烈的影响,因为 l 不再是好量子数。

幸运的是,根据群论可以很好地建立新的选择定则,这将在 7.5 节说明。一般情况下在具有反演对称的局域环境中 Laporte 定则仍是适用的,例如在图 5.1 所示的 AB_6 中心。这是因为在这些对称性下,本征函数仍然保持自由离子本征函数的宇称特征。可是,对于具有非反演对称的中心,某些晶体场哈密顿项会产生属于不同电子构型的混合态,此时本征函数没有确定的宇称,Laporte 选择定则不再适用。

为了更好地理解这种影响,现在来回顾 5.2 节讨论的 $Al_2O_3 : Ti^{3+}$ 中 Ti^{3+}($3d^1$ 外层电子组态)的例子。来自 $d(t_{2g}) \rightarrow d(e_g)$ 组态内跃迁的 500 nm 附近光吸收带(见图 5.4)在具有反演对称的正八面体环境中应该是禁戒的。然而,$Al_2O_3 : Ti^{3+}$ 中 Ti^{3+} 离子周围 O^{2-} 离子的实际排列并不符合图 5.1 所示的正八面体结构。实际上,O^{2-} 离子相对于图 5.1 显示的 AB_6 中心的配位离子位置发生了移动,产生一个三方晶系对称的局域环境,这是非反演对称的。由于 t_{2g} 和 e_g 态对应的是 3d 电子组态与更高电子组态 4s、4p 等的混合态,因此 $d(t_{2g}) \rightarrow d(e_g)$ 的吸收在电偶极跃迁规则下是允许的。这使得 Laporte 宇称选择定则被部分解除,这种类型的跃迁被称为**受迫的电偶极跃迁**。

5.3.6 振子强度:Smakula 公式

现在来创建一种方法,将 $|\boldsymbol{\mu}|^2$ 或式(5.14)给出的跃迁概率与吸收谱等实验测量联系起来。

考虑单个二能级中心,容易理解吸收谱的积分面积 $\int \alpha(\omega)d\omega$ 必然与 $|\boldsymbol{\mu}|^2$ 和吸收中心密度 N 成正比。为了建立这种比例关系,通常采用无量纲的振子强度 f。前一章(4.3 节)在讨论经典洛伦兹振子时已介绍了该量。它的定义如下[①]:

$$f = \frac{2m\omega_0}{3\hbar e^2} \times |\boldsymbol{\mu}|^2 \tag{5.19}$$

其中,m 为电子的质量,ω_0 为吸收峰频率。通常,**振子强度** f 表示能够被辐射场(在电偶极近似下)激发的电偶极振子数目。对于强烈允许的跃迁,其数值接近 1。通过比较式(5.18)和式(5.19),可以发现振子强度 f 与自发辐射概率 A 直接相关:

---

① 该表达式针对非简并能级。对于简并度为 g 的初态,该表达式须乘 $1/g$。

$$A = \frac{1}{4\pi\varepsilon_0} \frac{2\omega_0^2 e^2}{mc_0^3} \left[\left(\frac{E_{\text{loc}}}{E_0} \right)^2 n \right] \times f \tag{5.20}$$

现在可以证明(见附录 D),吸收谱的积分面积与 f 和吸收中心密度 N 有关:

$$\int \alpha(\omega) \mathrm{d}\omega = \frac{1}{4\pi\varepsilon_0} \frac{2\pi^2 e^2}{mc_0} \left[\left(\frac{E_{\text{loc}}}{E_0} \right)^2 \frac{1}{n} \right] \times f \times N \tag{5.21}$$

对于高对称性晶体中的离子,例如八面体 AB_6 中心,修正系数为 $E_{\text{loc}}/E = (n^2+2)/3$(Fox,2001 年),其中 n 为介质的**折射率**。虽然该修正系数对低对称中心并非严格有效,但它还是常被应用于这些中心。因此,采用此**局域场**修正并代入物理常数值,式(5.21)变为

$$N(\text{cm}^{-3}) f = 54.1 \times \frac{n}{(n^2+2)^2} \int \alpha(\omega)(\text{cm}^{-1}) \mathrm{d}\omega \tag{5.22}$$

这就是描述电偶极吸收过程的 Smakula **公式**。该式非常有用,如果已知吸收中心的密度,则可以根据给定系统的吸收谱来确定振子强度(或 $|\boldsymbol{\mu}|^2$)。如果已知振子强度,也可根据吸收谱来确定吸收中心的密度,如下例所示。

例 5.4 图 5.8 所示为含有色心(由辐射产生)的 NaCl 晶体的吸收谱。在 443 nm 处的吸收带峰值与 F 心有关,其振子强度为 $f=0.6$。请通过该吸收带,确定辐射过程中产生的 F 心的浓度。假设 NaCl 的折射率为 $n=1.6$。

F 心是被带负电的 Cl^- 空位捕获的电子。在 NaCl 中可以通过辐射或添加剂着色法产生这些中心,具体将在下一章(6.5 节)说明。443 nm 处吸收带的强度对应于 F 心的特定浓度 N。280 nm 附近的另一个吸收带与其他类型的色心(由 F 心聚集形成)有关,本例题中不用考虑。

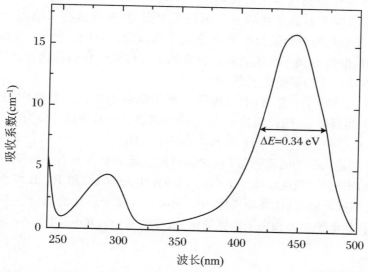

图 5.8 被辐射的 NaCl 晶体在 77 K 时的吸收谱。在 443 nm 处吸收带是由辐射产生的 F 心引起的。图中已显示该带的半高宽

根据吸收峰的半高宽 $\Delta E = 0.34$ eV,可以确定以频率为单位的半高宽 $\Delta\omega$:

$$\Delta\omega = \frac{\Delta E}{\hbar} = \frac{0.34 \text{ eV}}{6.58 \times 10^{-16} \text{ eV} \cdot \text{s}} = 5.2 \times 10^{14} \text{ s}^{-1}$$

通过 $\int \alpha(\omega)\mathrm{d}\omega \approx \alpha_{\max} \times \Delta\omega$,可以对 F 心吸收谱的积分面积作粗略近似。其中 $\alpha_{\max} = 16.1$ cm^{-1} 是谱峰处的吸收系数。

考虑一个电偶极吸收过程,它的振子强度 $f = 0.6$,可以利用式(5.22)估计 F 心吸收浓度 N:

$$N \approx 54.1 \times \frac{n}{(n^2+2)^2} \alpha_{\max} \times \Delta\omega \times \frac{1}{f} = 5.8 \times 10^{16} \text{ cm}^{-3}$$

因此,在一定的辐射剂量下,产生的 F 心浓度约为 6×10^{16} cm^{-3}。

5.4 动态相互作用:位形坐标图

前面章节考虑的光学活性中心是嵌在静态晶格中的情况。这意味着在参考模型 AB$_6$ 中心(见图 5.1),A 和 B 离子固定于平衡位置。然而,在实际晶体中,中心是振动晶格的一部分,因此 A 的环境不是静态的,而是动态的。此外,A 离子可以参与晶格振动的各种模式。

为了理解动态相互作用对光谱的影响,须考虑离子 A 与振动晶格的耦合情况。这意味着邻近 B 离子可以在平衡位置上振动,并且这将影响离子 A 的电子态。此外,晶格环境也会受到离子 A 的电子态改变的影响。例如,当离子 A 的电子态改变时,配位 B 离子可能会调整到新的平衡位置。它们在这些新的平衡位置上的振动性质可能与初始电子态不同。

为了把上述离子-晶格耦合(**电子-声子耦合**[①])作用计算在内,必须考虑完整的离子+晶格体系,因此须将式(5.2)给出的静态哈密顿量替换为

$$H = H_{FI} + H_{CF} + H_L \tag{5.23}$$

其中 H_L 是描述晶格的哈密顿量(包含晶格的动能和势能),$H_{CF} \equiv H_{CF}(r_i, R_l)$ 是晶体场的哈密顿量,现在依赖于 r_i(A 离子的价电子坐标)和 R_l(B 离子坐标)。因此,与静态情况不同,晶体场项考虑了电子运动和离子运动的耦合。事实上,本征波函数现在是电子坐标和离子坐标的函数:$\Psi \equiv \Psi(r_i, R_l)$(对于 AB$_6$ 中心,$l = 1$, 2,…,6)。

---

① 原书中多次使用"电子-声子""离子-晶格""电子-晶格"耦合(或相互作用),译者认为其本义都是活性离子中电子与晶格声子的耦合,因此译者选用国内最常用的表述"电子-声子"耦合(译者注)。

　　求解薛定谔方程 $H\Psi = E\Psi$ 现在变得更加复杂。须考虑不同的耦合强度来作一些近似。

　　对于离子 A 与晶格之间的**弱耦合**情形,晶体场非常弱($H_{CF} \approx 0$),此时电子运动和离子运动几乎是相互独立的。在这种情况下,除了那些对应于纯电子跃迁的谱带,有时还能观察到弱的边带。这些附加的带是离子 A 参与晶格振动导致的多普勒调制的吸收带或发射带。图 5.9 给出了这种耦合的一个范例,它展示了 $LiNbO_3 : Yb^{3+}$ 中 Yb^{3+} 离子的单一吸收线(来自两个确定的电子能级之间的跃迁)以及伴随的一系列声子边带。该边带光谱基本上与 $LiNbO_3$ 的拉曼光谱一致。

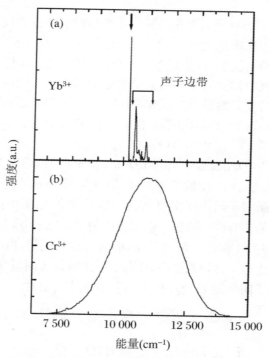

图 5.9　动态晶体场诱导的谱带形状变化的两个示例。(a) 弱耦合:$LiNbO_3 : Yb^{3+}$ 中 Yb^{3+} 离子的单一吸收线(箭头表示)伴随有声子边带的出现(经允许复制于 Montoya 等,2001 年);(b) 强耦合:$LiNbO_3 : Cr^{3+}$ 中 Cr^{3+} 离子的宽带发光。(经允许复制于 Camarillo 等,1992 年)

　　对于**强耦合**情形,吸收带形状受到强烈的影响,如图 5.9 所示 $LiNbO_3 : Cr^{3+}$ 中 Cr^{3+} 离子的发射带。该发射带对应于静态晶格中的单一跃迁,它因声子耦合而表现出大的展宽。为了考虑这种类型的耦合,必须继续采用位形坐标模型。在 1.4 节(图 1.10),为了解释吸收带和发射带之间的 Stokes **位移**,已经简要介绍了该模型。位形坐标模型主要基于以下两种近似:

（ⅰ）第一种近似方法是由波恩和奥本海默（1927 年）提出的**绝热近似**。它认为离子相对于价电子移动得非常缓慢，因此电子运动发生于一个给定的原子核坐标处（电子在运动时感受不到原子核位置的变化）。这种近似是合理的，因为原子核比电子重得多，其运动速度要慢得多。在绝热近似下，原子核和电子运动可以独立求解，故电子能量可以写成 A-B 间距的函数。换句话说，本征函数可以被分解为如下形式：

$$\Psi = f(\boldsymbol{r}_i, \boldsymbol{R}_l) \cdot \chi(\boldsymbol{R}_l) \tag{5.24}$$

其中，$f(\boldsymbol{r}_i, \boldsymbol{R}_l)$ 是静态时的电子函数（在坐标 $\boldsymbol{R}_l$ 处），$\chi(\boldsymbol{R}_l)$ 是与离子运动相关的振动波函数。

（ⅱ）第二种近似方法是只考虑一种代表性（理想）的振动模式，而不考虑所有可能的模式。通常选择所谓的呼吸模式，即配位 B 离子围绕中心 A 离子在径向"进进出出"。在这种情况下，只需要考虑一个原子核坐标，即位形坐标 Q，它对应于 A-B 间距。当然我们知道晶体中有大量的振动模式。因此，一般情况下位形坐标可以表示其中一种模式的平均振幅或者几种模式可能的线性组合。

在此假设下，由式（5.24）给出的本征函数简化为下列形式：

$$\Psi = f(\boldsymbol{r}_i, Q) \cdot \chi(Q) \tag{5.25}$$

单坐标动态中心（Henderson 和 Imbusch，1989 年）薛定谔方程的解可以给出基态（初态）i 和激发态（末态）f 的势能曲线，如图 5.10 所示。这种图被称为**位形坐标图**。图中曲线表示离子间相互作用势能（Morse 势），而每条曲线上的水平线表示允许的分立能量的集合（声子态）。需要指出的是，基态和激发态的平衡位置 Q_0 和 Q'_0 是不同的；同时，在靠近平衡位置处，根据谐振子模型，离子间势能曲线可以用抛物线（虚线）来近似。在该近似下，B 离子在平衡位置附近做简谐振动。因此，基态和激发态的离子间势能 $E_i(Q)$ 和 $E_f(Q)$ 由下式给出：

$$E_i(Q) = E_i + \frac{1}{2} M\Omega_i^2 (Q - Q_0)^2 \tag{5.26}$$

$$E_f(Q) = E_f + \frac{1}{2} M\Omega_f^2 (Q - Q'_0)^2 \tag{5.27}$$

其中，M 为有效振子的质量，Ω_i 和 Ω_f 分别为基态和激发态的特征振动频率。这些频率可以认为是不同的，因为中心在基态和激发态是以不同频率振动的。

图 5.10 中每条势能曲线上的水平线代表的分立能级与谐振子的量子化能级（声子能级）一致。对于频率为 Ω 的谐振子，声子能量由下式给出：

$$E_n = \left(n + \frac{1}{2}\right)\hbar\Omega \tag{5.28}$$

其中 $n = 0, 1, 2, \cdots$。每个态都可以用谐振子函数 $\chi_n(Q)$ 来描述，在第 n 个振动态的位形坐标 Q 处找到一个电子的概率为 $|\chi_n(Q)|^2$。作为一个相关的例子，图 5.11 给出了 $n = 0$ 和 $n = 20$ 振子态的 $|\chi_n(Q)|^2$ 函数形状。这表明，最低振动态的最大概率出现在平衡位置 Q_0 处，而对于较大的 n 值，振动能级的最大概率出

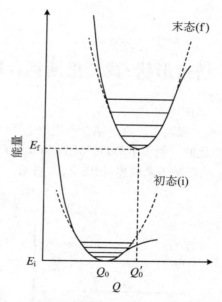

图 5.10　以呼吸模式振动的 AB_6 中心的位形坐
标图。虚线表示在谐振子近似下的抛
物线;水平实线表示声子态

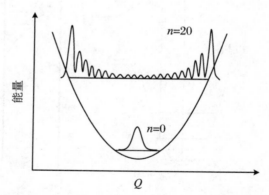

图 5.11　量子谐振子的 $|\chi_0(Q)|^2$ 和 $|\chi_{20}(Q)|^2$ 函数形状

现在与抛物线相交的位形坐标 Q 处。这对光谱形状会产生很大的影响,如 5.5 节
所述。

5.5 谱带形状:黄-里斯耦合因子

现在来研究前面讨论的强电子-声子耦合产生的光学(吸收和发射)带的形状问题。为此,考虑一个简化的二能级中心,其初态 i 和末态 f 由具有相同频率 Ω、平衡位置分别在 Q_0 和 Q_0' 的谐振子来描述,如图 5.12 所示。

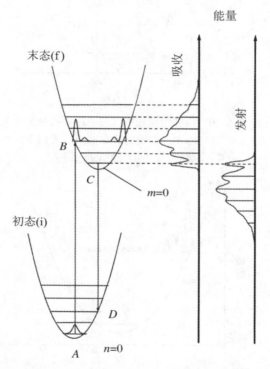

图 5.12 用于分析二能级系统间跃迁的位形坐标图。假设两种电子态都是具有相同频率 Ω 的谐振子。根据 $0 \rightarrow m$(吸收)和 $n \leftarrow 0$(发射)相对跃迁概率可以绘制吸收带谱和发射带谱(参见正文)。为了简单起见,此图未标出抛物线的平衡位置 Q_0 和 Q_0'

在绝热近似下,两个振动态(分别属于初态和末态电子态)之间的跃迁非常快,以至于位形坐标 Q 来不及发生改变,这就是**弗兰克-康登原理**。它意味着 i 和 f 态之间的跃迁可以用竖直箭头表示,如图 5.12 所示。假设体系处于绝对零度(0 K),只有 $n = 0$ 的声子能级被占据,所有的吸收都是来自该基态声子能级到不同的激发态声子能级($m = 0, 1, 2, \cdots$)的跃迁。考虑式(5.25),从 $n = 0$ 态到 m 态的吸收概率变化如下:

$$P_{if}(n = 0 \to m) \propto |\langle f(Q) | H_{int} | i(Q) \rangle|^2 \times |\langle \chi_m(Q) | \chi_0(Q) \rangle|^2 \tag{5.29}$$

其中 H_{int} 为光与 A 离子价电子相互作用的哈密顿量,$i(Q)$ 和 $f(Q)$ 分别为基态和激发态的电子波函数。假设这些电子波函数与它们在 Q_0 处的值相比没有显著变化,可将上述表达式写成如下形式:

$$P_{if}(n = 0 \to m) \propto |\langle f(Q_0) | H_{int} | i(Q_0) \rangle|^2 \times |\langle \chi_m(Q) | \chi_0(Q) \rangle|^2 \tag{5.30}$$

其中 $\langle f(Q_0) | H_{int} | i(Q_0) \rangle$ 项对应于静态情形(刚性晶格)跃迁矩阵元,$|\langle \chi_m(Q) | \chi_0(Q) \rangle|^2$ 项给出由谐振子振动函数 $\chi_0(Q)$ 和 $\chi_m(Q)$ 交叠引起的相对吸收概率。

在 0 K 处的总吸收概率 P_{if} 是从振动基态 $n = 0$ 到所有 m 个激发态($m = 0, 1, 2, \cdots$)的概率之和,因此可以表示为

$$P_{if} \propto \sum_m |\langle f(Q_0) | H_{int} | i(Q_0) \rangle|^2 \times |\langle \chi_m(Q) | \chi_0(Q) \rangle|^2$$
$$= |\langle f(Q_0) | H_{int} | i(Q_0) \rangle|^2 \tag{5.31}$$

由于 $\chi_m(Q)$ 函数构成一个标准正交集合,可以证明 $\sum_m |\langle \chi_m(Q) | \chi_0(Q) \rangle|^2 = 1$。因此,根据该简单模型,在动态晶格中 i 和 f 电子态之间的吸收概率等于式(5.14)给出的静态晶格情形时的概率。动态晶格唯一的影响是改变谱带形状,而不改变总的吸收概率[①]。现在来研究这种动态相互作用诱导的谱带形状,这是不同振动态 m 和 $n = 0$ 之间不同的交叠因子 $|\langle \chi_m(Q) | \chi_0(Q) \rangle|^2$ 导致的。

在图 5.12 中,吸收(发射)带形状为不同的 $n = 0 \to m = 0, 1, 2, \cdots$($m = 0 \to n = 0, 1, 2, \cdots$)跃迁的包络曲线。$n = 0 \leftrightarrow m = 0$ 跃迁被称为**零声子线**,因为它们发生时没有声子参与。因此,零声子吸收线与零声子发射线重合。吸收带最大值出现在有最大交叠系数的特定能量处,如图 5.12 中箭线 AB 所示。它对应于从最大振幅概率 A 处(基态平衡位置,$n = 0$)到最大振幅概率 B 处(末态 f 的激发能级交叉点)的跃迁。同理,最大发射强度出现在图 5.12 中箭线 CD 对应的能量处。如图 5.12 所示,发射峰最大值处比吸收峰最大值处的能量更低,这就解释了在 1.4 节定义的 Stokes 位移。Stokes 位移是一个重要的特征,它的存在避免了吸收带和发射带之间的强烈交叠。否则,发出的光会被发光中心重吸收。

Stokes 位移通常利用基态和激发态抛物线的横向位移 $\Delta Q = Q_0' - Q_0$ 来表示(见图 5.10);基态和激发态之间大的 Stokes 位移表明这两个电子态的电子-声子耦合差异很大。为了定量描述**电子-声子耦合**的差异,定义了一个被称为**黄-里斯**

[①]　这只适用于保持反演对称性的振动模式,而不适用于电子振动跃迁(见 5.5 节图 5.15 及相关讨论)。

因子的无量纲参数 S,如下所示:

$$\frac{1}{2}M\Omega^2(\Delta Q)^2 = S\hbar\Omega \tag{5.32}$$

因此,黄 - 里斯因子是衡量 Stokes 位移(或基态和激发态抛物线之间的位移)的标准。事实上,从图 5.12 可以看出:

$$E_a - E_e = 2 \times \frac{1}{2}M\Omega^2(\Delta Q)^2 - 2 \times \frac{1}{2}\hbar\Omega = (2S - 1)\hbar\Omega \tag{5.33}$$

其中,$E_a - E_e$ 为 Stokes 位移能量,E_a 为吸收最强处的能量(对应于图 5.12 中的 AB),E_e 为发射最强处的能量(对应于图 5.12 中的 CD)。[①]

如果每个激发态(末态)m 能级的振子函数交叠积分模方 $|\langle\chi_m(Q)|\chi_0(Q)\rangle|^2$ 已知,则可由式(5.30)估算 0 K 处吸收(发射)带形状。应用谐振子波函数,这些交叠函数可以表示为 S 的函数:

$$|\langle\chi_m(Q)|\chi_0(Q)\rangle|^2 = e^{-S} \times \frac{S^m}{m!} \tag{5.34}$$

因此,可以用式(5.34)和式(5.30)共同来预测每条 $0{\to}m$ 吸收线的相对强度:

$$I_{0{\to}m} = e^{-S} \times \frac{S^m}{m!} \tag{5.35}$$

必须记住,根据式(5.31),完全吸收强度(吸收带的积分面积)与 S 无关。因此,系数 e^{-S}(对应于 $I_{0{\to}0}$)表示零声子线占吸收强度的比例,$I_{0{\to}1} = e^{-S} \times S$ 表示与 $0{\to}1$ 跃迁相关的强度比例,$I_{0{\to}2} = e^{-S} \times S^2/2$ 表示与 $0{\to}2$ 跃迁相关的强度比例,等等。

现在可以预测不同的耦合强度(不同的黄 - 里斯因子)时的低温光学(吸收和发射)带形状,如下例所示。

例 5.5 绘制 0 K 时的吸收谱和发射谱。其中零声子线位于 600 nm 处,特征声子能量为 200 cm^{-1},黄 - 里斯因子 $S = 1$。

600 nm 处的零声子线($n = 0{\to}m = 0$ 跃迁)对应波数为 16 666 cm^{-1},则在 (16 666 + 200m) cm^{-1} 处发生 $n = 0{\to}m$ 跃迁。应用式(5.35),可以计算每个 $0{\to}m$ 跃迁的相对强度。表 5.1 列出了不同跃迁的强度和波数计算结果。它们可以用来表示 0 K 时的吸收谱(见图 5.13)。

0 K 时的发射谱发生在最低激发态振动能级($m = 0$)到能级 $n = 0,1,2,\cdots$ 之间的跃迁。因此,相对强度与吸收谱的计算结果相同,但现在这些谱线出现在零声子线的低能量侧。$n{\leftarrow}0$ 发射线出现在 (16 666 - 200n) cm^{-1} 位置。因此,通过计算可得显示发射谱所需的全部数据,这些数据列在表 5.1 中。发射谱和吸收谱如图 5.13 所示。可以注意到,发射谱相比于吸收谱的 Stokes 位移为 200 cm^{-1},与式(5.33)一致(平均最强吸收在 16 766 cm^{-1},平均最强发射在 16 566 cm^{-1})。

---

① 式(5.33)不适用于弱耦合。在此情形下,$S\approx0$,$E_a = E_e$,与此式不一致。式(5.35)只有在 $2S-1\geqslant0$ 时才有效,即 $E_a - E_e > 0$。

表 5.1　对于例 5.5 中给出的光谱参数, $0 \to 1, 2, 3, 4, 5$(吸收和发射)
不同跃迁的相对强度和波数

跃迁	吸收(cm^{-1})	发射(cm^{-1})	强度($\times 1/e$)
$0 \to 0$	16 666	16 666	1
$0 \to 1$	16 866	16 466	1
$0 \to 2$	17 066	16 266	0.5
$0 \to 3$	17 266	16 066	0.17
$0 \to 4$	17 466	15 866	0.04
$0 \to 5$	17 666	15 666	0.008

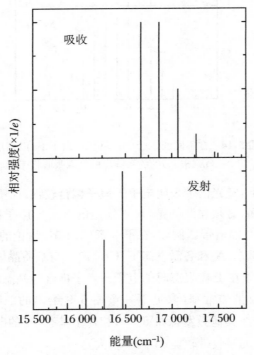

图 5.13　模拟的吸收谱和发射谱(0 K 时)。条
件:零声子线在 16 666 cm^{-1}(600 nm)
处, $S = 1$,特征声子能量为 200 cm^{-1}

遵循与例 5.5 相同的步骤,图 5.14 展示了 $S = 0$(弱耦合情形)和 $S = 7$(强耦合情形)时预测的谱带形状(0 K 时),并列出前面例子中所讨论的 $S = 1$ 时的谱带用于比较。可以发现,在该模型(单频振动模式)中, $S = 0$ 的情形只包含一条零声子线,因为 $0 \to 0$ 跃迁占据了所有的光谱带强度, $I_{0 \to 0} = 1$。因此,此光谱对应于纯电子态之间的跃迁。随着 S 的增加,零声子线的相对强度减小,并且在能量高于零声

子线 $m\hbar\omega$ 处出现了振动边带。对于较大的 S 值,光谱带变宽且结构消失。

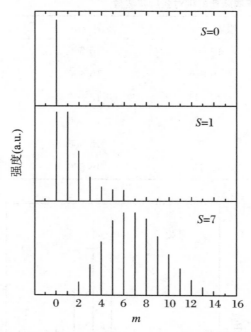

图 5.14 在不同的耦合(黄－里斯)因子下,以强度与
m(末态)的关系画出的低温吸收谱带形状

在大多数情况下,宽光谱带表明**电子－声子耦合**较强,而窄光谱带表明电子－声子耦合较弱。然而,必须强调的是,对于给定的电子－声子耦合较强的中心,能够发出 $S \gg 0$ 和 $S \approx 0$ 的谱带。例如,在下一章(6.4 节)讨论的晶体中的 Cr^{3+} 离子就是这种情况。在基态 $^4A_2$ 和各激发态下,Cr^{3+} 离子与基质晶体都发生强烈的相互作用。然而,Cr^{3+} 离子在 ^2E 激发态时的电子－声子耦合与基态时几乎相同($S \approx 0$),因此 $^4A_2 \rightarrow ^2E$ 的吸收带非常窄(参见下一章图 6.9 给出的 $Al_2O_3 : Cr^{3+}$ 吸收谱)。另一方面,Cr^{3+} 离子在其他激发态如 $^4T_2$ 中,相对于基态 $^4A_2$ 的电子－声子耦合差别较大,因此 $^4A_2 \rightarrow ^4T_2$ 的吸收带较宽(S 因子较大)。

在前面利用位形坐标模型的过程中,假设了单频振动模式。然而,实际上有多个振动频率,而非只有单一振动频率。因此,实际的低温光谱形状应该与单频振动模式预测的形状有所不同。为了考虑声子的频率范围以更好地接近实际光谱,一种很好的近似方法是考虑每个 $0 \rightarrow m$ 跃迁有 $m\hbar\Omega$ 的线宽。该方法已经成功地解释了 $Al_2O_3 : Cr^{3+}$ 的 $^4A_2 \rightarrow ^4T_2$ 宽带吸收(见练习题 5.10),其中黄－里斯因子 $S = 7$,振动能量为 $250\ cm^{-1}$。

到目前为止,所讨论的谱带形状都是在绝对零度时的情况,因此只有初态的最低声子能级被电子占据。在 $T > 0\ K$ 的较高温度时,高能量的声子能级也被电子占据,其代价是最低振动能级的电子数减少。再次查看图 5.12,很容易看出任何温度升高都会导致更宽的吸收(发射)带,这是因为声子激发能级 $n=1,2,3,\cdots$ $(m=1,2,3,\cdots)$ 被电子占据,因此它们也参与吸收(发射)过程。现在必须对初态的声子激发态取热平均,这样 $n=1,2,3,\cdots$ $(m=1,2,3,\cdots)$ 声子态就参与了吸收(发射)过程。考虑到这种热化效应,可以得出吸收/发射带宽 ΔE 随温度按照如下形式改变(Henderson 和 Imbusch,1989 年):

$$\Delta E(T) \approx \Delta E(0) \ \sqrt{\coth(\hbar\Omega/(2kT))} \tag{5.36}$$

其中 $\Delta E(0)$ 为 0 K 处的带宽,$\hbar\Omega$ 为耦合声子的能量。

由式(5.36)可知,带宽随温度的增加而增加。然而,在该简单模型中,中心的能级重心、总强度(吸收/发射带的积分面积)和电子的总布居数预计将保持不变,不受温度影响。

式(5.31)说明,给定谱带的积分面积与电子 – 声子耦合无关,正如上一段所述,它随温度升高而保持恒定。然而,固体中过渡金属离子的宽带跃迁大多具有由奇对称的动态晶格畸变引起的电偶极性质。这些类型的跃迁被称为**电子振动跃迁**,它们发生在动态对称打破静态晶格中心反演对称的情形。事实上,它们是动态受迫的电偶极跃迁。以图 5.15 为例,它展示了二维 AB_4 中心的奇宇称振动模式是如何破坏其在静态晶格中的反演对称性的。这种动态畸变导致了电子振动跃迁。显然,这些跃迁的强度(光学谱带的积分面积)依赖于耦合的强度,并且也受温度变化的影响。

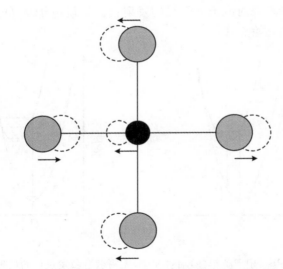

图 5.15　二维 AB_4 中心中破坏静态晶格反演对称性的振动模式示意图。黑色圆圈代表中心离子(A),其他圆圈代表配位离子(B)

5.6 无辐射跃迁

一个中心如果被激发,除了发光还可能发生无辐射退激发过程,即在该过程中中心可以通过一种不同于光子发射的机制回到基态。现在将讨论激发能级的与直接辐射退激发相竞争的主要过程。

5.6.1 多声子发射

与辐射退激发相竞争的最重要的无辐射退激发过程是由**多声子发射**引起的。可以利用位形坐标图定性解释多声子退激发过程。图 5.16 展示了强电子－声子耦合情形的两种位形坐标图。在这两种情况下,都标记了初态(i)和末态(f)抛物线之间的交叉点 X。

在图 5.16(a)所示的吸收发射过程描述如下。AB 线,即振动波函数交叠最多处,对应于吸收谱(0 K 下)的最强峰。该吸收跃迁使电子到达与 B 点对应的振动能级,其中 B 点在交叉点 X 下方。随后电子通过快速的多声子发射过程弛豫到 C 点。然后给出最强峰对应于 CD 线的发射谱。最后电子从 D 点经过另一个多声子发射过程回到起始点 A。

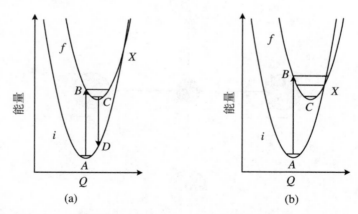

图 5.16 用于解释(a)辐射和(b)无辐射退激发过程的位形坐标图

图 5.16(b)对应于一个更大的黄－里斯因子情况,其交叉点 X 的能量比 B 点低。因此,位于 B 点的中心通过多声子发射向下弛豫到交叉点 X 对应的振动态。

X 振动态在能量上是简并的,它同时属于基态抛物线和激发态抛物线。从该振动能级,通过抛物线 i 的声子态退激发概率比通过抛物线 f 的声子态退激发概率大得多。因此,对应 C 点的振动能级未被泵浦,不会产生来自 CD 过程的发光。体系通过抛物线 i 以完全无辐射**多声子弛豫**的方式返回基态(A 点)。

位形坐标模型也能为温度升高时发光减弱提供定性解释,该过程通常被称为**温度猝灭**。高温时,电子可以被热布居到比 A 点(基态抛物线)和 C 点(激发态抛物线)更高的振动能级,这意味着位于 X 处的能级(图 5.16(a))也可以被占据。随后体系通过无辐射弛豫返回其基态,从而产生**发光**的温度猝灭。

在**弱耦合**($S \approx 0$)情形下,基态抛物线和激发态抛物线之间没有交叉点(假设两者形状相同),因此不能通过位形坐标模型来解释其中的多声子发射无辐射机制。晶体中的三价稀土离子就是这种情况,这将在下一章 6.3 节讨论。

5.6.2　能量传递

激发态中心也可以通过到另一个中心的**无辐射能量传递**而弛豫到基态。这种能量传递过程步骤如图 5.17 所示:(a) D 中心(被称为施主)吸收激发光 $h\nu_D$,并被激发到激发态 D^*;(b,c)该施主中心通过将激发能传递给另一个受主中心 A 而弛豫到基态,同时受主中心被激发到激发态 A^*;(d)该受主中心通过发射自身的特征辐射 $h\nu_A$ 弛豫到基态。值得注意的是,在(b)→(c)传递过程中施主 D 离子并不发射光子。有另一种辐射能量传递过程,其特点是 D 离子是发光的,这在实际应用中并无什么价值。

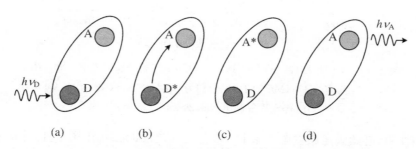

图 5.17　无辐射能量传递过程的步骤(参见正文)

无辐射能量传递常常具有实际应用,例如提高荧光粉和激光器效率。Sb^{3+} 和 Mn^{2+} 共掺杂的 $Ca_5(PO_4)_3(FCl)$ 商业荧光粉就是一个典型范例。当荧光粉单掺 Mn^{2+} 时,由于 Mn^{2+} 离子吸收较弱,其发光效率很低。然而,共掺 Sb^{3+} 离子会导致 Mn^{2+} 离子的强发射。这是因为 Sb^{3+} 离子(施主中心)可以有效吸收荧光灯管(参见图 2.3)内汞原子的紫外辐射(253.6 nm),并将部分能量传给 Mn^{2+} 离子(受主中心),从而发出其特有的荧光。

图 5.18 清楚地展示了 $Sb^{3+} \rightarrow Mn^{2+}$ 无辐射能量传递的证据。图给出了在

Sb^{3+} 的特征激发下,灯用荧光粉 $Ca_5(PO_4)_3(FCl):Sb,Mn$ 的三个发射光谱,其中 Sb^{3+} 的浓度固定为 1%,Mn^{2+} 的浓度分别为 0、2%、8%。对于 Sb^{3+} 单掺样品 (0 Mn),可以观察到 Sb^{3+} 离子典型的蓝光发射(峰值在 $21\,000\ cm^{-1}$ 附近)。当与一定浓度(2%)的 Mn^{2+} 共掺时,这种发射发生减弱,并观察到新的属于 Mn^{2+} 离子的橙黄光特征发射带(峰值在 $17\,000\ cm^{-1}$ 附近)。随着 Mn^{2+} 浓度的进一步增加(8%),Sb^{3+} 的蓝光发射完全消失,只能观测到 Mn^{2+} 离子典型的荧光发射。这说明在该 Mn^{2+} 浓度下,所有处于激发态的 Sb^{3+} 离子都将其能量传递给 Mn^{2+} 离子。然而,在较低 Mn^{2+} 浓度(2%)下,可以同时观察到来自 Sb^{3+} 的蓝光发射和来自 Mn^{2+} 的橙黄光发射。因为在该情形下,部分处于激发态的 Sb^{3+} 离子可以通过发射光子的方式弛豫到基态。这些结果表明,Sb/Mn 含量的变化可以调节蓝光发射和橙黄光发射之间的平衡,从而改变荧光灯光谱。

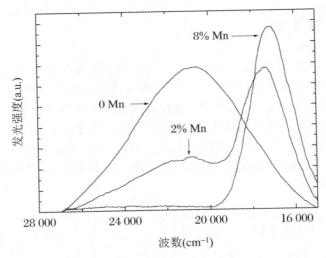

图 5.18 不同浓度掺杂的 $Ca_5(PO_4)_3(FCl)$ 荧光粉的发射光谱。Sb^{3+} 浓度固定为 1%,Mn^{2+} 的浓度分别为 0、2%、8%,浓度为相对 Ca 的摩尔百分比(经允许复制于 Nakazawa,1998 年)[①]

请注意,必须满足激发态施主 D^* 和受主 A 之间的相互作用条件,才能发生能量传递过程。从施主中心到受主中心的**能量传递概率**可以写成(Föster,1948 年;Dexter,1953 年)

$$P_t = \frac{2\pi}{\hbar} |\langle \Psi_D \Psi_{A^*} | H_{int} | \Psi_{D^*} \Psi_A \rangle|^2 \int g_D(E) g_A(E) dE \qquad (5.37)$$

其中 Ψ_D 和 Ψ_{D^*} 分别为施主中心处于基态和激发态的波函数,Ψ_A 和 Ψ_{A^*} 分别为受主中心处于基态和激发态的波函数,H_{int} 为 D-A 相互作用哈密顿量。式(5.37)

---

① 请参考文献(Shionoya and Yen,1998 年)(译者注)。

的积分表示归一化的施主发射线型函数 $g_D(E)$ 与归一化的受主吸收线型函数 $g_A(E)$ 之间的交叠。该项即能量守恒条件。当 D 和 A 是具有相同能级的中心时其取最大值,这种情形被称为**共振能量传递**(见图 5.19(a))。

然而,当 D 和 A 是不同中心时,施主离子和受主离子相应能级通常会出现能量失配的情况(见图 5.19(b))。在这种情形下,能量传递过程需要能量合适的晶格声子($\hbar\Omega$)辅助,这通常被称为声子辅助的能量传递。在这些能量传递过程中,除了要考虑能量传递的相互作用机制,还必须同时考虑电子-声子耦合。

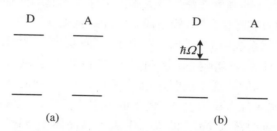

图 5.19　(a)共振能量传递和(b)声子辅助能量传递的施主 D 中心和受主 A 中心的能级示意图

式(5.37)的相互作用哈密顿量可以包括不同类型的相互作用,即多极(电和/或磁)相互作用和/或量子力学交换相互作用。主要的相互作用强烈依赖于施主离子和受主离子之间的距离以及它们的波函数性质。

对于电多极相互作用,根据施主 D 中心和受主 A 中心涉及的跃迁特征,可以将**能量传递机制分为几种类型**。当 D 和 A 的跃迁都具有电偶极特征时,发生**电偶极-偶极(d-d)相互作用**。此过程一般对应于最长的距离范围,其传递概率 P_t 与 $1/R^6$ 成正比,其中 R 是 D 和 A 的距离。其他电多极相互作用只与短距离相关:偶极-四极(d-q)相互作用与 $1/R^8$ 成正比,而四极-四极相互作用与 $1/R^{10}$ 成正比。

由电多极相互作用引起的传递概率对 R 的依赖关系一般可以表示为

$$P_t(R) = \frac{\alpha_{dd}}{R^6} + \frac{\alpha_{dq}}{R^8} + \frac{\alpha_{qq}}{R^{10}} + \cdots \tag{5.38}$$

其中 α_{dd}、α_{dq} 和 α_{qq} 因子对应于不同相互作用的权重,它们依赖于 D 和 A 中心的不同光谱参数,包括式(5.37)给出的交叠因子(Henderson 和 Imbusch,1989 年)。如果 D 中心和 A 中心的**电偶极跃迁**都是允许的,则 $\alpha_{dd} > \alpha_{dq} > \alpha_{qq}$,此时偶极-偶极相互作用占主导地位。然而,如果 D、A 中心的电偶极跃迁并不是完全允许的,则高阶相互作用过程 d-q 或 q-q 因 R 的高阶指数而在短距离上具有较大的传递概率。

磁多极相互作用引起的能量传递概率类似于电多极相互作用。因此,磁偶极-偶极相互作用的传递概率正比于 $1/R^6$,而高阶磁相互作用仅在短距离上有影响。在任何情况下,磁多极相互作用总是远不如电多极相互作用重要。

交换相互作用仅发生在施主离子和受主离子足够靠近以至于它们的电子波函

数直接重叠的情形。因此，D 离子和 A 离子由量子力学交换相互作用引起的能量传递只有在非常短距离（最近邻位置）时才重要。事实上，传递概率的变化与波函数重叠类似：$P_t \propto e^{-2R/L}$，其中 L 是 D^* 离子和 A 离子半径的平均值（$L \approx 10^{-10}$ m）。

无论能量传递的机制是什么，能量传递至受主的任何过程都会影响施主中心的**荧光寿命** τ_D。因此，关于施主离子寿命，式(1.20)必须重写如下：

$$\frac{1}{\tau_D} = \frac{1}{(\tau_D)_0} + A_{nr} + P_t \tag{5.39}$$

其中 $(\tau_D)_0$ 为施主离子的**辐射寿命**，A_{nr} 为多声子弛豫引起的**无辐射速率**，P_t 为能量传递速率。在大多数实际情况下，施主离子的发射强度 $I(t)$ 的衰减并不是指数形式的。这是由于实际系统中 D 离子和 A 离子的随机分布产生 D-A 间距的统计分布。因此，传递速率是非均匀的，从而导致非指数的衰减曲线。这些内容在图 5.20 中得到了明确的体现。该图显示了 Yb、Nd 共掺杂的 $YAl_3(BO_3)_4$ 激光晶体中 Nd^{3+}（施主）离子和 Yb^{3+}（受主）离子的发射强度 $I(t)$ 的时间衰减曲线。这种共掺杂的目的是通过激发 Nd^{3+} 的吸收带来提高晶体中 Yb^{3+} 离子的激光效率。由于 Nd→Yb 的能量转移，Nd^{3+} 施主离子的 $I(t)$ 衰减曲线是非指数形式的。

从图 5.20(a)可以看出，随着受主(Yb^{3+})浓度的增加，施主(Nd^{3+})荧光信号衰减得更快。实际上，Yb^{3+} 浓度的增加会减小 Nd^{3+}-Yb^{3+} 平均距离，从而提高能量传递速率。

施主中心 $I(t)$ 曲线形状提供了关于相互作用过程本质的有用信息。假设受主 A 随机分布在施主 D 不同距离处，日本科学家 Inokuti 和 Hirayama（1965 年）研究了在不同多极相互作用和交换相互作用下施主时间衰减曲线形状。

对于电多极相互作用，$I(t)$ 的形状由下式给出：

$$I(t) = I(0)\exp\left[-\frac{t}{\tau_D} - \Gamma\left(1 - \frac{3}{s}\right)\frac{C}{C_0}\left(\frac{t}{\tau_D}\right)^{3/s}\right], \quad s = 6,8,10 \tag{5.40}$$

其中 $\Gamma(\ )$ 为 γ 函数，C 为受主 A 中心浓度，C_0 是受主 A 的临界浓度，此时传递概率 P_t 等于施主(D)的发射概率 $1/\tau_D$。对于 d-d、d-q、q-q 能量传递，系数 s 分别为 6、8、10。因此，用公式(5.40)去拟合实验测量的时间衰减曲线，就可以确定主要的相互作用机制。

图 5.20(b)展示了 $YAl_3(BO_3)_4$ 中 Yb^{3+} 离子(受主)在 Nd^{3+} 离子(施主)吸收光的激发下发射强度随着时间的变化。从图中可以明显地看出，当激发 Nd^{3+} 离子时，Yb^{3+} 离子的荧光衰减曲线也是非指数形式的。因为 Yb^{3+} 是通过 Nd^{3+} 离子能量传递而激发的，所以图中 Yb^{3+} 的荧光衰减曲线先出现一个上升沿，随后再以 Yb^{3+} 的特征指数形式衰减。

当然，施主中心(D-D)和/或受主中心(A-A)之间的能量传递也可以发生。同一类型中心之间的能量传递通常被称为**能量迁移**，因为激发能量可以在几个离子内部进行迁移。如果考虑能量迁移，除了 D-A 能量传递过程，由于连续的能量传递过程，问题的复杂性将大大增加。

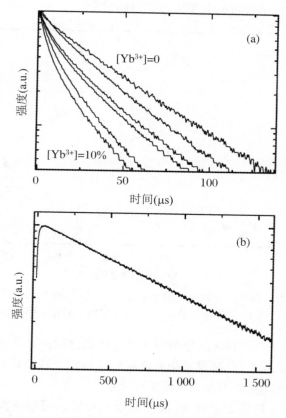

图 5.20　YAl$_3$（BO$_3$）$_4$ 晶体中 Nd^{3+}（施主）和 Yb^{3+}（受主）荧光的时间演化。
（a）不同 Yb^{3+} 离子浓度下 Nd^{3+} 的荧光衰减曲线（为简便起见，只给出
了 Yb^{3+} 最低浓度和最高浓度）；（b）Nd^{3+} 离子的浓度为 5% 时，Yb^{3+}
离子（5%）的荧光衰减曲线（未发表数据）。用原子百分比表示浓度

5.6.3　发光的浓度猝灭

原则上，给定材料中发光中心的浓度增加会引起发光强度的增强，这是因为相
应的吸收效率会增大（见式（1.15））。然而，这种现象只有在发光中心浓度低于一
定的临界值时才会发生。高于该浓度，发光强度开始下降。该过程被称为**发光的
浓度猝灭**。

图 5.21 显示了这种效应对分子束外延生长的 CaF$_2$ 薄膜中 Er^{3+} 离子的主要红
外发光（约 1.5 μm）的影响（Daran 等，1994 年）。当激发强度不变时，CaF$_2$ 中 Er^{3+}
离子的红外发光强度是 Er^{3+} 浓度的函数。当 Er^{3+} 离子的浓度低于 35% 时，发射强
度随 Er^{3+} 离子的浓度单调递增。在更高的 Er^{3+} 掺杂浓度下，发光将会降低，当

Er^{3+} 离子的浓度超过 50% 时,几乎无法检测到发光。

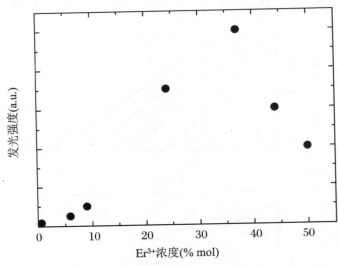

图 5.21 　 Er^{3+} 离子的发光积分强度(1.5~1.6 μm 的红外范围)随
Er^{3+} 离子浓度的变化(经允许复制于 Daran 等,1994 年)

一般来说,发光浓度猝灭的根源在于发光中心之间的高效**能量传递**。猝灭在一定浓度时才开始发生,此时发光中心之间的平均距离减小到有利于发生能量传递。一般有两种机理解释发光的浓度猝灭现象:

(i) 由于能量传递效率很高,激发能量在发射前可以在大量中心间发生迁移。即使是最纯净的晶体,也总会存在一定浓度的缺陷或杂质离子,它们可以充当受主,最终激发能量传递给它们。这些受主可以通过**多声子发射**的方式弛豫到基态。它们在传递链中充当着能量陷阱的角色,使得发光被猝灭,如图 5.22(a)所示。这类中心被称为猝灭中心或猝灭陷阱。

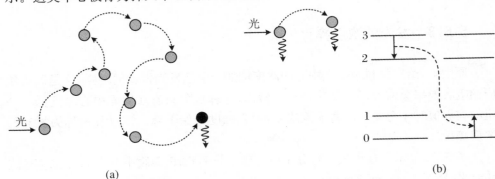

图 5.22 　 可能的发光浓度猝灭机制示意图:(a) 激发沿施主(圆圈)链和猝灭中心(黑色圆)的
能量迁移,猝灭中心猝灭了发光;(b)(在代表性的能级图中的)中心对之间的交叉
弛豫过程(正弦箭头表示无辐射衰减)

（ⅱ）在发光中心之间的激发能量没有发生迁移的情况下，也可以发生浓度猝灭。这时发射能级通过**交叉弛豫**过程损失部分激发能。这种弛豫机制是由两个相邻的相同中心之间的共振能量传递引起的，前提是这些中心具有特殊的能级结构。图 5.22(b)展示了发生交叉弛豫过程的简单能级示意图。假设孤立发光中心以从 3 能级的发射(3→0)为主。对于两个相邻的中心，可以发生如下共振能量传递，其中一个中心(作为施主)将其部分激发能量(如 $E_3 - E_2$)传递给另一个中心(作为受主)。由于能级的特殊结构，即 3→2 跃迁能量等于 0→1 跃迁能量，此时可以发生共振能量传递。其结果就是施主中心将位于激发态 2，而受主中心将位于激发态 1。然后，从这些态产生无辐射弛豫过程，或发射能量不等于 $E_3 - E_0$ 的光子。无论是哪种情况，3→0 发射都被猝灭。

由于浓度猝灭是能量传递过程引起的，当发生任意一种浓度猝灭机制时，发光离子的荧光衰减时间将会变短。一般来说，这种衰减时间的变短会比量子效率的减小更容易测量。事实上，检测荧光浓度猝灭最简单的方法是测量激发中心寿命与浓度的关系。临界浓度可以认为是寿命开始变短时的浓度。

最后，需要指出的是，高浓度的发光中心除了会导致能量传递，还可能会形成新的发光中心，例如由单个中心聚集或凝聚而形成团簇。这些新中心具有与孤立中心不同的能级结构，并产生新的吸收带和发射带。当然，这是孤立中心发光的另一种间接浓度猝灭机制，如下例所示。

例 5.6　低浓度 Cr^{3+} 离子掺杂 $Al_2O_3:Cr^{3+}$ 的低温荧光寿命约为 4 ms。对于 Cr_2O_3 浓度为 1% 的样品，测量的寿命变为 1.7 ms。请估算由浓度猝灭造成的效率损失。

为简便起见，假设低温低浓度时发光的量子效率 $\eta = 1$。因此，测量的寿命就是辐射寿命：$\tau_0 = 4$ ms。对于高 Cr 浓度，可以写出下面的一般表达式：

$$\frac{1}{\tau} = \frac{1}{\tau_0} + P_t$$

其中 P_t 表示传递至猝灭中心的平均概率。在本例中，猝灭中心就是 Cr^{3+} 离子对。由于从 Cr^{3+} 离子到 Cr^{3+}-Cr^{3+} 对的能量传递，P_t 大于零，同时浓度为 1% 的样品的寿命降低到 $\tau = 1.7$ ms(其荧光衰减曲线是近指数衰减的)。因此，新的效率为

$$\eta = \frac{1/\tau_0}{1/\tau} = \frac{1.7 \text{ ms}}{4 \text{ ms}} = 0.425$$

因此，相对于低浓度样品，其效率降低了 57.5%。

5.7 特别专题:量子效率的测定

众所周知,发光体系的荧光量子效率是一个重要的参数,因为它定义了从一个给定能级的直接辐射退激发速率与总退激发速率的比值(见式(1.21))。总的退激发速率还包括其他可能的退激发速率,如多声子弛豫、能量传递和浓度猝灭。原则上,根据式(1.13)的定义,通过发光实验测量平均每发射一个光子需要吸收的光子数就可以得到发射能级的**量子效率**。也就是说,同时测量吸收强度和发射强度。然而,由于发射光的发散性,以及难以准确确定样品的激发体积,一般不采用发光实验来测定量子效率。[①]

另一方面,**多声子弛豫**过程消耗能量的分析对于确定低浓度体系(中心浓度低到足以忽略能量传递和迁移过程的体系)的量子效率非常有用。在这种情况下,只有两种退激发方法:发光和多声子弛豫。后者会产生热量,可以通过各种热传感技术(量热技术、热致梯度折射率、表面变形等)来确定产热速率(Tam,1986 年)。

光声光谱是一种非常常见的用于凝聚态物质的热传感技术,它可以检测发光体系吸收光脉冲后产生的声波强度。这些声波是由多声子弛豫过程所传递的热量在整个固体样品以及样品附近的耦合介质中产生的。

图 5.23 给出了测量光声光谱的典型实验装置示意图。以脉冲激光为激励光源,光声信号由尽可能靠近样品的声波探测器采集,例如麦克风或共振压电换能器(PZT)。后一种检测器的优点是它可以粘在固体样品上,获得从固体到检测器的优良的声波传输性能。同时,光声信号很容易被放大并被数字示波器记录。声波由一系列产生图 5.23 所示典型形状的振荡光声信号的压缩和扩展组成。由于声波到达声波探测器需要时间,该信号相对于激光激发脉冲有一定延迟。

现在以图 5.24(a)所示的简单二能级系统为例,来简单讨论**光声光谱**测量量子效率的方法。

如果激发脉冲被吸收后激发态 1 的占据密度为 N_1,则单位体积释放的热量为

$$H = N_1 E_{10}(1 - \eta) \tag{5.41}$$

其中 $E_{10} = E_1 - E_0$ 为激发态与基态之间的能量差,η 为荧光量子效率。释放的热量产生声波信号,其强度 S 与产热速率成正比,因此有

$$S = KN_1 E_{10}(1 - \eta) \tag{5.42}$$

其中 K 是比例常数。该常数取决于被激发样品的体积、样品与声波探测器通过空

---

① 随着技术的发展,目前一般使用配有**积分球**的荧光光谱仪测量量子效率(译者注)。

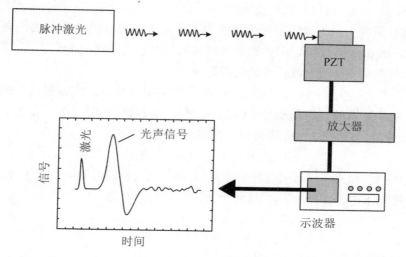

图 5.23　光声光谱的实验装置示意图。插图显示了一个用
脉冲光照射吸收样品产生的典型光声信号

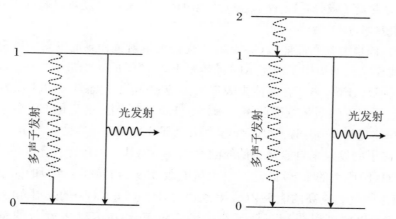

图 5.24　(a) 二能级系统的能级示意图，并显示两种可能的退激发过程（发光和
多声子弛豫）；(b) 三能级示意图，用于校准光声信号以确定量子效率

气的耦合情况以及系统的光声响应。

因此，测量了 S，并且假设 K 和 N_1 均已提前确定，可由式 (5.42) 确定量子效率 η。如果测定了样品在能量 E_{10} 处的吸收系数 α_{10}，可以用一种简单的方法确定 N_1：

$$N_1 \approx I_0 \tau_p \alpha_{10} \tag{5.43}$$

其中 I_0 为激发强度（以每秒单位面积上的光子数来衡量），τ_p 为激励脉冲持续时间。然而式 (5.42) 的常数 K 很难计算，必须通过另一种独立的测量手段进行校正。

假设激发态 1 可以从较高能级(图 5.24(b)所示的能级 2)通过完全无辐射过程来泵浦,研究人员为固体中光学活性中心建立了一种避免计算上述比例常数的方法(Rodriguez 等,1993 年)。该方法需要测量对应光子能量分别为 E_{10} 和 $E_{20} = E_2 - E_0$ 的两个不同激发波长处的光声信号。

能量为 E_{20} 的光子将电子泵浦到能级 2,随后通过快速的无辐射过程弛豫至需要测量量子效率的发射能级 1。因此,在强度为 I_0、持续时间为 τ_p、光子能量为 E_{20} 的脉冲激发后,产生的光声信号 S_2 可由下式给出:

$$S_2 = K\alpha_{20}I_0\tau_p(E_{20} - \eta E_{10}) \tag{5.44}$$

利用式(5.42)和式(5.43)可以容易地得到在强度和持续时间相同、光子能量为 E_{10} 的脉冲激励下的光声信号 S_1。这两个光声信号的比值为

$$\frac{S_1}{S_2} = \frac{KI_0\tau_p\alpha_{10}(1-\eta)E_{10}}{KI_0\tau_p\alpha_{20}(E_{20}-\eta E_{10})} \tag{5.45}$$

化简后,表达式变为

$$\frac{S_1}{S_2} = \frac{\alpha_{10}(1-\eta)E_{10}}{\alpha_{20}(E_{20}-\eta E_{10})} \tag{5.46}$$

因此,一旦测量了吸收系数 α_{10}、α_{20} 以及光声信号比 S_1/S_2,就可以通过式(5.46)来确定量子效率 η。[①]

当然,该模型只在高能级(能级 2)以完全无辐射过程泵浦发射能级 1 时才能使用。此模型最初被用于确定 KCl 晶体中 Eu^{2+} 离子的荧光量子效率(Rodriguez 等,1993 年)。Eu^{2+} 离子在晶体中表现出 $4f^7$ 基态电子组态向 $4f^6 5d^1$ 激发态电子组态跃迁所产生的两条宽吸收带。施加在 Eu^{2+} 离子上、由配位 Cl^- 离子形成的八面体晶体场将其 $5d^1$ 电子组态分解为两个部分 t_{2g} 和 e_g(参见 5.2 节)。在 KCl 中 Eu^{2+} 离子的发射来自能量最低的激发态(t_{2g})向基态($4f^7$ 电子组态)的跃迁,对应图 5.24(b)所示的 1→0 跃迁。由于从能级 2(e_g)到能级 1(t_{2g})的完全无辐射弛豫过程,激发到更高的能级 2(e_g)也会产生 1(t_{2g})→0($4f^7$)的发射光谱。因此,前面描述的模型可以应用于此系统。经确定 Eu^{2+} 在 KCl 中发射的量子效率 $\eta = 1$。

一般来说,在晶体中找到其他离子的完全无辐射能级是有可能的,因此该模型具有一定的应用价值。

---

① 当然,在实际情况下,这种简单的方法必须充分考虑因谱带形状和 Stokes 位移而释放的热量。

练 习 题

5.1　考虑图 5.4 所示的 $Al_2O_3:Ti^{3+}$ 中 Ti^{3+} 离子的吸收谱。

(a) 请根据光谱估算 $10Dq$ 的值。

(b) 假设 $3d^1$ 价电子沿半径为 0.1 nm 的圆形轨道运动，且处于点电荷（O^{2-} 离子）的八面体晶场中，请估算 Ti^{3+}-O^{2-} 间距。

5.2　假设对 $Al_2O_3:Ti^{3+}$ 晶体样品施加一静态高压。你认为 Ti^{3+} 的吸收谱（图 5.4）将会受到怎样的影响？

5.3　Ti^{3+} 离子在磷酸盐玻璃中展现一个较宽的、峰值在 560 nm 附近的吸收带。此吸收带与 Ti^{3+} 在 O^{2-} 离子的八面体晶场中 $t_{2g} \to e_g$ 跃迁有关。

(a) 请估算晶体场分裂值 $10Dq$。

(b) 假设制备了一种新型玻璃，其中 Ti^{3+} 离子位于 O^{2-} 离子的立方晶体场中（TiO_8 中心），但与磷酸盐玻璃保持相同的 Ti-O 间距。请确定这种新型玻璃的晶体场分裂值 $10Dq$ 以及 Ti^{3+} 离子 $e_g \to t_{2g}$ 吸收的峰值波长。

5.4　对于给定跃迁，可以重新定义式（1.6）的截面 σ（参见附录 D）为 $\sigma = P/I_P$，其中 P 是跃迁速率（或跃迁概率），$I_P = I/(\hbar\omega)$ 是入射波的光通量。利用式（5.14）和式（5.17）证明 $\sigma = (\lambda/2)^2 g(\omega)/\tau_0$，其中 λ 是介质中电磁波的波长，其频率对应于跃迁中心频率，τ_0 是辐射寿命，$g(\omega)$ 是线型函数。

5.5　$Al_2O_3:Cr^{3+}$ 在 694.3 nm 处发出尖锐的谱线（所谓的 R_1 发射线）。该发射谱形状可以很好地近似为洛伦兹线型，室温下 $\Delta\nu = 330$ GHz。

(a) 假设测量的发射截面 $\sigma = 2.5 \times 10^{-20}$ cm^2，折射率 $n = 1.76$，请利用上题中证明的公式来估算辐射寿命。

(b) 假设测量的室温荧光寿命为 3 ms，请确定该激光材料的量子效率。

5.6　嵌入基质的 AB_6 中心 A-B 间距 a 与温度的变化关系为 $a(T) = a(0) \times (1 + \alpha T)$，其中 α 是晶格热膨胀系数，$a(0)$ 是绝对零度时 A-B 间距。如果离子 A 具有 d^1 外层电子构型，请说明温度升高将如何影响该中心的吸收谱峰值波长。

5.7　在可调谐激光体系 MgF_2 晶体中，Ni^{2+} 离子呈现峰值在 405 nm 处的、较宽的蓝光吸收带。Ni^{2+} 离子浓度为 2×10^{20} cm^{-3} 时，在 405 nm 处测得的吸收系数为 7.2 cm^{-1}，半高宽为 8.2×10^{13} Hz。考虑到 MgF_2 晶体折射率为 1.39，请估算产生上述吸收带的跃迁振子强度 f。

5.8　某过渡金属离子在某基质晶体中呈现出两条零声子线分别位于 600 nm 和 700 nm 处的光学吸收带。前者的黄-里斯因子 $S = 4$，而后者的 $S = 0$。假设两个带的耦合声子能量均为 $300\ cm^{-1}$。

(a) 请给出该过渡金属离子在 0 K 时的吸收谱(吸收强度-波长)。

(b) 请给出在两个吸收带激发下获得的发射光谱。

(c) 请说明温度升高,这两个带将如何变化。

5.9 某基质材料掺杂了一定浓度的 Ti^{3+} 离子。这些离子的吸收带的黄-里斯因子为 $S=3$,与电子能级耦合的声子能量为 $150\ cm^{-1}$。

(a) 如果零声子线位于 522 nm 处,请给出在此波长下,光密度为 0.3 的样品在 0 K 时的吸收谱(光密度-波长)。

(b) 如果用 1 mW Ar^+ 连续激光器的 514 nm 光照射该样品,请估算光束穿过样品后的激光功率。

(c) 请确定 0 K 时发射光谱的峰值波长。

(d) 如果量子效率为 0.8,请确定自发辐射的功率。

5.10 红宝石晶体 $Al_2O_3:Cr^{3+}$ 中 Cr^{3+} 离子的 $^4A_{2g} \rightarrow {}^4T_{2g}$ 跃迁产生一个用于泵浦红宝石激光的重要的宽吸收带。该吸收带(在 0 K 时)的形状可以用黄-里斯因子为 $S=7$ 的强电子-声子耦合情形来描述(谱带形状如图 5.14 所示)。考虑零声子线以上能量 $m\hbar\Omega$ 处的每个边带具有 $m\hbar\Omega$ 的半高宽,请画出该吸收带形状(强度-m)。然后将其与图 5.14 中给出的谱带形状进行比较。该光谱形状与 $Al_2O_3:Cr^{3+}$ 的 $^4A_{2g} \rightarrow {}^4T_{2g}$ 吸收带的实际形状更吻合(参见图 6.9)。

5.11 萤石(CaF_2)晶体中 Eu^{2+} 的荧光寿命为 700 ns。当晶体共掺 Sm^{2+} 离子时,Eu^{2+} 离子的寿命降低到 150 ns。请确定从 Eu^{2+} 离子到 Sm^{2+} 离子的能量传递效率。

5.12 测量得到 $Ca_3Ga_2Ge_3O_{12}$ 晶体(固体激光晶体)中 Nd^{3+} 的荧光寿命 τ 与钕浓度 C_{Nd} 的函数,如表 5.2 所示。假设最低浓度体系(0.1% Nd)的量子效率 $\eta=1$。

(a) 请确定辐射寿命。

(b) 请确定所有其他浓度样品的量子效率。

(c) 请画出 η-C_{Nd} 曲线,并解释所观察到的变化。

(d) 请解释你会选择用于制作激光系统的 Nd 的浓度。

表 5.2 不同 Nd 浓度下,Nd^{3+} 离子在 $Ca_3Ga_2Ge_3O_{12}$ 中的寿命

$C_{Nd}(\%)$(原子百分比)	$\tau(\mu s)$
0.1	240
1	240
2	161
8	39
16	16

参考文献和延伸阅读

［1］ Ballhausen C J, and Gray H B. Molecular Orbital Theory[M]. New York: W. A. Benjamin, Inc., 1965.

［2］ Born M, and Oppenheimer J R. Zur Quantentheorie der Molekeln[J]. Ann. Phys. (Liepzig), 1927, 84(20): 457-484.

［3］ Camarillo E, Tocho J, Vergara I, Dieguez E, García Solé J, and Jaque F. Optical Bands of C^{3+} Induced by Mg^{2+} Ions in $LiNbO_3$:Cr,Mg[J]. Phys. Rev. B, 1992, 45(9): 4600-4604.

［4］ Daran E, Legros R, Munoz-Yagüe A, and Bausá L E. 1.54 mm Wavelength Emission of Highly Er-Doped CaF_2 Layers Grown by Molecular-Beam Epitaxy[J]. J. Appl. Phys., 1994, 76(1): 270-273.

［5］ Dexter D L. A Theory of Sensitized Luminescence in Solids[J]. J. Chem. Phys., 1953, 21(5): 836-850.

［6］ Föster T. Zwischenmolekulare Energiewanderung und Fluoeszenz[J]. Ann. Phys. (Leipzig), 1948, 2: 55-75.

［7］ Fox M. Optical Properties of Solids [M]. Oxford: Oxford University Press, 2001.

［8］ Henderson B, and Imbusch G F. Optical Spectroscopy of Inorganic Solids [M]. Oxford: Clarendon Press, 1989.

［9］ Inokuti M, and Hirayama F. Influence of Energy Transfer by the Exchange Mechanism on Donor Luminescence[J]. J. Chem. Phys., 1965, 43(6): 1978-1989.

［10］ Montoya E, Agulló-Rueda F, Manotas S, García Solé J, and Bausá L E. Electron-Phonon Coupling in Yb^{3+}:$LiNbO_3$ Laser Crystal[J]. J. Lumin., 2001, 94-95: 701-705.

［11］ Shionoya S, and Yen W M. Phosphor Handbook[M]. Boca Raton Florida: CRC Press, 1998.

［12］ Rodriguez E, Tocho J O, and Cussó F. Simultaneous Multiple-Wavelength Photoacoustic and Luminescence Experiments: A Method for Fluorescent-Quantum-Efficiency Determination[J]. Phys. Rev. B, 1993, 47(21): 14049-14053.

［13］ Svelto O. Principles of Lasers[M]. New York: Plenum Press, 1986.

［14］ Tam A C. Applications of Photoacoustic Sensing Techniques[J]. Rev. Mod. Phys. 1986, 58(2): 381-433.

第6章 应用:稀土离子、过渡金属离子和色心

6.1 引 言

上一章对晶体中发光中心(活性中心)的光谱给予了基本的物理解释。这些发光中心的主要作用是在晶体能隙中引入新的能级,这些能级间的跃迁会产生完美晶体中不存在的新光谱。正是由于这些吸收光谱和发射光谱,晶体中发光中心和多种应用密切相关,例如固体激光器、放大器、用于荧光照明和阴极射线管的荧光粉。本章将讨论和上述应用相关的发光中心的主要特点。

大多数的应用基于晶体中掺入的外来离子。以参考模型 AB_6(图5.1)为例,A是掺杂离子,B代表基质配体离子。掺杂离子在晶体生长过程中被人为地引入基质中,或者通过之后的扩散、离子注入等过程引入。

原则上,可以将元素周期表中所有元素掺入晶体中。实际中,只有部分元素被用作晶体中的光学活性中心。也就是说,只有部分元素能以离子形式被掺入晶体中并在晶体能隙中引入新的能级。从技术应用角度看,最相关的(尽管不是最独特的)活性中心是元素周期表中过渡金属元素和镧系元素对应的离子,因而将重点讨论这些离子。这些离子具有独特的电子构型,从而呈现出极具差异的光学性质,分析过渡金属离子和稀土离子的光谱非常具有代表性:**过渡金属离子**具有未充满的**3d 壳层**,**稀土离子**具有未充满的 4f 内壳层,该壳层被电子充满的 $5s^2$ 和 $5p^6$ 外层屏蔽。正是因为这些未充满的壳层,过渡金属离子和稀土离子常被称为顺磁性离子。

光学活性中心也可能来源于结构缺陷。这些缺陷常被称为色心,它们在无色完美晶体中产生光学吸收。本章6.5节将讨论色心的主要特征。从实用角度看,色心常被用于开发固体激光器。解释色心的光学跃迁同样有趣,因为这些色心是在晶体生长过程中无意间形成的,并能够产生意想不到的光学跃迁。

最后,在本章6.6节将引入与固体光谱学密切相关的两部分内容。首先,将介绍一个半经验的方法(Judd,1962年;Ofelt,1962年),利用该方法可以分析晶体中

三价稀土离子的吸收谱,进而寻找高效的荧光粉和固体激光材料。其次,将介绍一个和固体中活性中心相关的新话题,即 Yb^{3+} 掺杂固体的光学制冷。

6.2　稀　土　离　子

稀土(RE)元素包括镧系(Ln)元素、钪(Sc)、钇(Y),共 17 种元素。稀土离子常被用于荧光粉、激光器和放大器。镧系元素是元素周期表中第 57 号元素镧(La,电子构型[Xe]$5d^1 6s^2$)到 71 号元素镥(Lu,电子构型[Xe]$4f^{14}5d^1 6s^2$)共 15 种元素的统称。[①] 镧系离子由这些元素的原子电离形成。这些原子在晶体中通常以正二价或者正三价阳离子的形式存在。在三价稀土离子中,失去了 5d、6s 和部分 4f 电子,因而 RE^{3+} 的跃迁源于 $4f^n$ 组态内能级之间的跃迁。二价稀土离子多包含一个 f 电子(例如,Eu^{2+} 和 Gd^{3+} 有相同的电子构型($4f^7$),在元素周期表中 Gd 是 Eu 的下一个元素),与三价稀土离子不同的是,二价稀土离子的跃迁通常发生在 f→d 组态间。因此,二价和三价稀土离子具有截然不同的光谱特性,下面将分别进行讨论。

6.2.1　三价稀土离子:Dieke 能级图

三价**稀土离子**的电子构型是 $5s^2 5p^6 4f^n$,n 从 $0(La^{3+})$ 增大到 $14(Lu^{3+})$,表示 4f 壳层的电子数。[②] 事实上,$4f^n$ 电子就是导致光学跃迁的价电子。

表 6.1 展示了镧系元素三价离子的 4f 价电子数。这些价电子被外层的 $5s^2 5p^6$ 轨道电子屏蔽。由于该屏蔽效应,三价稀土离子的价电子受晶体配位离子的影响很弱,对应于弱晶体场情形(详见 5.2 节)。因此,自由离子哈密顿量中的自旋－轨道相互作用项强于晶体场哈密顿量。晶体场仅对掺入晶体中 RE^{3+} 离子的 $^{2S+1}L_J$ 能态产生微扰,即晶体场效应导致这些能态发生轻微的能量变化并产生附加的能级劈裂。然而,上述能量变化和劈裂能量远小于自旋－轨道耦合引起的能量变化,因此晶体中 RE^{3+} 离子的光谱和自由 RE^{3+} 离子的光谱非常相似。这也意味着 RE^{3+} 离子在不同基质中的主要光谱特征也是相似的。事实上,对于晶体中 RE^{3+} 离子的吸收光谱和发射光谱的解释都基于在一种特殊基质($LaCl_3$)中进行的系统光谱测试。Dieke 及合作者于 1968 年获得这些光谱并制作了一张著名的能级图,即所谓的 Dieke **能级图**,如图 6.1 所示。该图展示了 $LaCl_3$ 中 RE^{3+} 离子 $^{2S+1}L_J$ 能

---

①　稀土元素包括钪、钇;镧系元素包括镧、镥(此处针对原文作了一些修改,译者注)。

②　三价稀土离子包括 La^{3+}、Lu^{3+}(此处和表 6.1 针对原文作了一些修改,译者注)。

态的能量分布情况。每个多重态的宽度表示在晶体场中的劈裂程度,而每个多重态的重心对应于自由离子$^{2S+1}L_J$能态的近似能量位置。

表 6.1 三价稀土离子的 4f 电子数(n)

三价稀土离子	n
La^{3+}	0
Ce^{3+}	1
Pr^{3+}	2
Nd^{3+}	3
Pm^{3+}	4
Sm^{3+}	5
Eu^{3+}	6
Gd^{3+}	7
Tb^{3+}	8
Dy^{3+}	9
Ho^{3+}	10
Er^{3+}	11
Tm^{3+}	12
Yb^{3+}	13
Lu^{3+}	14

当然,RE^{3+}离子$^{2S+1}L_J$能级的劈裂程度和重心会随着基质的改变而发生微小变化,但是该 RE^{3+} 离子能级的总体特征基本保持不变。根据简并度的不同,每个$^{2S+1}L_J$多重态的最大劈裂数为 $2J+1$ 或 $J+1/2$,分别对应于 J 为整数或者半整数。[①] 然而,实际的能级劈裂数由晶格中 RE^{3+} 离子所处的局部对称性决定,这将在下一章进行讨论。

下面以图 6.2 所示光谱为例说明如何利用 Dieke 能级图来解释晶格中三价稀土离子的**吸收谱**。该图展示了 $LiNbO_3:Nd^{3+}$ 晶体中 Nd^{3+} 离子的室温吸收谱和对应的 Nd^{3+} 离子 Dieke 能级。Nd^{3+} 离子常用于固体激光器的活性中心。图 6.2 展现了 Nd^{3+} 离子几组尖锐的吸收谱线,这些谱线源于基态能级$^4I_{9/2}$的子能级到不同$^{2S+1}L_J$激发态子能级之间的跃迁。这些子能级是 $LiNbO_3:Nd^{3+}$ 晶体中 Nd^{3+} 受到晶体场作用而产生的(Tocho 等,1991 年)。借助于 Dieke 能级图(图 6.2 左

---

① 根据 Kramers 原理,所有含有奇数个电子的能级至少双重简并。

侧),可以方便地指认出不同谱线源于哪些特定的$^{2S+1}L_J$能级。尽管不同组态之间跃迁产生的谱线有时候会发生交叠,但是借助 Dieke 能级图来指认和标定不同谱线的归属仍然非常重要。如果吸收谱是在低温下测量的,那么此时所有的发光中心将会处于能量最低的基态子能级(0 cm^{-1}),不会产生从其他基态子能级(没有粒子布居)到激发态能级的跃迁而导致光谱交叠,因此能容易识别出光谱来源于哪个激发态子能级。

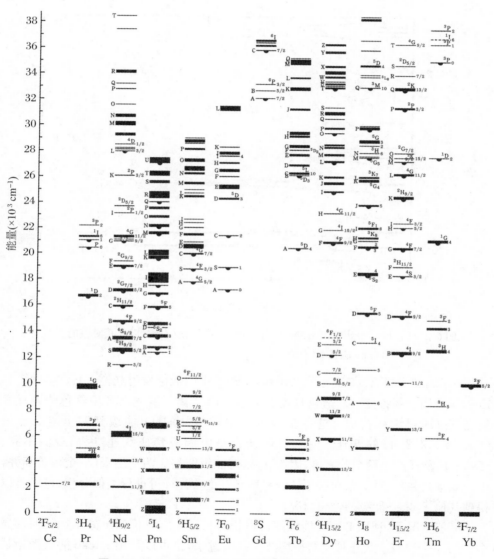

图 6.1　LaCl$_3$ 中三价稀土离子的能级图(Dieke,1968 年)

Dieke 能级图还提供了非常有用的信息,可以用来预测或者辨别晶体中三价稀土离子的发射光谱。重新审视 Dieke 能级图(图 6.1)就会发现有些能级下面标注有半圆,这些能级属于发光能级,即它们的退激发过程会产生荧光。另一方面,下面没有标注半圆的能级一般是观测不到直接荧光发射的能级(当然了,这些能级也有可能产生荧光,但是需通过无辐射弛豫到下能级才能发射荧光),更详细的解释请参见下节。目前来看,已经可以用 Dieke 能级图来预测和解释源于发射能级的发射光谱。

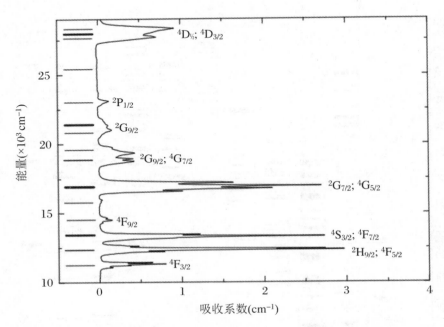

图 6.2 LiNbO$_3$:Nd^{3+} 晶体中 Nd^{3+} 离子的室温吸收谱(右侧)以及相对应的 Nd^{3+} 离子 Dieke 能级图(左侧)

图 6.3 展示了 Eu^{3+} 离子在 LiNbO$_3$:Eu^{3+} 中的低温发射光谱。Eu^{3+}、Tb^{3+} 和 Eu^{2+} 常被用于制备红、绿、蓝色灯用荧光粉。Eu^{3+} 离子发光会产生红色荧光且发射光谱由四组谱线构成。这些谱线源于单重简并的 $^5D_0$ 能级到四个末态能级 $^7F_J(J=1,2,3,4)$ 的跃迁。$^5D_0 \rightarrow {}^7F_0$ 跃迁是电偶极禁戒跃迁,因而观测不到。$^5D_0 \rightarrow {}^7F_1$ 跃迁产生两个荧光峰,因为 $^7F_1$ 末态能级劈裂成两个能级(一个单重简并,一个双重简并)。对其余对应于 $^5D_0 \rightarrow {}^7F_J$ 跃迁的荧光峰可进行类似分析,进而可以得到其他 ^7F_J 末态能级的劈裂情况。

一般情况下,利用 Dieke 能级图可以粗略估计给定三价稀土离子在任何基质中 $^{2S+1}L_J \rightarrow {}^{2S'+1}L'_{J'}$ 跃迁对应的平均波长。反过来,也可以利用 Dieke 能级图指认吸收/发射光谱的谱线源于何种 $^{2S+1}L_J \rightarrow {}^{2S'+1}L'_{J'}$ 跃迁,详见例 6.1。

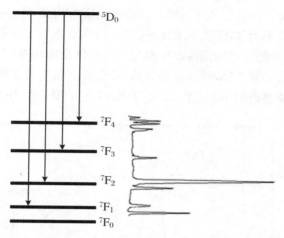

图 6.3　LiNbO$_3$:Eu^{3+} 中 Eu^{3+} 的低温发射光谱以及用于解释该光谱的相
关 Eu^{3+} 离子 Dieke 能级图(经允许复制于 Muñoz 等,1995 年)

例 6.1　如果某掺 Tm^{3+} 荧光粉的发射波长位于 285 nm 附近,试确定该荧
光发射对应的跃迁以及该荧光带最多包含几个荧光峰。

285 nm 光子对应的波数为 35 088 cm^{-1}。观察图 6.1 所示的 Dieke 能级图
中对应 Tm^{3+} 的那一列,会发现上述能量正好和 ^{3}P$_0$ 激发态与 ^{3}H$_6$ 基态间的能量差
相匹配。因此,波长位于 285 nm 附近的荧光发射源于 ^{3}P$_0$→^{3}H$_6$ 跃迁。

^{3}P$_0$ 激发态单重简并,^{3}H$_6$ 基态的简并度为 $2J + 1 = 13$。因此,最多能在
285 nm 附近观测到 13 个荧光峰。当然,这种情况只有当 Tm^{3+} 所处的晶体场对
称性非常低时才会出现。实际的荧光峰个数取决于晶体场,尤其是 Tm^{3+} 所处的
局部晶体场的对称性。

最后,需要明确 f→f 跃迁是宇称禁戒的。然而,大多数 f→f 跃迁又变为部分
允许的电偶极跃迁,这是因为非反演对称的晶体场会使具有相反宇称的其他轨道
(如 5d 轨道)混入 4f 轨道(见 5.3 节)。因此,恰当地选择基质(或格位对称性)可
以使一些 RE^{3+} 跃迁变成**受迫的电偶极跃迁**。

6.2.2　二价稀土离子

二价稀土离子同样拥有 4f^n 电子构型(比对应的三价稀土离子多一个电子)。
然而,与 RE^{3+} 离子不同的是,二价稀土离子的 4f^{n-1}5d 电子组态激发态距离 4f^n 基
态电子组态并不远。因此,对于二价**稀土离子**而言,4f^n→4f^{n-1}5d 跃迁很可能会在
光学波长范围内产生强度高(宇称允许的跃迁)且谱带宽的吸收光谱和发射光谱。

图 6.4 展示了 NaCl 中 Eu^{2+} 的室温吸收谱。在 NaCl 中,Eu 呈现 + 2 价并占

据 Na⁺ 格位。NaCl 中 Eu^{2+} 的室温吸收谱由两个宽带构成,中心波长位于 240 nm 和 340 nm 附近,源于 $4f^7$ 电子组态的 $^8S_{7/2}$ 基态到 $4f^65d$ 激发态电子组态的跃迁。事实上,这两个吸收带的能量间隔可以用来衡量**八面体晶体场**对 Eu^{2+} 离子的影响程度。正如 5.2 节描述的那样,该晶体场导致 5d 激发态轨道劈裂成 t_{2g} 和 e_g 两部分。另外在低能波段观测到的结构是由 5d 电子和 $4f^6$ 电子相互作用产生的。

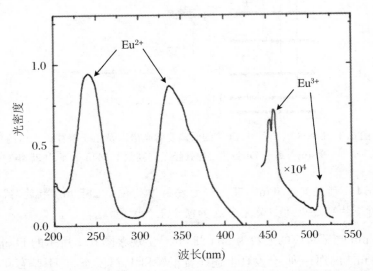

图 6.4 NaCl 中 Eu^{2+} 的吸收谱。右侧弱吸收峰可在 X 射线激发后观
测到(注意量级的变化)。(经允许复制于 Aguilar 等,1982 年)

用 X 射线照射热退火后的 NaCl,小部分 Eu^{2+} 离子转变为 Eu^{3+} 离子(Aguilar 等,1982 年)。这已经被强度低且带宽窄的 460 nm 和 520 nm 吸收谱线证实,这两个谱线分别源于 Eu^{3+} 的 $^7F_0 \rightarrow {}^5D_2$ 和 $^7F_0 \rightarrow {}^5D_1$ 跃迁。举本例的目的是让大家更清楚地了解 RE^{3+} 和 RE^{2+} 不同的光谱特征:Eu^{2+} 对应于宽且强的跃迁光谱(允许的**电偶极跃迁**),Eu^{3+} 对应于窄且弱的跃迁光谱(**受迫的电偶极跃迁**)。

Eu^{2+} 离子的吸收光谱和发射光谱随基质的改变而强烈变化。例如,Eu^{2+} 离子在 $Sr_2P_2O_7$ 中荧光发射位于紫光波段,而在 $SrAl_2O_4$ 中却位于绿光波段。这和三价稀土离子截然相反,三价稀土离子的吸收光谱和发射光谱对基质的改变不敏感。

6.3 稀土离子的无辐射跃迁:能隙律

在用于解释三价稀土离子光谱的 Dieke 能级图(图 6.1)中,通过在能级下方标记半圆来强调发射能级。仔细观察该图会发现也存在一些不发光的能级,这些能级的无辐射速率远高于辐射速率,因而不会直接产生荧光发射。RE^{3+} 离子特定激发态能级的辐射跃迁概率强烈依赖于该能级和紧邻下能级之间的能量差,该能量差常被称为能隙。仔细观察 Dieke 能级图会发现:通常情况下,能隙小的能级的退激发过程多数通过无辐射方式进行,而能隙大的能级则是荧光发射能级。事实上,这也可以从式(5.17)推测而得,因为两个能级之间的**辐射速率** A 与 ω_0^3 成正比(能隙 $\hbar\omega_0$ 的立方)。

RE^{3+} 离子能级的**无辐射速率** A_{nr} 强烈依赖于该能级对应的能隙。对不同 RE^{3+} 离子在不同基质中的系统研究表明:某给定能级的声子发射速率或者**多声子发射**速率与能隙呈指数递减规律。此规律可用如下公式描述:

$$A_{nr} = A_{nr}(0)e^{-\alpha\Delta E} \tag{6.1}$$

式中,$A_{nr}(0)$ 和 α 均为与基质材料有关但与三价稀土离子无关的常数,ΔE 是能隙。该实验定律就是熟知的**能隙律**,在实验上已被低浓度稀土离子掺杂的晶体验证。

图 6.5 展示了 $LaCl_3$、LaF_3 和 Y_2O_3 中不同 RE^{3+} 离子不同能级的 A_{nr} 实验值与各自对应的能隙之间的函数关系,它清晰地展示了能隙律。根据式(6.1),对于上述三种材料中任意一种材料,无辐射速率随能隙增大呈指数规律下降(注意纵坐标为对数坐标)。值得重申的是,由能隙律得到的任一给定材料中每个 RE^{3+} 能级的无辐射速率只依赖于该能级对应的能隙,与 RE^{3+} 离子种类和发射能级的性质无关。这可归因于 RE^{3+} 离子较弱的**电子-声子耦合**。能隙律使得我们只依据 Dieke **能级图**就可以预测不同 RE^{3+} 离子能级的无辐射速率,详见下例。

例 6.2　确定下述不同离子的不同能级在 $LaCl_3$ 基质中的无辐射速率:$^4F_{3/2}(Er^{3+})$、$^3P_0(Pr^{3+})$ 和 $^2F_{5/2}(Yb^{3+})$。

适用于 $LaCl_3$ 且由实验获得的能隙律已展示于图 6.5。由此图可知,利用式(6.1)对实验数据(黑点)进行最佳拟合的结果为 $A_{nr}(0) = 4.22\times10^{10}\ s^{-1}$,$\alpha = 0.015\ cm$。因此,适用于 $LaCl_3$ 的能隙律可以写成如下表达式:

$$A_{nr}(s^{-1}) = 4.22\times10^{10}e^{-0.015\Delta E(cm^{-1})}$$

基于此式,只要知道任一能级与紧邻下能级的能量间隔(能隙 ΔE)就可以估算该能级的多声子发射无辐射速率。

基于 Dieke 能级图(图 6.1)可以计算每一个能级的能隙,于是有:

$$对于\,^4F_{3/2}(Er^{3+}),\quad \Delta E \approx 343\ cm^{-1}$$
$$对于\,^3P_0(Pr^{3+}),\quad \Delta E \approx 3\,657\ cm^{-1}$$
$$对于\,^2F_{5/2}(Yb^{3+}),\quad \Delta E \approx 9\,943\ cm^{-1}$$

基于上述 ΔE 和能隙律,可得如下的无辐射速率:

$$A_{nr}(^4F_{3/2},Er^{3+}) \approx 2.3\times10^8\ s^{-1}$$
$$A_{nr}(^3P_0,Pr^{3+}) \approx 3.5\times10^{-14}\ s^{-1}$$
$$A_{nr}(^2F_{5/2},Yb^{3+}) \approx 9.7\times10^{-56}\ s^{-1}$$

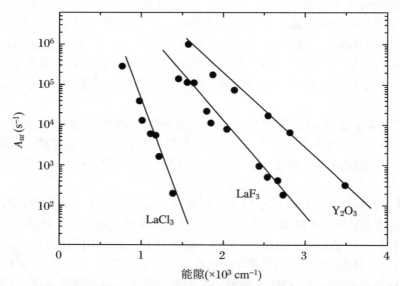

图 6.5 无辐射速率 A_{nr}实验值与 LaCl₃、LaF₃ 和 Y₂O₃ 中不同三价稀土离子不同能级对应的能隙之间的函数关系。直线为式(6.1)的最佳拟合结果(纵坐标为对数坐标)。(经允许复制于 Riseberg 和 Weber 等,1975 年)[1]

式(6.1)给出的多声子发射速率随能隙增大呈指数衰减规律的原因是能隙越大发射的声子数目越多。实际上,能隙越大,用于释放此能量需要的声子数越多,因此扰动过程的阶数就越高。与此同时,扰动的阶数越高,多声子发射引起的退激发概率就越小。同样的道理,通常认为对无辐射退激发过程起主要作用的是频率最高即能量最大的声子。这些活跃声子通常被称为**有效声子**。因此,参与某给定能级多声子发射过程的有效声子数目 p 可以通过该能级对应的能隙除以有效声子能量来获得:$p = \Delta E/(\hbar\Omega)$。于是按照 p 和有效声子能量可重写能隙律(式(6.1)):

$$A_{nr} = A_{nr}(0) \times e^{-(\alpha\hbar\Omega)p} \tag{6.2}$$

图 6.6 展示了与图 6.5 相同的三种基质中 RE^{3+} 离子的 A_{nr} 随有效声子数目 p 的变化关系。每种基质的有效声子能量已标注在图中。由此图可以明显地看出,对于三种基质,无辐射速率随有效声子数目的增加均按指数规律衰减,这与式(6.2)相符。图 6.6 中阴影区域表示基质中 RE^{3+} 离子的典型辐射跃迁速率所处的区间(从 $\sim 10^2$ s⁻¹到 $\sim 10^4$ s⁻¹)。以 LaCl₃基质为例,可以明显看出,少于 4 个有效声子参与的无辐射弛豫过程占据了主导地位。另一方面,如果某个能级的退激发过程需要超过 5 个有效声子参与,那么该退激发过程以荧光发射为主。基于 RE^{3+} 离子的新型高效荧光材料的应用趋势是寻找具有低有效声子能量的基质材料。

---

① 请参考文献(Wolf,1975 年)(译者注)。

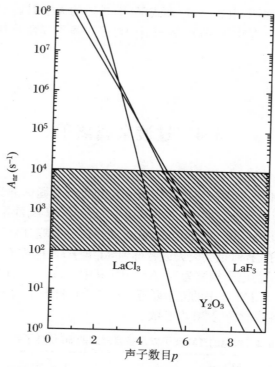

图 6.6　LaCl$_3$(260 cm^{-1})、LaF$_3$(350 cm^{-1})和 Y$_2$O$_3$(430～550 cm^{-1})中 RE^{3+}
离子的多声子无辐射速率随发射有效声子数目的变化关系。括号中数
字表示有效声子的能量。阴影区域为典型辐射速率对应区间

例 6.3　计算例 6.2 中 LaCl$_3$ 的 ^{4}F$_{3/2}$(Er^{3+})、^{3}P$_0$(Pr^{3+})和 ^{2}F$_{5/2}$(Yb^{3+})能级
的退激发过程需要的有效声子数目。

LaCl$_3$ 的有效声子能量为 260 cm^{-1}(见图 6.6),^{4}F$_{3/2}$(Er^{3+})、^{3}P$_0$(Pr^{3+})和
^{2}F$_{5/2}$(Yb^{3+})能级的能隙各不相同,因此每个能级的退激发无辐射过程涉及的有
效声子数目为:

$$对于 ^4F_{3/2}(Er^{3+})，\quad p = \frac{343}{260} \approx 1$$

$$对于 ^3P_0(Pr^{3+})，\quad p = \frac{3\,657}{260} \approx 14$$

$$对于 ^2F_{5/2}(Yb^{3+})，\quad p = \frac{9\,943}{260} \approx 38$$

例 6.2 表明 ^{3}P$_0$(Pr^{3+})和 ^{2}F$_{5/2}$(Yb^{3+})能级的多声子无辐射速率非常低,这源
于这两个能级需要发射的有效声子数较大,分别为 14 和 38,需要更高阶的扰动
过程参与。因此,^{3}P$_0$(Pr^{3+})和 ^{2}F$_{5/2}$(Yb^{3+})能级的荧光发射效率通常接近于
100%。另一方面,^{4}F$_{3/2}$(Er^{3+})能级的能隙约等于一个有效声子的能量,因此该
能级向紧邻下能级的退激发过程只有无辐射过程。

最后需要再次强调,由式(6.1)和式(6.2)描述的无辐射速率所遵循的规律只适用于 RE^{3+} 离子,这是由于 RE^{3+} 离子弱的**电子－声子耦合**及其导致的**黄－里斯因子** $S \approx 0$。

6.4 过渡金属离子

过渡金属(TM)离子常被用作商用荧光粉和**可调谐固体激光器**的**光学活性中心**。在元素周期表的第四周期中,从电子构型为 $[Ar]3d^1 4s^2$ 的第 21 号元素钪(Sc)一直到电子构型为 $[Ar]3d^{10}4s^2$ 的第 30 号元素锌(Zn)都是 TM 元素。[①] TM 原子趋于失去外层 4s 电子(有时也会失去或者得到 3d 电子)而形成不同类型的稳定阳离子。因此,TM 离子的电子构型为为 $[Ar]3d^n$,其中 $n(1 \leqslant n \leqslant 10)$ 表示 3d 电子数。这些 3d 电子决定了 TM 离子的光学跃迁(3d 电子是价电子)。表 6.2 列出了常见的 TM 离子以及各自对应的 3d 电子数。

表 6.2　常见的 TM 离子以及各自对应的 3d 价电子数目(n)

TM 离子	n
Ti^{3+} ,V^{4+}	1
V^{3+} ,Cr^{4+} ,Mn^{5+}	2
V^{2+} ,Cr^{3+} ,Mn^{4+}	3
Cr^{2+} ,Mn^{3+}	4
Mn^{2+} ,Fe^{3+}	5
Fe^{2+} ,Co^{3+}	6
Fe^+ ,Co^{2+} ,Ni^{3+}	7
Co^+ ,Ni^{2+}	8
Ni^+ ,Cu^{2+}	9

　　TM 离子的 3d 轨道半径相对较大,且未被外层电子屏蔽,因此 TM 离子的**电子－声子耦合**作用通常较强,导致 TM 离子的光谱既有宽带光谱($S > 0$)也有窄带光谱($S \approx 0$),这和 6.2.1 小节讨论的 RE^{3+} 离子只发射窄带光谱($S \approx 0$)不同。

---

① 原文为"从电子构型为(Ar)$4s^2$的第 20 号元素钙(Ca)一直到……"(译者注)。

6.4.1 3d¹ 离子

最简单的 TM 离子,如 Ti^{3+} 和 V^{4+},其最外层电子构型为 $3d^1$。在 5.2 节已经讨论过这些离子处于八面体配位场中的光谱。作为一个相关例子,图 6.7 展示了 Ti^{3+} 在**蓝宝石** $Al_2O_3:Ti^{3+}$ 中的吸收光谱和发射光谱,这两种光谱均源于 t_{2g} 基态能级和 e_g 激发态能级间的跃迁,这两个能级源于 $3d^1$ 能级在**八面体晶体场**中的劈裂。因为强的电子-声子耦合导致了大的**黄-里斯因子** S,所以吸收光谱和发射光谱都很宽,且两者之间存在大的 Stokes 位移。此外,$Al_2O_3:Ti^{3+}$ 中 Ti^{3+} 所处的晶体场轻微偏离理想的八面体晶体场,导致 d 轨道混入了具有相反宇称的电子组态,$t_{2g}{\leftrightarrow}e_g$ 跃迁是电偶极允许的跃迁。因此,$Al_2O_3:Ti^{3+}$ 中 Ti^{3+} 的辐射寿命相对较短($3.9\,\mu s$),这是受迫电偶极跃迁的典型寿命数值。而且室温时 $Al_2O_3:Ti^{3+}$ 中 Ti^{3+} 的荧光效率仍然很高。由于具有高效发光和宽带发射特性,$Al_2O_3:Ti^{3+}$ 晶体非常适合用于开发红光-近红外光谱范围内的宽带可调谐固体激光器(详见 2.5 节)。

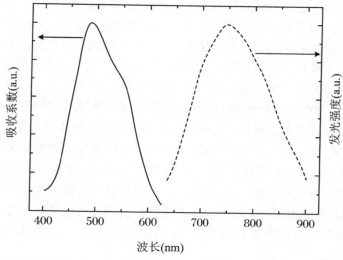

图 6.7 Ti^{3+} 在 $Al_2O_3:Ti^{3+}$ 中的室温吸收光谱(实线)和发射光谱(虚线)(经允许复制于 Moulton,1983 年)

6.4.2 3d^n 离子:Sugano-Tanabe 能级图

当 3d 电子超过 1 个时情况更为复杂,因为必须考虑这些价电子之间的相互作用,即式(5.4)的 H_{ee}。考虑到 H_{ee} 和晶体场哈密顿量 H_{CF} 都强于自旋-轨道相互作用 H_{SO},通常利用微扰理论来解决该难题。这是因为自旋-轨道相互作用正比于 Z^4(Z 为原子序数)以及 TM 离子的 Z 值不太大(从 21 到 30)。但这和 RE^{3+} 离子的情况不同，RE^{3+} 离子的 Z 从 58(Ce)到 71(Lu)，因此在考虑晶体场相互作用前必须考虑自旋－轨道相互作用。TM 离子的自由离子能态决定于电子－电子相互作用，记作 ^{2S+1}L 能态(常被称为 L-S 项)，S 为总自旋角动量量子数，L 为总轨道角动量量子数。不同 ^{2S+1}L 能态间的能量差通常用所谓的 Racah 参数(A、B 和 C)来描述，这些参数描述了电子间静电相互作用的强度(Henderson 和 Imbusch，1989 年)。

Sugano 和 Tanabe 计算了 $3d^n$($n=2\sim8$)离子不同状态的能量大小与**八面体晶体场**强度的依赖关系。这些计算结果最后的呈现形式就是所谓的 Sugano-Tanabe **能级图**，该图在解释不同基质中 TM 离子的光谱时极为有用。Sugano-Tanabe 能级图展示了自由离子能态 ^{2S+1}L 如何随晶体场强度与电子间相互作用的比值(以 Dq/B 来衡量)的增大而逐渐劈裂。图 6.8 展示了 $3d^3$ TM 离子(例如 Cr^{3+}、V^{2+} 和 Mn^{4+})的 Sugano-Tanabe 能级图。能级图的左侧为自由离子能级，即 ^4F、^4P、^2G 和 ^2F 能级，单位为 E/B。能级图的右侧为自由离子能级在不断增强的八面体晶体场中的劈裂能级(标记为群论符号)。例如，从图中可以看到 ^4F 基态能级在八面体晶体场中如何劈裂为三个能级：$^4A_{2g}$ 基态能级以及 $^4T_{2g}$ 和 $^4T_{1g}$ 两个激发态能级。自由离子的其他激发态能级同样劈裂成不同的 A、T 和 E 能级。需要强调的是一个 Sugano-Tanabe 能级图对应于一个特定的 C/B 值，而 C/B 值主要取决于具体的 TM 离子以及轻微地依赖于基质材料。对于自由 TM 离子，C/B 的取值区间为 4.19(Ti^{2+})到 4.88(Ni^{2+})(Sugano 等，1970 年)。

根据图 6.8 所示的 Sugano-Tanabe 能级图，可推断关于 TM 离子光学跃迁带本质的有用信息。由此图可知，^2E_g 和 $^2T_{1g}$ 两个能级的能量几乎不受晶体场的影响(两者的斜率近乎为零)。此外，当 $Dq/B>1$ 时，$^2T_{2g}$ 能级的能量几乎也是一个常数。因此，$^4A_{2g}$ 基态能级和 ^2E_g、$^2T_{1g}$、$^2T_{2g}$ 激发态能级之间的跃迁对应的光谱位置几乎不受晶体场强度的影响。从动态角度看，上述事实意味着在位形坐标 Q 系统中，跃迁能量几乎是恒定的。这些斜率近乎为零的能级对应的跃迁为窄带光谱，相当于 $S\approx0$，这是因为这些能级有着和 $^4A_{2g}$ 基态能级近乎一致的**电子－声子耦合**作用。

另一方面，其他能级，如 $^4T_{1g}$、$^4T_{2g}$、$^2A_{1g}$ 和 $^4A_{2g}$(^2F)，在能级图中有较大的斜率，这意味着这些能级和 $^4A_{2g}$(^4F)基态能级的能量差强烈依赖于晶体场强度 $10Dq$。[1]因此，$^4A_{2g}$(^4F)基态能级到斜率大的激发态能级的跃迁强烈依赖于晶体场，导致这些跃迁产生的光谱在不同的八面体晶体场中出现在不同的位置。也就是说，对于一个给定的 $3d^3$ 离子，上述跃迁会随着基质的改变而产生剧烈变化。从动态角度

---

[1] 两个能级不同的斜率源于它们来自不同的 e_g 和 t_{2g} 轨道。例如，^2E_g 和 $^4A_{2g}$(基态)能级源于 t^3_{2g} 轨道，因此两者有相似的声子耦合(或 $S\approx0$)，导致 Sugano-Tanabe 图中 ^2E_g 能级的斜率接近零。另一方面，$^4T_{2g}$ 能级源于($t^2_{2g}e_g$)轨道，因此该能级和 $^4A_{2g}$ 能级的声子耦合模式存在很大差异。

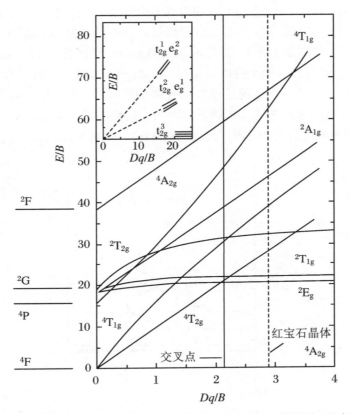

图 6.8 $3d^3$ 电子组态($C/B = 4.5$)的 Sugano-Tanabe 能级图。左侧
实垂线对应于交叉点的 Dq/B 值,右侧虚垂线对应于红宝石
晶体(详见正文)。插图展示了强晶体场中能级分布

看,这些跃迁能量对局部环境微小变化($10Dq$ 发生微小变化)的高灵敏性表明跃迁
能量强烈依赖于位形坐标 Q,进而产生宽带吸收光谱和发射光谱(大的 S 值)。估
算 S 相对大小的一个经验做法是 Sugano-Tanabe 能级图中斜率越大的能级,S
越大。

图 6.8 中插图展示了强晶体场近似下自由离子能级的劈裂情况。在该近似
下,3d 电子的静电相互作用和晶体场相比可以忽略。因此,轨道可视作由三个单
电子轨道构成,每个单电子轨道分裂成 t_{2g} 或 e_g 轨道。这样就可能会有四种不同的
组合:t_{2g}^3,($t_{2g}^2 e_g^1$),($t_{2g}^1 e_g^2$),e_g^3。在这些轨道中,t_{2g}^3 能量最低,($t_{2g}^2 e_g^1$)次之,并以此类
推,详见图 6.8 中插图。

为了阐明如何利用 Sugano-Tanabe 能级图解释光谱,图 6.9 展示了 Cr^{3+} 在
$Al_2O_3:Cr^{3+}$ 中的吸收光谱和发射光谱以及和这些光谱对应的能级结构。不同晶体
场能级的能量依赖于参数 Dq、C 和 B。这三个参数可以通过比较实验和理论计算得
到的能级(Sugano-Tanabe 能级图的对应能级)来获得。对于红宝石 $Al_2O_3:Cr^{3+}$,

$Dq/B = 2.8, B = 918\ cm^{-1}$。图 6.8 的垂直虚线给出了 Cr^{3+} 在 $Al_2O_3 : Cr^{3+}$ 中不同能级的位置(对应于 $Dq/B = 2.8$)。能量最低的跃迁是自旋禁戒的 $^4A_{2g} \rightarrow {}^2E_g, {}^2T_{1g}$ 跃迁。因为 ^2E_g、$^2T_{1g}$ 激发态能级在 Sugano-Tanabe 能级图中斜率接近零,所以 $^4A_{2g} \rightarrow {}^2E_g, {}^2T_{1g}$ 跃迁产生两个锐线光谱(注意 $^4A_{2g} \rightarrow {}^2T_{1g}$ 吸收非常弱)。另一方面,自旋允许的 $^4A_{2g} \rightarrow {}^4T_{2g}, {}^4T_{1g}$ 跃迁产生强且宽的吸收谱,光谱宽是因为在 Sugano-Tanabe 能级图(图 6.8)中末态能级的斜率大。这两个位于黄绿 ($^4A_{2g} \rightarrow {}^4T_{2g}$) 和蓝 ($^4A_{2g} \rightarrow {}^4T_{1g}$) 光波段的宽带吸收谱使得 $Al_2O_3 : Cr^{3+}$ 晶体呈红色。

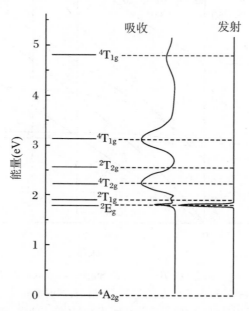

图 6.9 $Al_2O_3 : Cr^{3+}$ 的吸收光谱和发射光谱。左侧展示了 Cr^{3+}
在 $Al_2O_3 : Cr^{3+}$ 中的能级结构,用于指认观测到的光谱

尽管 $Al_2O_3 : Cr^{3+}$ 晶体的吸收谱既有宽带也有窄带,但其荧光光谱要简单得多。无论什么激发波长,荧光光谱中都只包含一个锐线光谱,对应于能量最小的 $^2E_g \rightarrow {}^4A_{2g}$ 跃迁。[1] 事实上,TM 离子的一个普遍特征是辐射跃迁只来自第一激发态能级,这是因为 TM 离子的电子-声子耦合要比 RE^{3+} 的更复杂,而且 TM 离子的**多声子弛豫**速率并不遵循式(6.1)和式(6.2)描述的能隙律。当然了,在任何情况下仍可以利用**能隙律**进行定性分析。针对同一能级,需要不超过 20~25 个声子参与就能完成的无辐射跃迁通常要比辐射跃迁更高效。也就是说,相较于 RE^{3+} 离子,TM 离子的无辐射跃迁更易发生。这是因为 TM 离子一些能级的 S 值远大于 0,使这些激发态能级的退激发过程可以通过真实的声子能级来完成,详见 5.6 节。因此,TM 离子被激发到任何激发态能级之后都会通过多声子无辐射跃迁

---

[1]　事实上,由于所处局部对称性低于八面体晶体场对称性,该发射劈裂为两个锐线光谱。

回到最低的激发态能级，再从该能级产生发光。

图 6.8 所示的 Sugano-Tanabe 能级图的另外一个重要细节是横坐标位于 $Dq/B = 2.2$ 的垂线，此处 $^4T_{2g}$ 和 ^2E_g 能级的能量相等。此时的 Dq/B 值常被称为交叉值。Dq/B 小于交叉值的材料（基质＋离子）常被称为弱晶体场材料。对于这些材料而言，能量最低的能级为 $^4T_{2g}$ 能级，因此自旋允许的 $^4T_{2g} \rightarrow ^4A_{2g}$ 跃迁（通常为**电子振动跃迁**）会产生宽且强的发射光谱。而 Dq/B 大于交叉值的材料则被称为强晶体场材料。对于这些材料（如 $Al_2O_3 : Cr^{3+}$ 晶体），自旋禁戒的 $^2E_g \rightarrow ^4A_{2g}$ 跃迁会产生窄带发射光谱，通常被称为 R 线发射。

图 6.10 展示了不同基质中 Cr^{3+} 离子的室温荧光谱。每种基质中 $^4T_{2g}$ 和 ^2E_g 激发态能级的能隙 ΔE 均标注在图中。事实上，ΔE 也是一种定量表征晶体场强度大小的参数。$\Delta E > 0$ 的材料为强晶体场材料；$\Delta E < 0$ 的材料为弱晶体场材料。Cr^{3+} 在 $Al_2O_3 : Cr^{3+}$ 中产生峰值位于 694.3 nm 的窄带 R 线发射，对应于强晶体场（$\Delta E = 2\,300\ cm^{-1}$）。而 Cr^{3+} 在**紫翠玉** $BeAl_2O_4 : Cr^{3+}$（$\Delta E = 700\ cm^{-1}$）和**祖母绿** $Be_3Al_2(SiO_3)_6 : Cr^{3+}$（$\Delta E = 400\ cm^{-1}$）中的发射光谱同时包含宽带光谱和窄带光谱，尽管这两种材料都属于强晶体场材料。这可归因于这两种体系都位于交叉点附近。在这些体系中，因为 ^2E_g 能级的寿命（毫秒量级）远大于 $^4T_{2g}$ 能级的寿命（微秒量级），所以热激活过程会使得电子由 ^2E_g 能级部分布居到 $^4T_{2g}$ 能级，随后产生 $^2E_g \rightarrow ^4A_{2g}$ 和 $^4T_{2g} \rightarrow ^4A_{2g}$ 辐射跃迁。因此，通常将紫翠玉宝石和祖母绿宝石归类为中等晶体场材料。然而，低温时在这些中等晶体场材料中只能观测到 R 线发射。与之相反，任何温度下，Cr^{3+} 在 $Gd_3Sc_2Ga_3O_{12}$（GSGG，$\Delta E \approx 0\ cm^{-1}$）和 $ZnWO_4$（$\Delta E = -3\,000\ cm^{-1}$）中的发射光谱只包含 $^4T_{2g} \rightarrow ^4A_{2g}$ 宽带发射光谱，这是弱晶体场材料的典型光谱特征。[①] 图 6.10 展示的 Cr^{3+} 宽带发射光谱表明可以利用这些晶体实现红光和近红外波段高效的可调谐固体激光。除此之外，由图 6.10 可以看出，发射光谱随着晶体场强度（或 ΔE）的减小而逐渐向低能量方向移动，这与 Sugano-Tanabe 能级图预测的结果相符。因此，通过选取合适的基质就可以获得任意特定波段的荧光发射。换句话说，Sugano-Tanabe **能级图**可以用来指导设计晶体场。

例 6.4　利用图 6.8 所示的 Sugano-Tanabe 能级图估算 $MgF_2 : V^{2+}$（$\Delta E \approx -2\,500\ cm^{-1}$）中最小能量跃迁的能量，并推断该激光材料的发射特征。V^{2+} 自由离子的 Racah 参数为 $B = 755\ cm^{-1}$，$C = 3\,257\ cm^{-1}$。

V^{2+} 离子的外层电子构型为 $3d^3$（见表 6.2）。V^{2+} 离子在 MgF_2 中占据近八面体对称格位。基于 Racah 参数可得 $C/B = 4.31$。尽管该值和图 6.8 所示的

---

①　对于这些材料，电子不会发生由 $^4T_{2g}$ 能级到 ^2E_g 上能级的热激活过程，因为 $^4T_{2g}$ 能级寿命远小于 ^2E_g 能级寿命。

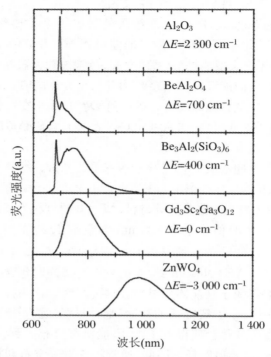

图 6.10 不同基质中 Cr^{3+} 离子的室温荧光谱。ΔE 表示 $^4T_{2g}$ 和 ^2E_g
激发态能级间的能隙(经允许复制于 Moulton,1985 年)

Sugano-Tanabe 能级图对应的 C/B($C/B = 4.50$,适用于 Cr^{3+} 离子)稍有差别,
但仍然可以利用该图进行估算。

激发态能级 $^4T_{2g}$ 和 ^2E_g 的能隙($\Delta E \approx -2\,500\ cm^{-1}$)能够间接衡量晶体场强
度。负值表示 $MgF_2 : V^{2+}$ 是弱晶体场材料。将该能隙进行换算可得

$$\frac{\Delta E}{B} = -3.31$$

利用 Sugano-Tanabe 能级图可知该能隙对应于 $Dq/B \approx 1.8$ 的晶体场。基
于此值,可以通过图像估算第一激发态能级 $^4T_{2g}$ 和基态能级 $^4A_{2g}$ 之间的能隙:

$$E(^4T_{2g}) - E(^4A_{2g}) \approx 16B = 12\,080\ cm^{-1}$$

对应于 828 nm 波长。

事实上,此估算波长距离实验测量的 $^4A_{2g} \rightarrow {}^4T_{2g}$ 吸收带的峰值波长
($\sim$850 nm)并不远(Moulton,1985 年)。计算中使用了自由离子的 Racah 参数
(该参数在晶体场中会发生轻微改变)以及与实际 C/B 不完全符合的 Sugano-
Tanabe 能级图,如果考虑上述因素,那么本例题粗略计算得到的结果和实际测
量结果符合得很好。

MgF$_2$:V^{2+} 是弱晶体场材料,Sugano-Tanabe 能级图中 ^{4}T$_{2g}$ 能级的斜率很大,因此 ^{4}T$_{2g}$→^{4}A$_{2g}$ 发射预期将展现宽带光谱。V^{2+} 在 MgF$_2$ 中的实际发射光谱由峰值位于 1 100 nm 的近红外宽带光谱构成。当然,本例题使用的方法很简单,并未考虑 ^{4}T$_{2g}$→^{4}A$_{2g}$ 跃迁中**电子振动跃迁**所导致的 Stokes 位移,因此不能预测实际发射光谱的峰值位置。[①]

利用 TM 离子掺杂的基质晶体已经开发了多种**可调谐固体激光器**(详见第 2 章)。如图 6.11 所示,这些激光器的发射波长覆盖了从红光到红外波段。除了基于 Ni^{2+} 和 Co^{2+} 的激光器需工作在 77 K 的低温环境中,其余激光器均可在室温下工作。注意在很多基质中 Ni^{2+}、Co^{2+} 和 Cr^{4+} 常被掺入四面体格位,所以不能用八面体晶体场的 Sugano-Tanabe 能级图来解释这些离子的光谱。关于这类问题,König 和 Kremer(1997 年)已经计算了类似的非八面体对称的能级图。

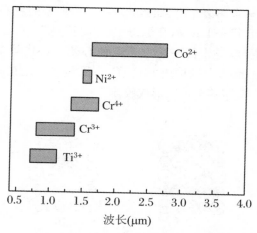

图 6.11　几种 TM 离子在不同基质中能够产生激光的波长范围

将 Cr^{4+} 掺入基质并研究其光谱特性是目前一个活跃的研究方向,因为有可能实现室温运行的宽调谐范围的新型红外固体激光器。此外,Cr^{4+} 的光谱特性使得该离子尤其适合开发被动 Q 开关装置中的饱和吸收器。目前,YAG:Cr^{4+} 是 YAG:Nd 激光器中最常见的被动 Q 开关材料。这是因为 Cr^{4+} 在 Nd^{3+} 激光器中的发射波长位置(1.06 μm)有较大的吸收截面,而且 YAG 晶体优异的化学、热学、机械性能保证了激光器的稳定运行。

Mn^{2+} 离子(3d^{5}电子构型)在超过 500 种无机化合物中都会产生宽带荧光,这些荧光覆盖了 490~750 nm 的范围。尽管没有应用在激光领域,但是 Mn^{2+} 离子已被广泛应用于阴极射线管的荧光屏和荧光灯中。

---

①　事实上,计算得到的 ^{4}T$_{2g}$→^{4}A$_{2g}$ 跃迁对应的 828 nm 波长是位形坐标图中吸收波长和发射波长的平均值。

关于光学活性中心应用于荧光粉的更详细信息可以参考文献（Shionoya 和 Yen，1998 年）。

6.5 色 心

截至目前，已经讨论了在晶体生长过程中引入的掺杂离子这类光学活性中心。其他典型的光学活性中心则与本征晶格缺陷有关。这些缺陷可能是离子晶体（例如碱金属卤化物）中与空位或间隙密切相关的电子或空穴。这些中心常被称为**色心**，因为它们使完美无色晶体看起来有颜色。

图 6.12 展示了碱金属卤化物（如 NaCl）中一些典型的色心结构。最简单的色心就是所谓的 F 心，F 代表 Farbe，在德语中表示"颜色"。F 心就是陷于阴离子空位（NaCl 中 Cl^- 空位）电场中的一个电子。色心还可以由紧邻的 2 个、3 个或者 4 个单独的 F 心凝聚而成，分别构成 F_2 心、F_3 心和 F_4 心。已在图 6.12 中给出 F_2 心的示意图。色心发生凝聚甚至可以形成胶体。

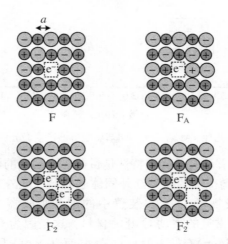

图 6.12 碱金属卤化物（如 NaCl）中一些典型的色心结构。这些色心展示在碱金属卤化物的晶面上。圆圈代表晶格离子，a 为阴、阳离子间距

F_A 心和 F_2^+ 心对固体激光器来说非常重要，因此它们在所有色心中具有特殊地位。F_A 心由一个 F 心构成，该 F 心周围紧邻的一个阳离子（NaCl 中 Na^+）被另外一个与基质阳离子不同的阳离子替换，如图 6.12 所示。在 F_B 心中（未在图 6.12 中展示），两个紧邻 F 心的晶格阳离子被两个不同于基质阳离子的外部阳离子替

换。不同的色心得到或者失去电子会产生新的色心。图 6.12 也展示了 F_2^+ 心的结构,该色心相当于 F_2 心失去一个电子。

包括图 6.12 所示的色心在内,色心的能级位于基质的能隙中,在这些能级之间发生的允许跃迁产生了光谱。图 6.13 展示了包含有多种色心的 NaCl 晶体的吸收谱。峰值位于 450 nm、580 nm、720 nm、850 nm 和 1 050 nm 的宽带吸收谱分别源于 F 心、胶体、F_2 心、F_3^+ 心和 F_2^+ 心。种类繁多的色心能够产生多种荧光体系,这对于可调谐激光器来说极为有利。

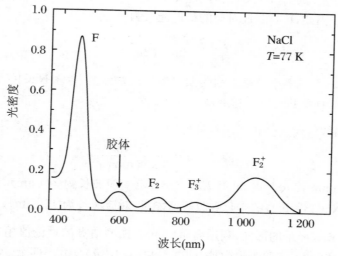

图 6.13 F 心着色的 NaCl 晶体的低温(77 K)吸收谱,该 NaCl 晶体用 F 心吸收峰对应的光照射并发生了室温聚集。可以观察到与不同色心相对应的谱带。(经允许复制于 Lifante,1989 年)

通常情况下,不同类型的色心是在积累一定初始浓度的 F 心之后形成的。这些初始的 F 心主要由两种实验方法制备:(ⅰ)添加剂着色法和(ⅱ)辐照法。

(ⅰ)在添加剂着色法中,将碱金属卤化物晶体置于碱金属蒸气中加热以利于碱金属离子的扩散,然后快速冷却。这样就会在晶体中引入过量的碱金属离子,因此为了保持电中性便会产生阴离子空位。阴离子空位如同呈正电性的空穴,能够吸引电子,从而形成 F 心。

(ⅱ)上述阴离子空穴也可由辐照法形成,辐照源包括紫外光、X 射线、γ 射线或者电子。辐照法的第一步是形成电子-空穴对。在复合过程中释放的无辐射能量将会使卤素(通常处于原子状态)向间隙位置移动,从而形成俘获电子的卤素空位(F 心)。

在 F 心达到一定的浓度之后,就可以通过不同的聚集方式或者辐照过程形成其他类型的色心。

由于作为基本的"初级"色心的 F 心很重要,下面将讨论碱金属卤化物中和 F

心相关的光学跃迁。最简单的近似处理方法就是将 F 心,即被空位俘获的一个电子(见图 6.12),视作一个被束缚在长度为 $2a$ 的刚性立方结构中的电子,其中 a 表示阴、阳离子间距(NaCl 中 Cl^- 和 Na^+ 间距)。求解这种类型电子的能级结构是量子力学中常见的一类问题,能级可以表示为

$$E_n = \frac{h^2}{8m_0(2a)^2}(n_x^2 + n_y^2 + n_z^2) \tag{6.3}$$

其中 m_0 是电子的质量,n_x、n_y 和 n_z 是量子数(取值为 $1,2,3,\cdots,\infty$)。$n_x = n_y = n_z = 1$ 对应于基态能级;n_x、n_y 和 n_z 中的任意一个等于 2,另外两个等于 1,对应于第一激发态。因此,F 心跃迁对应的最低能量为

$$E_F = \frac{3h^2}{8m_0}\frac{1}{(2a)^2} \tag{6.4}$$

例 6.5 利用电子受限于刚性立方体的简单模型,估算 NaCl(Cl^- 和 Na^+ 间距为 0.28 nm)中 F 心吸收谱的峰值波长。

将已知数值代入公式(6.4),可得

$$E_F(eV) = \frac{1.13}{[2a(nm)]^2}$$

将 $a = 0.28$ nm 代入上式,可得 $E_F = 3.6$ eV(对应波长约 344 nm)。事实上该能量要高于 NaCl 中 F 心的实际吸收峰值能量(对应波长为 451 nm)。

正如例 6.5 展示的那样,利用简单的 F 心模型估算的理论值稍微高于实际的跃迁能量。实际上,实验测量数值和式(6.4)中的 $(2a)^{-2}$ 并不匹配。实验测得的吸收峰值波长(见图 6.14)最符合如下表达式:

$$E_F(eV) = \frac{0.97}{[2a(nm)]^{1.77}} \tag{6.5}$$

式(6.5)和式(6.4)的差异源于真正的 F 心并不对应于立方体结构,这只是粗略近似。而且,F 心结构并非刚性的(刚性立方体),而是动态的。在该动态结构中,邻近的离子(NaCl 中 Cl^- 和 Na^+)都对晶格振动模式(声子)有贡献。这将使这些邻近的离子偏离它们的平衡位置,从而改变了俘获电子的活动区域大小。因此,色心的**电子-声子耦合**将会很强。这在实验上表现为宽带吸收和发射以及大的 Stokes 位移(参见练习题 6.11)。F 心的**黄-里斯因子**通常很大,在碱金属卤化物中可从 28(NaF)变到 61(LiCl)。**色心**具有典型的强电子-声子耦合情况,使得它们在制备宽带**可调谐固体激光器**方面极具优势。然而,通常情况下 F 心不能用于输出激光,因为 F 心的光谱参数导致增益系数很低。但是其他类型的色心,如图 6.12 所示的 F_A 心和 F_2^+ 心,是用于可调谐激光器的优异活性中心。作为一个示例,图 6.15 展示了 F_2^+ 心在一系列不同碱金属卤化物中的发射光谱。可以看出,如果选取适当的基质晶体,F_2^+ 心的发射波长可覆盖从 0.8 μm 到 2 μm 的红外波段(Lifante,1989 年)。

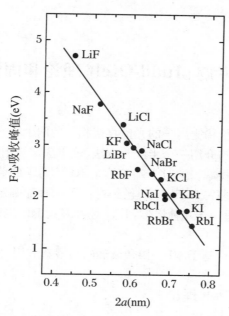

图 6.14　不同的碱金属卤化物中 F 心吸收峰值波长(纵坐标为对数坐标)与晶格常数(2a)的函数关系(经允许复制于 Dawson 和 Pooley,1969 年)

　　一般来说,色心用于激光的限制源于其较差的热稳定性和辐射诱导褪色。事实上,必须掺杂额外的杂质才能使基于 F_2^+ 心的固体激光器稳定工作。此外,基于色心的激光器需工作在低温环境,这极大地限制了其实际应用。

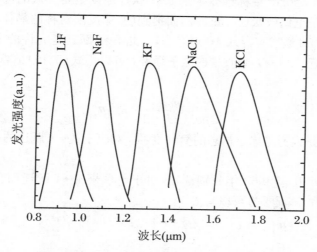

图 6.15　不同碱金属卤化物中 F_2^+ 心的发射光谱

6.6 特别专题:Judd-Ofelt 理论和固体光学制冷

本节将讨论和三价稀土离子的光谱直接相关的两个特别专题。

第一个专题将简略介绍一个半经验方法,该方法常被用来估算晶体中 RE^{3+} 离子能级间的辐射跃迁概率。这对于确定掺杂 RE^{3+} 离子的荧光材料或者激光材料的效率非常有用。在前一章(5.7 节)已经讨论了一种能确定发光体系量子效率的方法,然而该方法只适用于几种情形,并且对大多数 RE^{3+} 掺杂晶体均需要额外的表征方法。

第二个专题将讨论基于 Yb^{3+} 掺杂玻璃的巧妙新应用,即凝聚态激光制冷。

6.6.1 Judd-Ofelt 理论

我们已经看到 RE^{3+} 离子吸收谱(图 6.2 和图 6.3)由多组谱线构成,这些谱线源于 $4f^n$ 电子组态内不同的 $^{2S+1}L_J$ 能态的斯塔克能级间的跃迁。晶体中 RE^{3+} 离子的典型吸收谱类似于图 6.16 的示意图。几组不同的跃迁来源于不同的 $J{\to}J'$ 跃迁(J 代表基态),原则上这些跃迁只能是磁偶极允许跃迁:选择定则是 $\Delta J = 0, \pm 1$($0 \leftrightarrow 0$ 禁戒)。

虽然按照 Laporte 宇称选择定则 f→f 跃迁原则上是禁戒的,但是 RE^{3+} 离子的大多数跃迁是电偶极跃迁。正如前面提到的,非反演对称的晶体场会使具有相反宇称的 $4f^{n-1}5d$ 激发态混入 $4f^n$ 组态中,因此 f→f 跃迁是允许的电偶极跃迁(**受迫的电偶极跃迁**)。$J{\to}J'$ 吸收带的**振子强度** f 可以用式(5.19)估算。现在重写该式为

$$f = \frac{2m\bar{\omega}_0}{3\hbar e^2 (2J+1)} \times |\boldsymbol{\mu}|^2 \tag{6.6}$$

式中 $2J+1$ 项是因为考虑了初态的简并度,$\bar{\omega}_0$ 对应于 $J{\to}J'$ 跃迁的平均频率(详见图 6.16)。

Judd 和 Ofelt 于 1962 年分别证实,对于电偶极 f→f 跃迁而言,在某些近似下[①]式(6.6)的矩阵元平方可以写成

$$|\boldsymbol{\mu}|^2 = e^2 \sum_{t=2,4,6} \Omega_t \times |\langle \alpha J \| U^{(t)} \| \alpha'J' \rangle|^2 \tag{6.7}$$

---

① (i)电子组态激发态 $4f^{n-1}5d$ 等都被看作简并态;(ii) J 和 J' 能态与电子组态激发态间的能量差是一样的($4f^n$ 组态也是简并态);(iii)基态 J 的所有子能级都有相同的粒子数布居。

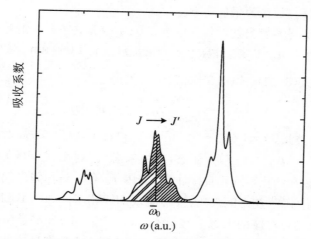

图 6.16　晶体中三价稀土离子的典型吸收谱(并不对应于任何离子)。阴影部分对应于平均频率为 $\bar{\omega}_0$ 的 $J \to J'$ 吸收跃迁

$\Omega_t(t=2,4,6)$ 就是所谓的 Judd-Ofelt 强度参数,$|\langle \alpha J \parallel U^{(t)} \parallel \alpha' J' \rangle|^2$ 为张量算符 $U^{(t)}$ 的约化矩阵元(α 和 α' 表示用于区分 J 和 J' 能态的所有量子数)。Judd-Ofelt 强度参数 Ω_t 用来表征作用于 RE^{3+} 离子上奇宇称晶体场的强度和性质。式 (6.7)的约化矩阵元可以参考已发表的文献数据,通常与基质无关。事实上,这些约化矩阵元已被计算并列成表格(Carnall 等,1968 年)。这意味着,如果知道参数 Ω_t,就可以通过式(6.7)确定任意吸收跃迁或者发射跃迁的振子强度。

　　如果晶体中 RE^{3+} 离子的浓度和晶体的折射率已知,就可以通过分析该 RE^{3+} 离子的室温**吸收谱**来计算 Judd-Ofelt 强度参数。仅计算每个 $J \to J'$ 吸收跃迁对应的面积(例如图 6.16 所示的阴影面积),利用 Smakula **公式**(5.22),都可以通过实验确定该吸收跃迁的振子强度 f_{exp}。对于不同的 $J \to J'$ 吸收跃迁,利用最小二乘法拟合 f_{exp} 和对应的 f_{cal}(利用式(6.6)和式(6.7))即可得到参数 Ω_t。

　　Judd-Ofelt 理论的主要优势在于:一旦知道参数 Ω_t,就能够计算任意多个 J 能态间跃迁(吸收或者发射)的振子强度 f,即使这些跃迁并不涉及基态。这可以通过式(6.6)或式(6.7)来实现,前提是 J 对应于初态。例如,可以确定末态并非基态的辐射速率 A(利用式(5.20)),详见例 6.6。值得注意的是,利用 Smakula 公式(5.22)和公式(5.20)即可通过吸收谱计算由激发态到基态的辐射速率。然而,如果发射过程的末态(低能激发态)不被布居,则利用上述吸收谱的方法行不通,因为不会发生低能态到发射能级的吸收。

　　例 6.6　**YAG:Nd** 激光晶体的 Judd-Ofelt 强度参数的实验值为 $\Omega_2 = 0.2 \times 10^{-24}$ m^2,$\Omega_4 = 2.7 \times 10^{-24}$ m^2,$\Omega_6 = 5 \times 10^{-24}$ m^2。对于激光发射而言,Nd^{3+} 的 $^4F_{3/2}$ 亚稳态能级最重要,从该能级向不同的下能级跃迁产生四个荧光发射,峰值波长分别位于 900 nm、1 060 nm、1 340 nm 和 1 900 nm。

(a) 确定 $^4F_{3/2}$ 能级的辐射速率。

(b) 如果测得某荧光发射的寿命为 230 μs，估算该荧光发射对应能级的量子效率(采用折射率 $n=1.82$，对应于激光主发射波长 1 060 nm 处的折射率)。

(a) 基于式(5.20)、式(6.6)和式(6.7)可得

$$A_{J'J} = \frac{8\pi^2 e^2 \chi}{3\hbar\varepsilon_0 \lambda_0^3 (2J'+1)} \times S_{J'J} \tag{6.8}$$

λ_0 是平均发射波长，$\chi = [(n^2+2)/3]^2 \times n$ 包含了式(5.20)高对称性局域场的修正效应，$S_{J'J} = |\boldsymbol{\mu}|^2/e^2$ (J' 为初态，J 为末态)。利用式(6.7)，可以由 Judd-Ofelt 强度参数和约化矩阵元直接计算 $S_{J'J}$ 因子(有时被称为电偶极跃迁强度)。本例题中，发射能级(初态能级)为 $^4F_{3/2}$ 能级 ($J'=3/2$)，利用 Dieke 能级图容易辨别不同荧光发射对应的末态能级(图 6.1)：$^4I_{9/2}$(900 nm)、$^4I_{11/2}$(1 060 nm)、$^4I_{13/2}$(1 340 nm)和 $^4I_{15/2}$(1 900 nm)。利用 YAG:Nd 激光晶体的 Judd-Ofelt 强度参数 $\Omega_2 = 0.2 \times 10^{-24}$ m^2、$\Omega_4 = 2.7 \times 10^{-24}$ m^2 和 $\Omega_6 = 5 \times 10^{-24}$ m^2(Krupke，1971 年)以及列于表 6.3 的约化矩阵元 $|\langle \alpha J \| U^{(t)} \| \alpha'J' \rangle|^2$ 可以得到 $S_{J'J}$ 因子。在此基础上，可以利用式(6.8)(MKS 单位制)计算不同的辐射速率 $A_{J'J}$。表 6.3 展示了通过理论计算得到的不同辐射跃迁的 $S_{J'J}$ 和 $A_{J'J}$。

表 6.3　$^4F_{3/2}$ 能级到不同末态能级的 $|\langle \alpha J \| U^{(t)} \| \alpha'J' \rangle|^2$ 数值(经允许复制于 Carnall 等，1968 年)以及估算得到的 YAG:Nd 激光晶体的 $S_{J'J} = |\boldsymbol{\mu}|^2/e^2$ 和辐射速率 $A_{J'J}$

末态能级	$|\langle \alpha J \| U^{(2)} \| \alpha'J' \rangle|^2$	$|\langle \alpha J \| U^{(4)} \| \alpha'J' \rangle|^2$	$|\langle \alpha J \| U^{(6)} \| \alpha'J' \rangle|^2$	$S_{J'J}$(m^2)	$A_{J'J}$ (s^{-1})
$^4I_{9/2}$	0	0.229 6	0.053 6	9×10^{-25}	1 267
$^4I_{11/2}$	0	0.142 3	0.407 0	2.4×10^{-24}	2 044
$^4I_{13/2}$	0	0	0.211 7	1.05×10^{-24}	448
$^4I_{15/2}$	0	0	0.027 5	1.3×10^{-25}	19

$^4F_{3/2}$ 能级的总辐射速率可以写成 $A = \sum_J A_{J'J}$，$J'=3/2$，$J=9/2,11/2$，$13/2,15/2$。所以

$$A = 1\ 267\ \text{s}^{-1} + 2\ 044\ \text{s}^{-1} + 448\ \text{s}^{-1} + 19\ \text{s}^{-1} = 3\ 778\ \text{s}^{-1}$$

进而可得能级寿命为 $\tau_0 = 1/3\ 778$ s$\approx 2.65 \times 10^{-4}$ s $= 265$ μs。

(b) 由于荧光寿命为 $\tau = 230$ μs，因此量子效率为

$$\eta = \frac{230}{265} \approx 0.9$$

可见这种粗略计算得到的数值和 YAG:Nd 激光晶体的实际量子效率(100%)非常接近。

根据 Judd-Ofelt 理论，可以得到晶体中 RE^{3+} 离子 $4f^n$ 组态内**电偶极跃迁**选择定则：

- $\Delta J \leqslant 6$；$\Delta S = 0$ 且 $\Delta L \leqslant 6$。
- 对于拥有偶数个电子的离子：

（ⅰ）$J = 0 \leftrightarrow J' = 0$ 是禁戒的；

（ⅱ）$J = 0 \leftrightarrow$ 奇数 J' 是弱跃迁；

（ⅲ）$J = 0 \leftrightarrow J' = 2, 4, 6$ 为强跃迁。

以上选择定则有助于我们对跃迁进行初步预测，尽管必须考虑群论来确定给定跃迁真正的选择定则。

6.6.2　固体光学制冷

一个众所周知且目前备受关注的事实是：可以通过激光辐射将自由原子（处于气相状态）的温度降至极低（激光制冷）。激光制冷的基本思想描述如下：由于多普勒效应，与激光束反向运动的原子吸收的光子频率略低于共振频率。原子因动量交换而停滞，因此它们向任意方向发射具有更高能量的光子。这实际上是一个反 Stokes 发光过程，吸收光子和发射光子的能量差等于每个发射光子的热能损失。

原则上，固体的光学制冷比气体的光学制冷更难，这是因为辐射引起的结果通常是产热（声子）和发光。然而，在 1995 年，R. I. Epstein 与合作者首次观测到了**固体激光制冷**。此固体就是 Yb^{3+} 掺杂重金属氟化物玻璃（ZrF_4-BaF_2-LaF_3-AlF_3-NaF-PbF_2，简写为 ZBLANP）。ZBLANP 中 Yb^{3+} 的特殊能级结构（见图 6.17）使得光学制冷成为可能。Yb^{3+} 只有 $^2F_{7/2}$ 和 $^2F_{5/2}$ 两个能级（详见 Dieke 能级图（图 6.1）），因而跃迁发生于这两个能级的子能级之间。由于晶体场的作用，$^2F_{7/2}$ 基态能级劈裂成四个斯塔克子能级，$^2F_{5/2}$ 激发态能级劈裂成三个斯塔克子能级。Yb^{3+} 掺杂的 ZBLANP 玻璃受到连续激光的照射，该泵浦波长（λ）能量等于能量最高的 $^2F_{7/2}$ 斯塔克子能级与能量最低的 $^2F_{5/2}$ 斯塔克子能级之间的能量差。相对于无光照时遵循的热平衡分布，基态和激发态各自的斯塔克子能级的粒子数分布将发生改变，因此 Yb^{3+} 离子需从基质玻璃中吸收热能（声子）以恢复热平衡分布。这样，发射光子的平均能量（对应波长为 λ_F）高于吸收光子的能量（$\lambda_F < \lambda$）。该**反 Stokes 发光**将热量从玻璃中带走（制冷）。当然，成功的固体光学制冷需要高效的反 Stokes 发光过程。

制冷功率等于发射功率减去吸收功率，即 $P_{cool} = P_{em} - P_{abs}$，该公式也可用泵浦波长 λ 来表示。在量子效率等于 1 的理想情况下（发射光子数等于吸收光子数），容易得到

$$P_{cool}(\lambda) = P_{abs}(\lambda) \left(\frac{\lambda - \lambda_F}{\lambda_F} \right)$$

(6.9)

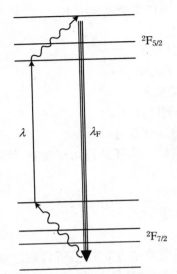

图 6.17 ZBLANP 中 Yb³⁺ 的能级示意图(非等比例)。为了清晰地展示制
冷原理,用直线箭头标出了泵浦和发射频率(波长);用曲线箭头
标出了声子吸收过程(经允许复制于 Epstein 等,1995 年)

图 6.18(上)展示了 Yb³⁺ 在 ZBLANP 中的室温吸收光谱和发射光谱。与发射光子具有的平均能量相对应的波长($\lambda_F = 995$ nm)已标注在图中。根据式(6.9),只有泵浦波长大于 λ_F 时才会出现光学制冷;否则,该体系将被加热。图 6.18(下)清晰地展示了上述讨论结果,在该图中利用光热偏转光谱来衡量激光诱导的温度变化。在进行光热偏转光谱测试时,需要利用一束波长不在样品吸收谱范围内的探测激光束(例如 He-Ne 激光束)照射样品。激励激光通过 Yb³⁺ 的吸收、发射过程产生局部升温,进而产生一个折射率梯度,探测激光束经过该梯度区域时会发生偏转。图 6.18(下)展示了 He-Ne 激光束的偏转幅度(实心圆)随泵浦波长 λ 的变化规律,可以看出当泵浦波长 λ 大于 $\lambda_F = 995$ nm 时偏转幅度变为"负"值。此图反映了只有当 $\lambda > 995$ nm 时才会出现光学制冷,当 $\lambda < 995$ nm 时掺 Yb³⁺ 的 ZBLANP 玻璃被加热。

例 6.7 利用 $\eta_{cool} = P_{cool}/P_{abs}$ 估算室温下 1 000 nm 激光辐射下 Yb³⁺-ZBLANP 样品的制冷效率。

由图 6.18 可知平均发射波长为 $\lambda_F = 995$ nm,可以利用式(6.9),$\eta_{cool} = (\lambda - \lambda_F)/\lambda_F$,估算制冷效率 $\eta_{cool} = P_{cool}/P_{abs}$。$\lambda = 1 000$ nm,则

$$\eta_{cool} = \frac{1\,000 - 995}{995} \approx 0.005$$

需注意该值被高估了,因为式(6.9)中假定反 Stokes 发光量子效率等于 1。

尽管激光制冷效率通常都很低(例 6.7),但近期的实验表明:在高密度光子辐

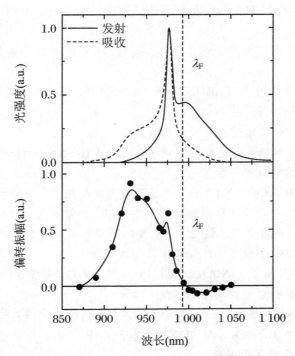

图 6.18 Yb^{3+}(1%)掺杂 ZBLANP 玻璃的室温吸收光谱和
发射光谱(上);光热偏转光谱的振幅随激励波长的
变化关系(下)(经允许复制于 Epstein 等,1995 年)

射下,Yb^{3+} 掺杂氟氯化物玻璃和氟化物玻璃的某些内部局域范围内可以发生从室
温到 77 K 的反 Stokes 制冷(Fernández 等,2000 年)。固体光学制冷的未来实际
应用包括用于航天器电子设备、探测器以及超导电路的制冷系统。

练 习 题

6.1 掺 Pr^{3+} 离子的 LiNbO$_3$ 晶体受到 470 nm 光子激发后,发射出峰值波长
位于 620 nm、710 nm、880 nm 和 1 062 nm 的谱带,利用 Dieke 能级图辨别这些发
射带对应的初、末态能级。

6.2 假设需开发一种在 370 nm 光激发下能够发射可见波段荧光的 Tb^{3+} 离
子掺杂荧光粉,利用 Dieke 能级图确定这些可见光的颜色以及对应的初、末态
能级。

6.3 假设要基于三价稀土离子掺杂的晶体开发一种紫外发射的荧光粉,该荧

光粉的发射位于(310 ± 10) nm 附近,那么哪种三价稀土离子最适合用来开发这种荧光粉?

6.4　Yb^{3+} 离子常被用于制作固体激光晶体,请预测这些激光的发射波长位于哪个波段。

6.5　固体激光介质 $LaBGeO_5$ 中 Nd^{3+} 的 $^4F_{3/2}$ 亚稳态能级的荧光寿命为 $280\,\mu s$,量子效率为 0.9。

(a) 计算该能级的辐射速率和无辐射速率。

(b) 如果无辐射跃迁涉及的有效声子能量为 $1\,100\,cm^{-1}$,利用 Dieke 能级图确定从该能级发射的有效声子数目。

(c) 预计 $LaBGeO_5$ 中 Nd^{3+} 的三个最强荧光发射源于哪三个激发态能级。

6.6　某 Gd^{3+} 掺杂晶体受到脉冲光激发,Gd^{3+} 从每个入射脉冲中吸收 1 mJ 的能量并被泵浦到 $^6I_{7/2}$ 激发态。假设 $^6I_{7/2}$ 能级的无辐射速率为 $10^4\,s^{-1}$,$^6I_{7/2}$ 能级的寿命为 $30\,\mu s$,请确定每个激发脉冲传递给晶体的热量。

6.7　表 6.4 列出了 $LiNbO_3$ 晶体中 Pr^{3+}($^3P_0$ 和 $^1D_2$)和 Nd^{3+}($^4F_{3/2}$)激发态能级的荧光寿命和量子效率的实验测量值。

(a) 确定 $LiNbO_3$ 晶体中 Er^{3+} 离子的 $^4I_{9/2}$ 和 $^4I_{11/2}$ 能级的多声子无辐射速率。

(b) 如果测得 $LiNbO_3$ 晶体中 Yb^{3+} 离子的 $^2F_{5/2}$ 激发态能级的荧光寿命为 $535\,\mu s$,估算该能级的辐射寿命。

表 6.4　$LiNbO_3$ 晶体中 Pr^{3+}($^3P_0$ 和 $^1D_2$)和 Nd^{3+}($^4F_{3/2}$)激发态能级的荧光寿命和量子效率的实验测量值

离子	激发态能级	寿命(μs)	量子效率
Pr^{3+}	$^3P_0$	0.57	0.13
Pr^{3+}	$^1D_2$	89.7	1
Nd^{3+}	$^4F_{3/2}$	94.9	0.94

6.8　某种晶体掺入 Cr^{3+} 离子后可用于开发可调谐激光器。该晶体的 $Dq/B=2$。假设黄-里斯因子 $S=5$,耦合声子能量为 $200\,cm^{-1}$,试描绘 Cr^{3+} 离子的发射光谱(0 K)。利用图 6.8 和自由离子的 Racah 参数 $B=918\,cm^{-1}$。假设从 Sugano-Tanabe 能级图得到的跃迁能量对应于零声子线。

6.9　如果对练习题 6.8 中的晶体施加超高压,Dq/B 就会增大为 2.5。

(a) 描绘该晶体在 0 K 时的发射光谱。

(b) 室温(300 K)发射光谱将会发生哪些变化?

6.10　KCl 中阴、阳离子间距为 0.315 nm。

(a) 利用电子受限于刚性结构的简单模型估算 KCl 中 F 心能量最低的两个跃迁对应的波长峰值。

(b) 利用公式(6.5)计算能量最低的跃迁对应的波长峰值,并分析和(a)结果的差异。

6.11　NaF 中 F 心存在宽带峰值位于 335 nm 处的吸收峰（77 K）。该吸收谱的谱型对应的黄－里斯因子为 28，耦合声子能量为 0.036 9 eV。估算 NaF 中 F 心的发射波长峰值。

6.12　将 $J_i \rightarrow J_f$ 发射跃迁的分支比定义为 $\beta = A_{J_i J_f} / \sum_k A_{J_i J_k}$，$k$ 对应于所有的末态能级。利用表 6.3（例 6.6）的数据确定 YAG：Nd 激光晶体中 Nd^{3+} 离子的 $^4F_{3/2}$ 发射能级的跃迁分支比。

参考文献和延伸阅读

［1］　Aguilar G M, García Solé J, Murrieta S H, and Rubio O. Trivalent Europium in X-Irradiated NaCl:Eu[J]. J. Phys. Rev. B, 1982, 26(8): 4507-4513.

［2］　Carnall W T, Fields P R, and Rajnak K. Electronic Energy Levels in the Trivalent Lanthanide Aquo Ions. I. Pr^{3+}, Nd^{3+}, Pm^{3+}, Sm^{3+}, Dy^{3+}, Ho^{3+}, Er^{3+}, and Tm^{3+}[J]. J. Chem. Phys., 1968, 49(10): 4424-4442.

［3］　Dawson R, and Pooley P. F Band Absorption in Alkali Halides as a Function of Temperature[J]. Phys. Stat. Solidi, 1969, 35(1): 95-105.

［4］　Dieke G H. Spectra and Energy Levels of Rare Earth Ions in Crystals[M]. New York: Interscience, 1968.

［5］　Epstein R I, Buchwald M V, Edwards B C, Gosnell T R, and Mungan C E. Observation of Laser-Induced Fluorescent Cooling of a Solid[J]. Nature, 1995, 337: 500-503.

［6］　Fernández J, Cussó F, Gonzalez R, and García Solé J. Láseres Sintoni-zablesy Aplicaciones[M]. Madrid: Ediciones de la Universidad Autónoma de Madrid, Colección de Estudios 1989.

［7］　Fernández J, Mendioroz A, García A J, Balda R, and Adam J L. Anti-Stokes Laser-Induced Internal Cooling of Yb^{3+}-Doped Glasses[J]. Phys. Rev. B, 2000, 62(5): 3213-3217.

［8］　Henderson B, and Imbusch G F. Optical Spectroscopy of Inorganic Solids[M]. Oxford: Oxford Science Publications, 1989.

［9］　Judd B R. Optical Absorption Intensities of Rare-Earth Ions[J]. Phys. Rev., 1962, 127(3): 750-761.

［10］　Kaminskii A A. Crystalline Lasers: Physical Processes and Operating Schemes [M]. Boca Raton, Florida: CRC Press, 1996.

［11］　König E, and Kremer S. Ligand Field Energy Diagrams[M]. New York: Plenum Press, 1997.

［12］　Krupke W F. Radiative Transition Probabilities within the 4f³ Ground Configuration of Nd：YAG[J]. IEEE J. Quantum Electron. ，1971 7(4)：153-159.

[13] Lifante G. Estudio del Centro Laser F_2^+[D]. Madrid：Universidad Autónoma de Madrid 1989.

[14] Moulton P F. New Developments in Solid-State Lasers[J]. Laser Focus，1983，19(5)：83-88.

[15] Bass M，and Stitch M L. Laser Handbook[M]. Amsterdam：North-Holland，1985：203.

[16] Muñoz Santiuste J E，Vergara I，and García Solé J. Energy Levels of the Eu^{3+} Centers in $LiNbO_3$[J]. Rad. Effects Defects Solids，1995，135：187-190.

[17] Ofelt G S. Intensities of Crystal Spectra of Rare-Earth Ions[J]. J. Chem. Phys. ，1962，37(3)：511-520.

[18] Powell R C. Physics of Solid-State Laser Materials[M]. New York：AIP Press/Springer，1997.

[19] Wolf E. Progress in Optics 14[M]. Amsterdam：North-Holland，1975.

[20] Shionoya S，and Yen W M. Phosphor Handbook[M]. Boca Raton，Florida：CRC Press，1998.

[21] Sugano S，Tanabe Y，and Kamimura H. Multiplets of Transition Metal Ions in Crystals[M]. New York：Academic Press，1970.

[22] Tocho J O，Sanz García J A，Jaque F，and García Solé J. Fluorescence Bands of Nd^{3+} Sites in $LiNbO_3$：Nd，Mg Laser System[J]. J. Appl. Phys. ，1991，70(10)：5582-5586.

第7章 群论与光谱

7.1 引　言

到目前为止,我们已经发现光学活性中心的很多光学性质可以仅通过考虑发光离子及其局域环境来理解。但是,即使在这种近似下,大多数中心的电子能级和本征波函数的计算仍然不是简单的工作。跃迁速率和谱带强度的计算甚至更加复杂。因此,有必要建立一套简单的策略来解释晶体中离子的光谱。

该策略包括光学活性中心(离子及其局域环境)对称性分析,它非常有用,可以不经过繁杂计算就能理解光谱。实际上,活性中心的对称性质也是其相应哈密顿量的对称性质。

因此,考虑对称性能够有效解决一些光谱问题,例如:

- 确定特定活性中心的能级数。
- 以适当的方式(**不可约表示**)标记这些电子能级并确定其**简并度**。
- 预测因对称性降低而引起的**能级分裂**情况(例如压力效应)。
- 建立光学跃迁的**选择定则**并确定其偏振特性。
- 确定活性中心本征波函数的对称性。
- 分析复合体系(中心)的振动。

本章的目的并不是处理上述优异性能涉及的所有方面,而是将尝试介绍**群论**的基本概念,以便非群论领域的专家能够理解群论的作用并将其应用于光谱学的简单问题。

7.2 对称操作和类

现在来考虑前面章节 AB_6 中心的情况,其中将 B 配体用数字 $1\sim6$ 作了标记,如图 7.1 所示。例如,绕 z 轴逆时针旋转 $90°$,因为 B 配体 $1\sim6$ 是不可区分的,从物理的角度看系统保持不变,因此哈密顿量不变。该旋转被称为 $C_4(001)$ 对称操作(其中"001"表示旋转轴,下标 4 表示 $2\pi/4$ 的旋转角),这仅是属于 AB_6 中心的所谓 O_h 点对称群的 48 个可能的对称操作中的一个。因此,这个对称群的群阶为 48,它的元素(或对称操作)遵循数学群的四个众所周知的性质。①

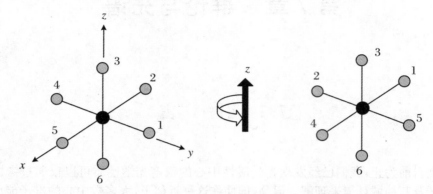

图 7.1　AB_6 中心绕 z 轴逆时针转动 90° 的效果

需要指出的是,尽管有各种各样的光学活性中心(分子、固体中的离子、色心等),但是本质上只有 32 个点对称群。这 32 个点对称群(以 Schöenflies 符号表示)列于表 7.1。群阶和类(其相应的定义将在下面给出)的数目以及 32 个点对称群对应的七大晶系也列在表 7.1 中。

表 7.1　晶体的对称群

符号	阶	类	晶系
C_1	1	1	三斜晶系
C_i	2	2	三斜晶系
C_s	2	2	单斜晶系
C_2	2	2	单斜晶系
C_{2h}	4	4	单斜晶系
C_{2v}	4	4	正交晶系
D_2	4	4	正交晶系
D_{2h}	8	8	正交晶系

---

①　由一组元素组成的集合 $G = \{a, b, c, \cdots\}$ 假如满足下列 4 性质,则可称为群 G:(ⅰ)乘法封闭性:$a \times b \in G$,a 和 b 是 G 中任意元素。(ⅱ)结合律:$a \times (b \times c) = (a \times b) \times c$。(ⅲ)存在单位元素,即 $e \times r = r \times e = r$,$r$ 是任意一个元素。(ⅳ)对于任一个元素 r,存在其逆元素,即 $r \times r^{-1} = e$。

续表

符号	阶	类	晶系
C_4	4	4	四方晶系
S_4	4	4	四方晶系
C_{4h}	8	8	四方晶系
C_{4v}	8	5	四方晶系
D_{2d}	8	5	四方晶系
D_4	8	5	四方晶系
D_{4h}	16	10	四方晶系
C_3	3	3	三方晶系
S_6	6	6	三方晶系
C_{3v}	6	3	三方晶系
D_3	6	3	三方晶系
D_{3d}	12	6	三方晶系
C_{3h}	6	6	六方晶系
C_6	6	6	六方晶系
C_{6h}	12	12	六方晶系
D_{3h}	12	6	六方晶系
C_{6v}	12	6	六方晶系
D_6	12	6	六方晶系
D_{6h}	24	12	六方晶系
T	12	4	立方晶系
T_h	24	8	立方晶系
T_d	24	5	立方晶系
O	24	5	立方晶系
O_h	48	10	立方晶系

继续以光学活性中心 AB_6（O_h 群）为例，根据不同的对称操作定义新名词"类"。根据图 7.2（a），绕着三角对称 C_3 轴（下标 3 表示旋转 $2\pi/3$）顺时针旋转 $120°$（$2\pi/3$），配体位置变换如下：

$$1\rightarrow3,\ 3\rightarrow2,\ 2\rightarrow1,\ 4\rightarrow6,\ 6\rightarrow5,\ 5\rightarrow4$$

但是逆时针转动时配体位置变换如下：

$$1\rightarrow2,\ 2\rightarrow3,\ 3\rightarrow1,\ 4\rightarrow5,\ 5\rightarrow6,\ 6\rightarrow4$$

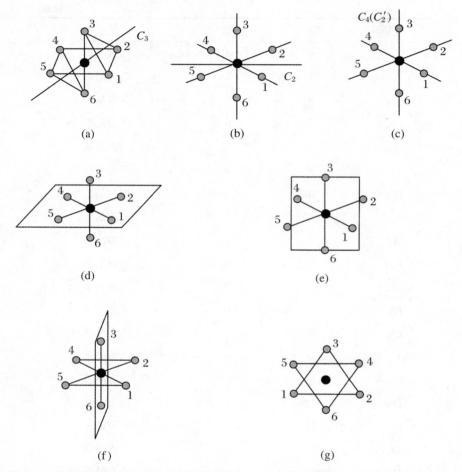

图 7.2 光学活性中心 AB_6 的不同对称元素。(a) 三次对称轴, C_3 ; (b) 二次对称轴,
C_2 ; (c) 属于 $6C_4$ 类和 $3C_2'$ 类的对称轴; (d) 对称面, σ_h ; (e, f) 6 个 σ_d 反映面中
的两个; (g) 沿(a)中 C_3 轴俯视下的旋转反映操作, S_6

上述两种对称操作(顺时针旋转 120°和逆时针旋转 120°)是不同的,但实际上
它们都属于同一类。因为有 4 个类似的 C_3 轴(通过面 123、135、354 和 234 的轴),
所以该类包含 8 个操作,被记为 $8C_3$。

现在来考虑绕 C_2 轴的转动(见图 7.2(b))。与其相关的对称操作是绕轴转动
180°。顺时针转 180°,则 AB_6 配体位置变换如下:

$$1\rightarrow2, \ 2\rightarrow1, \ 4\rightarrow5, \ 5\rightarrow4, \ 6\rightarrow3, \ 3\rightarrow6$$

逆时针转动相同的角度,获得相同的结果。因此,记为

$$1\leftrightarrow2, \ 4\leftrightarrow5, \ 6\leftrightarrow3$$

其中符号"$\leftrightarrow$"表示配体位置不依赖于转动方向。实际上,顺时针转动和逆时针转
动属于相同的对称操作。因为有 6 条类似的 C_2 轴,所以该类包含 6 种操作,被记

为 $6C_2$。通过类似于前面的讨论来分析图 7.2(c)，可以发现 C_4 类有 6 个对称操作，记为 $6C_4$。再来看图 7.2(c)，由于顺时针转动和逆时针转动是等价的，我们还可以得到仅存在 3 个操作的 C_2' 类（记为 $3C_2'$）。注意 C_2' 轴（这里 " ' " 用于与 C_2 区别）和 C_4 轴是一致的。

类似地，现在来考虑包含反映操作的 O_h 点对称群。如图 7.2(d)所示，关于平面的反映对称操作使得配体 1、2、4 和 5 保持不变，而 3 和 6 互换位置（3↔6）。由于有三个对称面（记为 σ_h），这些反映操作给出 $3\sigma_h$ 类。图 7.2(e)、(f)展示了 $6\sigma_d$ 类的 6 个反映面中的两个。

最后，由转动和反映操作组合给出被称为旋转反映的第三种对称操作，通常用符号 S 表示。图 7.2(g)给出一个例子，该图是图 7.2(a)沿 C_3 轴的俯视图。绕着 C_3 轴顺时针转动 $60°(2\pi/6)$，将使得配体 1 位于配体 5 原始位置的上方，配体 2 位于配体 6 上方，配体 3 位于配体 4 上方。如果该旋转之后再进行一个通过包含中心离子 A 且平行于页面的对称平面的反映操作，那么配体位置将发生如下变化：

$$1\to5,\ 2\to6,\ 3\to4,\ 4\to2,\ 5\to3,\ 6\to1$$

显然，该类中还存在另外 7 种对称操作（旋转反映），并以 $8S_6$ 表示，下标 6 表示转动 $2\pi/6$。类似地，可以分析 $6S_4$、$1S_2$ 类（通常称为中心反演对称操作，以 i 表示）的其他对称操作和 $1E$（保持八面体不变的恒等操作）。

总之，群 O_h 包含 48 个对称操作元素，它们分属于下列 10 个不同的类：

$$E\quad 8C_3\quad 6C_2\quad 6C_4\quad 3C_2'\quad i\quad 6S_4\quad 8S_6\quad 3\sigma_h\quad 6\sigma_d$$

幸运的是，正如将在下一节看到的，只需要处理类而非对称操作，因此问题将会大大简化。

7.3　表示:特征标表

现在需要引入一种机理用于表示光学活性中心 AB_6 的对称操作。图 7.1 的对称操作（转动）将坐标 (x,y,z) 变换为 $(y,-x,z)$。该变换可以写成矩阵方程：

$$(y\quad -x\quad z)=(x\quad y\quad z)\begin{pmatrix} 0 & -1 & 0 \\ 1 & 0 & 0 \\ 0 & 0 & 1 \end{pmatrix} \tag{7.1}$$

可以用式(7.1)的 3×3 矩阵来表示上述对称操作。更一般地，通过作用到矢量 (x,y,z) 的基函数 x、y 和 z，可以将矩阵 M 与每个特定的对称操作 R 关联起来。因此，可以用 48 个矩阵表示群 O_h（AB_6 活性中心）的 48 个对称操作作用于函数 (x,y,z) 的效果。这 48 个矩阵构成一个群**表示**，函数 x、y 和 z 称为基函数。

显然,我们可以检查群 O_h 的对称操作作用到不同的正交基函数上的效果,因此可以构造另一组 48 个矩阵(另一个表示)。这表明一组正交基函数 ϕ_i 对应着一种表示 Γ,因此类似式(7.1),变换表达式可以写成如下形式:

$$R\phi_i = \sum_j \phi_i \Gamma^{ji}(R) \tag{7.2}$$

其中 R 是对称操作,$\Gamma^{ji}(R)$ 表示矩阵分量。

现在,如果采用一个合适的基函数空间(一个基函数空间在群的对称运算下是封闭的),可以为该空间构造出特别有用的一组表示(每个表示由 48 个矩阵组成)。[①] 尤为有意义的是,每一个表示的矩阵都可以等价于更低维的矩阵。那些最低维矩阵对应的表示被称为**不可约表示**,它们在群论中非常重要。

因此,任何一个表示 Γ 都可以展开为其不可约表示 Γ_i 的函数。该操作可写为 $\Gamma = \sum a_i \Gamma_i$,其中 a_i 是在约化过程中 Γ_i 出现的次数。在群论中,可约表示 Γ 可以被约化为它的不可约表示 Γ_i。**约化操作是在光谱学中应用群论的关键点**。为了实现约化,需要使用所谓的特征标表。

例如,为了构造 O_h 对称群的特征标表,将光学活性中心 AB_6 的对称操作作用于一组合适的基函数。这组基函数是 A 原子(离子)s,p,d,$\cdots$ 轨道波函数。这些轨道是实函数(复原子函数的线性组合),电子概率密度是空间坐标的函数。这样,就很容易理解对称变换对于这些原子函数的影响。

图 7.3 给出 $C_4(001)$ 对称操作作用于轨道 p_x、p_y 和 p_z 上的效果。该操作将轨道 p_x 变换为 p_y,将轨道 p_y 变换为 $-p_x$,而轨道 p_z 则不受影响。可以将这些变换表示如下:

$$(p_y \quad -p_x \quad p_z) = (p_x \quad p_y \quad p_z)\begin{pmatrix} 0 & -1 & 0 \\ 1 & 0 & 0 \\ 0 & 0 & 1 \end{pmatrix} \tag{7.3}$$

因此,可由上式中矩阵表示 $C_4(001)$ 对称操作。

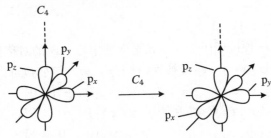

图 7.3 $C_4(001)$ 对称操作在 p 轨道上的效果(顺时针方向)

---

① 这组表示通常被称为群表示。显然,如果选择另一个基函数空间,就可以构造群的另一组群表示。因此,对于给定的对称群,可能有无限种表示。

如果将群 O_h 的其余 47 个对称操作作用于 p 轨道，就可以得到一组 48 个矩阵，即构成了与这些轨道相关的群 O_h 的一个表示。现在来深入理解矩阵迹(迹是指矩阵的对角矩阵元之和)的物理含义，而不是写出这些具体的矩阵。在群论中，这些迹被称为**特征标**。例如，式(7.3)的 3×3 矩阵的特征标等于 1。若忽略矩阵中的零元素，用 ±1 表示轨道的初始位置(I.p)和变换后的位置(F.p)，则由式(7.3)给出的对称变换如表 7.2 所示。

表 7.2　由式(7.3)给出的对称变换

F.p	I.p		
	p_x	p_y	p_z
p_x		-1	
p_y	$+1$		
p_z			$+1$

表 7.2 表明，方程(7.3)变换矩阵的特征标($+1$)具有一定的物理意义。即在这种情况下，它表明只有一个轨道(p_z)在对称操作 C_4 (001)下保持不变(见图 7.3)。

广义上讲，任何对称变换的特征标表示在该变换下保持不变的轨道数目。然而，在反演对称操作 i 作用下，特征标也可以是负的。该操作使得每个轨道保持在原来的位置(不变)，但是波函数的符号发生了反转，如图 7.4(a)、(b)所示。在这种情况下，特征标 $\chi = -3$，这是因为 3 个轨道(p_x、p_y 和 p_z)保持在相同的轴上不变，但它们的波函数符号反转了。图 7.4(c)显示了通过 xy 平面的反映操作 σ_h 后的轨道。3 个轨道是不变的(它们保持在相同的轴上)，但是 p_z 轨道波函数符号发生了反转，对应的特征标 $\chi = 1+1-1 = 1$。图 7.4(d)给出了绕 z 轴的对称操作 C_2' 结果，对应的特征标 $\chi = -1-1+1 = -1$。

根据上述分析可以获得一个重要结论：一个对称操作所需的所有信息都包含在与该操作相关的矩阵特征标中。这导致了第一个重要的简化：不需要计算出与任何变换相关联的完整矩阵，而只需确定其特征标。

类似上述方法，可以检验 O_h 群其他对称操作作用于轨道(p_x,p_y,p_z)的效果，因此它们的特征标如表 7.3 所示。

表 7.3　O_h 群的 T_{1u} 表示的特征标

E	$8C_3$	$6C_2$	$6C_4$	$3C_2'$	i	$6S_4$	$8S_6$	$3\sigma_h$	$6\sigma_d$	
3	0	-1	1	-1	-3	-1	0	1	1	(p_x,p_y,p_z)

这些是 O_h 群的 T_{1u} 表示的特征标。需要指出的是，对于给定的基函数，同一类的对称操作具有相同的特征标。因此，得到了第二个重要的简化：只需要考虑类，

而不需要考虑所有的对称操作（群 O_h 的 48 个对称操作）。

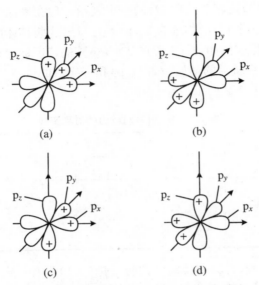

图 7.4 不同的对称操作作用于 3 个 p 轨道的效果：(a) 初
始位置；(b) 经过一个反演操作 i；(c) 经过 xy 平面
的反映操作 σ_h；(d) 经过绕 z 轴的对称操作 C_2'

通过上述所有讨论可推断出：一个**表示**所需的相关信息由其矩阵的特征标给出。实际上，一个给定群的全部信息可由其特征标表给出。**特征标表**包含群的所有不等价不可约表示的特征标。表 7.4 给出了群 O_h 的特征标表，该特征标表包含不可约表示（群 O_h 含有 10 个）及其特征标、类（群 O_h 含有 10 个）和基函数组。

根据特征标表，可以推断出一些能通过例子展现出来的**群论性质**：

（ⅰ）类的数目等于群的不可约表示的数目。

（ⅱ）一个不可约表示的特征标是唯一的。

（ⅲ）每个不可约表示的维度（矩阵的维度）由类 E 的特征标给出。

在所谓的 Mulliken 标注法中，表示 A 和 B（没有出现在表 7.4 中）是一维的，表示 E 是二维的，表示 T 是三维的。其他更高阶的不可约表示是 G（三维）和 H（四维）。需要指出的是，一个表示的维度给出了其相关能级的**简并度**。

在 Mulliken 标注法中，通过中心反演操作（i）下的性质来判断不可约表示是对称的（gerade，偶的）还是反对称的（ungerade，奇的），并分别用下标 g 和 u 标记。

不可约表示的另一种常见标注法是 Bethe 标注法，其中矩阵表示用符号 Γ_i 表示（$i = 1, 2, \cdots$），下标 i 表示维度。

两种标注之间的对应关系依赖于对称群，因此建立该对应关系并不容易。目前，只提到这两种标注方法，以便读者熟悉特征标表。

表 7.4　群 O_h 的特征标表

O_h	E	$8C_3$	$6C_2$	$6C_4$	$3C_2'$	I	$6S_4$	$8S_6$	$3\sigma_h$	$6\sigma_d$		
A_{1g}	1	1	1	1	1	1	1	1	1	1		s
A_{2g}	1	1	-1	-1	1	1	-1	1	1	-1		
E_g	2	-1	0	0	2	2	0	-1	2	0		$(\mathrm{d}_{z^2},\mathrm{d}_{x^2-y^2})$
T_{1g}	3	0	-1	1	-1	3	1	0	-1	-1		
T_{2g}	3	0	1	-1	-1	3	-1	0	-1	1		$(\mathrm{d}_{xz},\mathrm{d}_{yz},\mathrm{d}_{xy})$
A_{1u}	1	1	1	1	1	-1	-1	-1	-1	-1		
A_{2u}	1	1	-1	-1	1	-1	1	-1	-1	1		f_{xyz}
E_u	2	-1	0	0	2	-2	0	1	-2	0		
T_{1u}	3	0	-1	1	-1	-3	-1	0	1	1		$(\mathrm{p}_x,\mathrm{p}_y,\mathrm{p}_z)(\mathrm{f}_{x^3},\mathrm{f}_{y^3},\mathrm{f}_{z^3})$
T_{2u}	3	0	1	-1	-1	-3	1	0	1	-1		$(\mathrm{f}_{x(y^2-z^2)},\mathrm{f}_{y(z^2-x^2)},\mathrm{f}_{z(x^2-y^2)})$

7.4 对称性降低和能级分裂

一旦证实了特征标表所含信息的有效性,下一步就是将其应用于光谱学。现在考虑一个简单的例子:光学活性中心(如 AB_6 中心)的对称性以某种方式降低,例如通过施加轴向压力。一般而言,这种对称性降低会伴随着能级的分裂。**群论**对于准确预测**能级分裂**的数量和能级**简并度**非常有用(当然,群论不能预测给定能级的分裂大小)。

为了解决该问题,首先需要知道一个给定的表示 Γ 是如何**约化**为其**不可约表示** Γ_i 的,换句话说,如何确定等式 $\Gamma = \sum a_i \Gamma_i$ 中系数 a_i。尽管这是群论的一个关键问题,但在此只解释在不讨论具体细节的情况下如何获得该表示的约化,其具体细节可以在专门的教科书中容易地找到。

可以证明,Γ 中不可约表示 Γ_i 出现的次数为

$$a_i = \frac{1}{g} \sum n_R \chi(R) \chi_{\Gamma_i}(R) \qquad (7.4)$$

其中,求和是对所有类进行的,g 是指群阶,$\chi(R)$ 和 $\chi_{\Gamma_i}(R)$ 分别为对称操作 R 的 Γ 和 Γ_i 表示的特征标,n_R 表示对称操作 R 所属类的操作数目。至于如何将方程(7.4)应用到对称性降低问题,请看指导性示范例 7.1。

例 7.1 表示的约化

考虑群 C_{4v} 的特征标表和表示 Γ(表 7.5)。由于 Γ 的特征标与群 C_{4v} 的所有不可约表示的特征标不同,因此 Γ 是可约的。根据方程(7.4)和特征标表(表 7.5),可得到

$$a_{A_1} = \frac{1}{8}(1 \times 6 \times 1 + 2 \times 0 \times 1 + 1 \times 2 \times 1 + 2 \times 0 \times 1 + 2 \times 0 \times 1) = 1$$

这表明不可约表示 A_1 在 Γ 的约化中出现一次。类似地,可得到

$$a_{A_2} = 1, \quad a_{B_1} = 1, \quad a_{B_2} = 1, \quad a_E = 1$$

因此,其他不可约表示 A_1、B_1、B_2 和 E 也出现一次。约化方程可写为

$$\Gamma = A_1 + A_2 + B_1 + B_2 + E$$

通过特征标表,有时可以很容易地推断出相同的结果。事实上,从特征标表(表 7.5)可以直接获得 $\chi^{A_1} + \chi^{A_2} + \chi^{B_1} + \chi^{B_2} + \chi^E = \chi^{\Gamma}$。由于只有一种可能的分解方式,可以得出结论:表示 Γ 被分解为群 C_{4v} 的不可约表示 A_1、A_2、B_1、B_2 和 E,并且每个不可约表示在约化中只出现一次。

表 7.5　群 C_{4v} 的特征标表

C_{4v}	E	$2C_4$	C_2	$2\sigma_v$	$2\sigma_d$
A_1	1	1	1	1	1
A_2	1	1	1	-1	-1
B_1	1	-1	1	1	-1
B_2	1	-1	1	-1	1
E	2	0	-2	0	0
Γ	6	0	2	0	0

注：为了简洁起见，表7.5中不包括基本函数。可约表示 Γ 列在表格最下面一行。

现在将光谱问题联系起来，去看看前面讨论的群论相关性质的有效性。

考虑某光学活性中心具有能量 E_n、简并度 d_n 的能级。该能级与一组属于中心特征函数（基函数）空间的本征函数 $\{\phi_1,\cdots,\phi_i,\cdots,\phi_{d_n}\}$ 相关联。如果 R 是对称操作，则 $R\phi_i$ 是一个新函数，它代表 R 对 ϕ_i 的操作并产生了一个等价体系。因此，函数 $R\phi_i$ 一定是与同一能级 E_n 相关联的本征函数之一，于是它一定属于函数集合 $\{\phi_1,\cdots,\phi_i,\cdots,\phi_{d_n}\}$。这意味着，这组本征函数产生了活性中心对称群 G 的一个表示 Γ_n（一组矩阵，每个矩阵都与一对称操作 R 相关）。假设这种表示一定是不可约的[1]，那么有如下结论：与能级 E_n 相对应的哈密顿量 H 的本征函数属于对称群 G 的一个不可约表示 Γ_n，群 G 的另一个不可约表示 Γ_m 的本征函数则与另一个能级 E_m 相关。

这一重要假设表明，可以用活性中心对称群 G 的不可约表示来标记其能级，群 G 通常被称为哈密顿对称群。[2]

现在通过考虑点对称群 O_h 中 d^1 电子的分裂情况来检验上述讨论的正确性。5.2 节证明了活性中心的外层 d^1 电子组态分裂成两个能级，其能量相差 $10Dq$。这两个能级与群 O_h 的不可约表示 E_g 和 T_{2g} 相关。可以从表7.4所给的群 O_h 的特征标表推断出两个能级的分裂。从特征标表可以发现，轨道 (d_{xy},d_{yz},d_{xz}) 服从表示 T_{2g} 变换，而轨道 $(d_{z^2},d_{x^2-y^2})$ 服从不可约表示 E_g 变换。

此时，就可以处理与活性中心对称性降低相关的几个光谱性质的问题。现在给出两个相关例子（例7.2和例7.3），学习如何运用群论成功地确定与中心的局域对称性降低有关的能级分裂。在例7.2中，通过对掺杂 Cr^{3+} 离子的晶体施加轴向压力引起对称性的降低。在例7.3中学习晶体中活性中心能级的标记步骤。实际

---

[1]　否则，这将意味着本征函数空间至少有两个子空间，每个子空间在 G 的对称操作下都是封闭的。这意味着没有对称操作连接这两个子空间，尽管它们具有相同的能量 E_n。当然，这似乎是不合理的，除非两个能级意外重合。

[2]　给出该定义的原因是在有些情况下哈密顿对称群的元素比活性中心的点对称群元素更多（两倍）。这些情形涉及具有半整数 J 值的稀土离子（如 Nd^{3+}），将在7.7节讨论。

上,这也是对称性降低问题,因为它涉及从完全对称性(自由离子)到特定的局域对称性(晶体中离子)的改变。

例 7.2   MgO:Cr^{3+} 晶体中轴向压力的影响

Cr^{3+} 离子外层电子结构为 d^3。在 MgO 晶体中,每个 Cr^{3+} 离子被 6 个配位 O^{2-} 围绕,呈八面体对称,如图 7.5(a)所示。此活性中心的实际对称性与哈密顿对称群 O(O_h 的子群)相对应。[①] 从群 O 的特征标表(表 7.6)可以看出,MgO 晶体中 Cr^{3+} 的能级可以用群 O 的不可约表示 A_1、A_2、E、T_1 或 T_2 来标记。

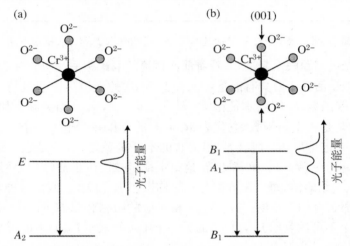

图 7.5   轴向外部压力导致 MgO:Cr^{3+} 晶体的对称性降低及其对 MgO 中 Cr^{3+} 的红光发射及能级的影响:(a) 未畸变的中心(O 对称);(b) 施加轴向压力后的畸变中心(D_4 对称)

沿着(001)轴施压(采用金刚石对顶砧),Cr^{3+} 离子的局域对称性降低,能级发生分裂。两个 O^{2-} 离子向 Cr^{3+} 离子移动导致新的畸变环境(见图 7.5(b)),对应于 D_4 对称群(群 O 的子群)。因此,可以应用群论来预测对称性降低所导致的能级分裂数,并用 D_4 群的不可约表示来标注能级。

MgO 中 Cr^{3+} 离子的不可约表示(群 O)在低对称性 D_4 群中是可约的。因此,首先要重写群 D_4 特征标表中的表示 A_1、A_2、E、T_1 和 T_2(群 O 中的不可约表示)。这些表示在群 D_4 下变成了可约的。其次解决约化问题,如例 7.1 所示。

群 O 的不可约表示 T_1 已经重新写在群 D_4 的特征标表的最下面一行(见表 7.6)。这是通过取 O 群 T_1 特征标中与 D_4 子群对应的类的特征标值来实现的,也就是说,两个群中具有一致对称元素的类。可以看出,表示 $\Gamma = T_1$ 在群 D_4 中是可约表示。从群 D_4 特征标表(表 7.6)直接得到 $T_1 = A_2 + E$,尽管这个结果可以像前面的例子一样计算得到。

---

①   这是因为 Cr^{3+} 离子并不完全在八面体的中心,不具有中心反演对称性。

表 7.6　群 O 及其子群 D_4 的特征标表

O	E	$8C_3$	$3C_2$	$6C_2'$	$6C_4$	
A_1	1	1	1	1	1	$x^2+y^2+z^2$
A_2	1	1	1	-1	-1	xyz
E	2	-1	2	0	0	$(x^2-y^2,3z^2-r^2)$
T_1	3	0	-1	-1	1	$(x,y,z)(R_x,R_y,R_z)$
T_2	3	0	-1	1	-1	(zy,zx,xy)
D_4	E	C_2^z	$2C_2^{x,y}$	$2C_2'$	$2C_4$	
A_1	1	1	1	1	1	$(x^2+y^2);z^2$
A_2	1	1	-1	-1	1	$z;R_z$
B_1	1	1	1	1	-1	x^2-y^2
B_2	1	1	-1	1	-1	xy
E	2	-2	0	0	0	$(x,y)(xz,yz)(R_x,R_y)$
T_1	3	-1	-1	-1	1	

注:群 O 的不可约表示 T_1 作为 D_4 的可约表示列在表格最下面一行。

类似地,群 O 的其他不可约表示可用群 D_4 的不可约表示来约化。有

$$T_2 = B_2 + E, \quad E = B_1 + A_1, \quad A_2 = B_1, \quad A_1 = A_1$$

图 7.5(b)显示了与群论预测能级分裂吻合的实验结果。MgO 中 Cr^{3+} 的来自 $E \to A_2$ 的红色发光,在轴向施加压力(数量级为 $10\,kg\cdot mm^{-2}$)后分裂成两束光。这种双发射光的存在正好符合群论的预测,即激发态 E 能级(群 O 的不可约表示)分裂为两个能级 B_1 和 A_1(群 D_4 的不可约表示)。

上述例子已经展示了如何运用群论来解决对称性降低的问题。当一个离子掺入晶体时,其对称性也会降低。现在将讨论如何预测晶体中离子(活性中心)的能级数目以及如何用不可约表示正确地标记这些能级。

例 7.3　表示的构造:完全旋转群

光谱学常见的一个问题是通过自由离子(不在晶体中的离子)的能级预测和标记晶体中激活离子的能级。该自由离子的情形可以看成对应于一个包含围绕任意轴的所有旋转角度的群。该群具有无穷多个对称元素,并被称为**完全旋转群**。在该群中,围绕任意轴旋转相同角度的所有操作都属于同一类。因此,完全旋转群具有无穷个类,也就有无穷个不可约表示。

考虑到自由离子能级可以用电子态 $^{2S+1}L_J$ 来描述,以下就是构建这些能态在完全旋转群下不可约表示的过程。将这些表示记为 D^J,通常它们对应于晶体中离子对称群的可约表示,我们称此群为通用群 G。一旦构造了表示 D^J,下一步就是将这些表示分解成群 G 的不可约表示 Γ_i,即 $D^J = \sum a_i \Gamma_i$。

　　自由离子的能级 D^J 与 $2J+1$ 个函数有关,其角向部分为 $e^{im_J\phi}$,其中量子数 m_J 取 $2J+1$ 个值($m_J = J, J-1, \cdots, -J$),角度 ϕ 是图 7.6 所示的极坐标。根据波函数的角向部分性质可以区分各种轨道。绕 z 轴旋转 α 角的对称操作 C_α(见图 7.6)改变波函数的角向部分,可以表示如下:

$$C_\alpha(e^{iJ\phi}, e^{i(J-1)\phi}, \cdots, e^{-iJ\phi}) = (e^{iJ(\phi+\alpha)}, e^{i(J-1)(\phi+\alpha)}, \cdots, e^{-iJ(\phi+\alpha)}) \tag{7.5}$$

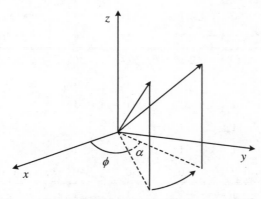

图 7.6 绕 z 轴旋转 α 角引起的电子极坐标 ϕ 的变化

该旋转操作 C_α 也可以用相应的矩阵来表示:

$$\begin{pmatrix} e^{iJ\alpha} & 0 & \cdots & 0 & 0 \\ 0 & e^{i(J-1)\alpha} & \cdots & 0 & 0 \\ \vdots & \vdots & & \vdots & \vdots \\ 0 & 0 & \cdots & e^{-i(J-1)\alpha} & 0 \\ 0 & 0 & \cdots & 0 & e^{-iJ\alpha} \end{pmatrix} \tag{7.6}$$

　　该操作的特征标等于该矩阵的迹: $\chi(\alpha) = \sum_{m=-J}^{m=+J} e^{im\alpha}$ 。该表达式对应于一个几何级数的和:

$$\chi(\alpha) = \frac{\sin(J+1/2)\alpha}{\sin(\alpha/2)} \tag{7.7}$$

　　式(7.7)可以用于确定对称操作 C_n($n = 2\pi/\alpha$)的特征标,然后再构造晶体中离子的群 G 的可约表示 D^J 。下面给出了一些常见的特征标:

$$\begin{cases} \chi^J(E) = 2J+1 \\ \chi^J(\pi) = (-1)^J \\ \chi^J(\pi/2) = \begin{cases} 1 & (J = 0,1,4,5,8,9,\cdots) \\ -1 & (J = 2,3,6,7,\cdots) \end{cases} \\ \chi^J(2\pi/3) = \begin{cases} 1 & (J = 0,3,6,\cdots) \\ 0 & (J = 1,4,7,\cdots) \\ -1 & (J = 2,5,8,\cdots) \end{cases} \end{cases} \tag{7.8}$$

此时,可以构造一个仅由旋转元素构成的群的可约表示 D^J。例如,假设晶体中离子有一个对称群 $G = O$,群 O 的特征标表(表 7.6)仅包含旋转对称元素:C_n 类。

表 7.7 列出了群 O 的不同表示 $D^J(J = 1, 2, \cdots, 6)$ 的特征标(定义为表示的一组特征元素)。从式(7.7)可以得到这些特征标。这些在完全旋转群中不可约的 D^J 表示在群 O 中一般是可约的,这可以从表 7.6 所示群 O 的特征标表直接推算出来。因此,下一步就是把它们分解成群 O 的不可约表示,如例 7.1 所做的那样。表 7.7 也包括了该约化,即每个表示 D^J 被分解成群 O 的不可约表示。另外,将在 7.6 节用该表来处理相关例子。

表 7.7　表示 D^J 的特征标

D^J 表示	E ($\alpha = 2\pi$)	$8C_3$ ($\alpha = 2\pi/3$)	$3C_2$ ($\alpha = \pi$)	$6C_2'$ ($\alpha = \pi$)	$6C_4$ ($\alpha = \pi/2$)	群 O 的不可约表示
D^0	1	1	1	1	1	A_1
D^1	3	0	-1	-1	1	T_1
D^2	5	-1	1	1	-1	$E + T_2$
D^3	7	1	-1	-1	-1	$A_2 + T_1 + T_2$
D^4	9	0	1	1	1	$A_1 + E + T_1 + T_2$
D^5	11	-1	-1	-1	1	$E + 2T_1 + T_2$
D^6	13	1	1	1	-1	$A_1 + A_2 + E + T_1 + 2T_2$

注:表示 D^J 分解为群 O 的不可约表示。

7.5　光跃迁的选择定则

群论也可以用于判断某特定光学中心的光跃迁是否允许。如 5.3 节所示,两个给定态(初态 Ψ_i 和末态 Ψ_f)之间的辐射**跃迁概率**正比于

$$|\langle \Psi_f | \boldsymbol{\mu} | \Psi_i \rangle|^2 \tag{7.9}$$

其中,对于**电偶极跃迁**,$\boldsymbol{\mu} = \sum_i e r_i$ 是电偶极矩算符;对于**磁偶极跃迁**,$\boldsymbol{\mu} = \sum_i [e/(2m)](l_i + 2s_i)$ 是磁偶极矩算符。

因此,两个态(Ψ_i 和 Ψ_f)之间光学跃迁的谱带(吸收带或发射带)强度取决于式(7.9)给出的矩阵元的值。通过分析该矩阵元,可以建立跃迁的**选择定则**。

显然,光学活性中心的对称性影响着式(7.9)中矩阵元的值。从 7.4 节可知,态 Ψ_i 和 Ψ_f 分别属于中心对称群的两个不可约表示 Γ_i 和 Γ_f。事实上,这些不可约表示被用于标记与这些状态相关的能级。电偶极矩算符 $\boldsymbol{\mu}$ 对应于一个函数,这个函数的对称性与对称群中心的不可约表示 Γ_μ 相关。例如,电偶极算符 $e(x,y,z)$ 具有与轨道角动量 (p_x,p_y,p_z) 相同的对称性,并且对于特定点群,它以相同的方式变换。因此,对于群 O_h,根据表 7.4,电偶极矩算符按照不可约表示 T_{1u} 进行变换。然而,对于群 O,根据表 7.6,电偶极矩算符按照不可约表示 T_1 进行变换,该表示对应于 (x,y,z) 函数。

此时需要借助 Wigner-Eckart 定理,其证明已超出本书范畴(参见 Tsukerblat,1994 年)。根据该定理,可以建立以下选择定则:

除非不可约表示 Γ_i 和 Γ_μ 的直积包含与末态相关的不可约表示 Γ_f,否则式(7.9)的矩阵元 $|\langle \Psi_f | \boldsymbol{\mu} | \Psi_i \rangle|^2$ 为零。

该选择定则可以表示如下[①]:

$$\Gamma_i \times \Gamma_\mu \subset \Gamma_f \tag{7.10}$$

这里引进一个新概念,即对称群的不可约表示之间的直积。直积与它们对应的空间函数的乘积有关。两个(或者更多个)不可约表示的直积是一个新的表示。在此我们只关心两个不可约表示 Γ_j 和 Γ_k 的直积,其特征标由 $\chi^{\Gamma_j \times \Gamma_k}(R) = \chi^{\Gamma_j}(R) \times \chi^{\Gamma_k}(R)$ 给出。尽管原始表示是不可约的,但是这种表示的直积一般是可约的。因此,式(7.10)的直积 $\Gamma_i \times \Gamma_\mu$ 是一个新的表示 Γ_p,且通常是可约的。假如将表示 Γ_p 约化后出现不可约表示 Γ_f,那么 $\Gamma_i \rightarrow \Gamma_f$ 跃迁是允许的,否则禁止。

例 7.4 群 O 的不可约表示之间的直积

考虑两组函数 (x_1,y_1,z_1) 和 (x_2,y_2,z_2),它们都属于群 O 的相同表示 T_1,其乘积函数构成了一个 9 维空间。这些乘积函数属于 9 维表示,记为 $T_1 \times T_1$。表示的特征标由 $\chi^{T_1 \times T_1}(R) = \chi^{T_1}(R) \times \chi^{T_1}(R)$ 给出。从表 7.6 所示群 O 的特征标表可以很容易得到它的特征标:

$$\chi^{T_1 \times T_1} = 9\ 0\ 1\ 1\ 1$$

显然该表示是可约的,因此可以分解为在群 O 中的不可约表示:

$$T_1 \times T_1 = A_1 + E + T_1 + T_2$$

类似地,可以在群 O 的不可约表示之间做其他直积,并进一步分解为该群的不可约表示。可以得到

$$A_1 \times A_1 = A_1; \quad A_1 \times A_2 = A_2; \quad A_1 \times E = E;$$
$$A_1 \times T_1 = T_1; \quad A_1 \times T_2 = T_2$$
$$A_2 \times A_2 = A_1; \quad A_2 \times E = E; \quad A_2 \times T_1 = T_2; \quad A_2 \times T_2 = T_1$$

---

① 可以看出,式(7.10)给出的选择定则等价于 $\Gamma_i \times \Gamma_\mu \times \Gamma_f \subset \Gamma_1$,其中 Γ_1(在 Mulliken 标注中为 A_1)是恒等表示。

$$E \times E = A_1 + A_2 + E; \quad E \times T_1 = T_1 + T_2; \quad E \times T_2 = T_1 + T_2$$
$$T_1 \times T_2 = A_2 + E + T_1 + T_2$$
$$T_2 \times T_2 = A_1 + E + T_1 + T_2$$

幸运的是,这些信息通常包含在每个点对称群的乘法表中。这些乘法表可在相关的群论教科书中查阅。

7.6 示 例

本章至此,我们已经了解了如何运用群论标记光学中心的能级以及判断哪些光跃迁是允许的。下面的几个例子将专门用于这些内容的练习。

例 7.5 八面体对称结构(群 O)中 Eu^{3+} 离子的发射

Eu^{3+} 离子常被用做红色荧光粉的激活剂。它的红光发射来自 $^5D_0$ 激发态的跃迁(见图 6.1 所示的 Dieke 能级图)。因此,可能的跃迁是那些终止于 ^7F_J($J = 0, 1, 2$)态的跃迁(见图 7.7)。根据群论,可以预测发射跃迁的可能数目(涉及的能级数)以及它们遵从电偶极还是磁偶极选择定则。

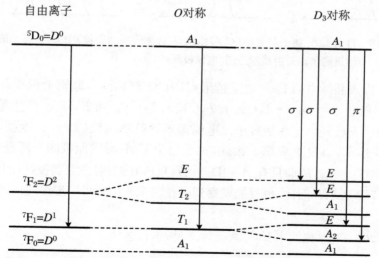

图 7.7 自由 Eu^{3+} 离子与晶体(O 对称和 D_3 对称的局域环境)中 Eu^{3+} 离子的能级结构图以及允许的电偶极跃迁(用"→"表示)

第一步是构造群 O 的表示 D^J。对于 $J = 0, 1, 2$,利用式(7.7)和式(7.8)可以确定群 O 中这些表示的特征标。它们已经列在表 7.7 中。接下来是将每个表示 D^J 分解为群 O 中的不可约表示。这个问题与例 7.1 类似。可以通过验证得到

$$D^0 = A_1, \quad D^1 = T_1, \quad D^2 = E + T_2$$

因此,晶体(O 对称性)中 Eu^{3+} 离子的预测能级结构如图 7.7 所示。然而,需要指明,根据群论我们既不知道每个能级的位置也不知道这些能级的高低顺序。

现在再次应用群论来确定电偶极允许的跃迁。

对于理想的自由 Eu^{3+} 离子情形,首先必须观察到电偶极矩的分量 $e(x,y,z)$ 属于完全旋转群中不可约表示 D^1。这个可以从群 O 的特征标表(表 7.6)看出,其中偶极矩算符按照 T_1 表示变换,对应于完全旋转群中的 D^1 表示(表 7.7)。由于 $D^0 \times D^1 = D^1$,只有 $^5D_0 \rightarrow {^7F_1}$ 跃迁是电偶极允许的跃迁。当然,这就是量子力学著名的选择定则 $\Delta J = 0, \pm 1 (J = 0 \rightarrow J = 0$ 除外)。因此,自由 Eu^{3+} 离子的发射光谱将由单一的 $^5D_0 \rightarrow {^7F_1}$ 跃迁组成,如图 7.7 中箭头和图 7.8 中曲线所示。

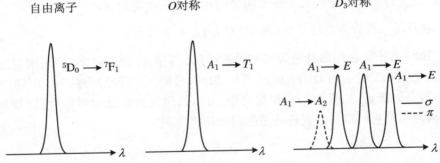

图 7.8　自由 Eu^{3+} 离子与晶体(O 对称和 D_3 对称的局域环境)中 Eu^{3+} 离子的发射谱的预测发射线示意图(电偶极跃迁)

对于嵌入晶体中的 Eu^{3+} 离子情形(具有 O 对称性),原则上预期存在下列 4 条发射谱线:$A_1(^5D_0) \rightarrow A_1(^7F_0)$、$T_1(^7F_1)$、$T_2(^7F_2)$ 和 $E(^7F_2)$,产生每个能级的自由离子态已经标记在括号中。电偶极矩算符随函数 (x,y,z) 变换,因而属于不可约表示 T_1(见表 7.6)。因此,对于起始于 A_1 激发能级的光跃迁,选择定则为 $A_1 \times T_1 = T_1$,故而只有 $A_1(^5D_0) \rightarrow T_1(^7F_1)$ 的发射是电偶极跃迁允许的跃迁,如图 7.7 所示。因此,也只能观察到画在图 7.8 中的单一发射线。

例 7.6　D_3 对称性中 Eu^{3+} 离子的发射:偏振跃迁

在很多晶体中,Eu^{3+} 离子局域环境的对称性低于八面体 O 对称性,这可能导致偏振跃迁。

假设在某特定晶体中,Eu^{3+} 离子具有 D_3 局域对称性。与例 7.2 的步骤相同,应用群 D_3 的特征标表(表 7.8),很容易解决从 O 对称到 D_3 对称的约化问题:

$$A_1 = A_1, \quad E = E, \quad T_1 = A_2 + E, \quad T_2 = A_1 + E$$

因此,预测 O 对称性中的 Eu^{3+} 离子的 T_2 和 T_1 能级在较低 D_3 对称性下均将分裂成两个能级,如图 7.7 所示。

表 7.8　群 D_3 的特征标表

D_3	E	$2C_3$	$3C_2'$	
A_1	1	1	1	$(x^2 + y^2)$; z^2
A_2	1	1	-1	z
E	2	-1	0	(x, y); $(xz, yz)(x^2 - y^2, xy)$

现在来确定来自 A_1 激发态的电偶极允许的跃迁。根据群 D_3 的特征标表(见表 7.8),函数 (x, y) 属于不可约表示 E,而函数 z 属于不可约表示 A_2。这意味着在该对称群下电偶极选择定则随着光的偏振情况而变化。

因此,从 A_1 能级起始的电偶极 σ 偏振发射(发射光的电场平行于 x 或 y 方向)的选择定则由直积 $A_1 \times E$ 定义。对照表 7.8 可知,$A_1 \times E = E$。因此,对于 σ 偏振,只有 $A_1 \to E$ 发射是允许的(见图 7.7 和图 7.8)。

电偶极 π 偏振发射光的电场与 z 方向平行。因此,从能级 A_1 起始的 π 发射的选择定则由直积 $A_1 \times A_2$ 定义。通过查看群 D_3 的特征标表(表 7.8)容易证明 $A_1 \times A_2 = A_2$。因此,π 偏振下只有 $A_1 \to A_2$ 是允许的(见图 7.7 和图 7.8)。

有趣的是,我们观察到对于自由离子或 O 对称性,预测只有一个电偶极发射,而 D_3 对称性会导致出现 4 条发射线,其中 3 个发射是 σ 偏振,1 个是 π 偏振,如图 7.8 所示。

7.7　特别专题:群论在 Kramers 离子光跃迁中的应用

到目前为止,我们已经知道如何应用点对称群的特征标表来解释某些离子的光谱。在处理离子的自旋函数时,自旋(或自旋轨道耦合)函数可能出现半奇整数值。为了将群论应用于这些离子,需要将群对称概念扩展到所谓的双对称群。这些群及其在光谱学中的应用,将在下一个关于具有半奇整数 J 值的三价稀土离子的例子中介绍。这些离子被称为 Kramers **离子**,因为它们遵循 Kramers 定理。该定理指出,在没有磁场的情形下,具有奇数电子的原子(离子)所有的电子能级至少是双重简并的。

例 7.7 YAl$_3$(BO$_3$)$_4$晶体中 Sm^{3+} 的发光

YAl$_3$(BO$_3$)$_4$是一种非线性晶体。掺入稀土离子的 YAl$_3$(BO$_3$)$_4$在激光应用方面非常具有吸引力(Jaque 等,2003 年)。图 7.9 展示了该晶体中 Sm^{3+} 离子的低温发射光谱。应用 Dieke 能级图(参见图 6.1),可以将此光谱指认为^{4}G$_{5/2}$→^{6}H$_{9/2}$跃迁。图 7.9 清晰展现的这些发射带的偏振特性,与 Y^{3+} 晶格离子(Sm^{3+}取代 Y^{3+} 格位)的 D_3 局域对称性有关。本例的目的是应用群论以确定产生光谱的斯塔克能级结构。

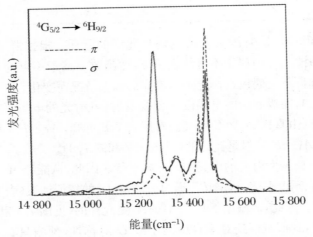

图 7.9 YAl$_3$(BO$_3$)$_4$中 Sm^{3+} 离子的发射光谱(10 K)(经许可转载,Cavalli 等,2003 年)

由于总自旋 S 为半奇整数值,Sm^{3+} 离子的 4f^5 外层电子结构导致了 J 为半奇整数值的状态。这种情况下,自旋波函数的旋转有一些特性。利用式(7.7),对于 $\alpha + 2\pi$ 角度的转动,我们发现

$$\chi^J(\alpha + 2\pi) = (-1)^{2J}\chi^J(\alpha) \tag{7.11}$$

然后,对于 J 为半奇整数值,旋转 $\alpha + 2\pi$ 角度与旋转 α 角度的特征标符号相反,而旋转 $\alpha + 4\pi$ 角度与旋转 α 角度的特征标相同。这种特殊的性质是由自旋函数引起的,原则上每次旋转都会产生一个双值特征标。因此,为了正确应用群论,必须考虑所谓的双值群。

表 7.9 给出了双值群 $\overline{D}_3$(上画线标记此类群)的特征标表。可以将其与单值群 D_3 的特征标表(表 7.8)相比较。为了简化类的符号,将附加的 2π 旋转记为 R。可以看出,双值群 $\overline{D}_3$ 类的数目(6)是单值群 D_3(3)的两倍。并且双值群 $\overline{D}_3$ 还具有一些其他特性,如具有偶数维度的新表示($E_{1/2}$ 和 $E_{3/2}$)以及出现复特征标。

表 7.9　双值群 $\bar{D}_3$ 的特征标表

$\bar{D}_3$	E	R	C_3, RC_3^2	C_3^2, RC_3	$3C_2'$	$3RC_2'$	
A_1	1	1	1	1	1	1	
A_2	1	1	1	1	-1	-1	z
E	2	2	-1	-1	0	0	x, y
$E_{1/2}\left\{\vphantom{\begin{matrix}1\\1\end{matrix}}\right.$	1	-1	-1	1	i	$-i$	
	1	-1	-1	1	$-i$	i	
$E_{3/2}$	2	-2	1	-1	0	0	

　　一旦知道了这些双值群的特征标表,整个过程与前面几节使用单值特征标表的情形就完全相同。现在来解决图 7.9 中给出的 $YAl_3(BO_3)_4$ 中 Sm^{3+} 离子光谱的理解问题。

　　第一步是在双值群 $\bar{D}_3$ 中构造分别对应于激发态 $^4G_{5/2}$ 和末态 $^6H_{9/2}$ 的表示 $D^{5/2}$ 和 $D^{9/2}$。这可参照例 7.3 进行,但需要结合方程(7.7)和(7.11)来给出双值群的特征标。由于两种表示($D^{5/2}$ 和 $D^{9/2}$)均为可约表示,因此下一步是将它们约化为 $\bar{D}_3$ 的不可约表示。这是类似于 7.4 节中例子的约化问题。

　　按照上述步骤,可以看出

$$D^{5/2} = 2E_{1/2} + E_{3/2}, \quad D^{9/2} = 3E_{1/2} + 2E_{3/2}$$

　　因此,在 $\bar{D}_3$ 对称性下,激发态 $^4G_{5/2}$(或 $D^{5/2}$)分裂为 3 个斯塔克能级,分别标记为 $E_{1/2}$、$E_{1/2}$ 和 $E_{3/2}$;而末态 $^6H_{9/2}$(或 $D^{9/2}$)分裂为 5 个斯塔克能级,分别标记为 $E_{1/2}$、$E_{1/2}$、$E_{1/2}$、$E_{3/2}$ 以及 $E_{3/2}$。实际上,图 7.9 中发射谱的 5 个峰与这 5 个能级对应。这是因为低温(10 K)光谱中的辐射跃迁只能起始于激发态的最低能级。

　　为了进行适当的指认,遵循例 7.6 中同样的步骤,但改用 $\bar{D}_3$ 的双值群特征标表(表 7.9),我们在可能的能级($E_{1/2}$ 或 $E_{3/2}$)之间建立电偶极跃迁选择定则。根据特征标表,电偶极矩分量 $p_z = ez$ 属于不可约表示 A_2。因此,从 $E_{1/2}$ 或 $E_{3/2}$ 能级发出的电偶极 π 偏振跃迁($E // z$)与下列直积有关:

$$E_{1/2} \times A_2 = E_{1/2}, \quad E_{3/2} \times A_2 = E_{3/2}$$

　　另一方面,电偶极矩 $p_x = ex$ 和 $p_y = ey$ 均属于不可约表示 E。因此,电偶极 σ 偏振跃迁($E // x$ 或 $E // y$)与下列直积相有关:

$$E_{1/2} \times E = E_{1/2} + E_{3/2}, \quad E_{3/2} \times E = 2E_{1/2}$$

　　因此,可以建立表 7.10 给出的电偶极选择定则,然后对图 7.9 所示的实验发射光谱中观测的 Sm^{3+} 离子的发射峰进行合理指认。

该发射光谱由 5 个主峰组成。在 σ 和 π 偏振下观测到的最高能量线值出现在 15 480 cm^{-1} 处。因此，根据表 7.10 给出的选择定则，该发射必定与 $E_{1/2}(^4G_{5/2}) \rightarrow E_{1/2}(^6H_{9/2})$ 跃迁有关（否则不会显示这种双偏振特性）。这表明基态的最低能级（0 cm^{-1}）和发射能级（15 480 cm^{-1}）都可用不可约表示 $E_{1/2}$ 来标记。类似地，其他的双（σ 和 π）偏振发射线，其峰值位于 15 446 cm^{-1} 和 15 361 cm^{-1} 处，均与 $E_{1/2}(^4G_{5/2}) \rightarrow E_{1/2}(^6H_{9/2})$ 跃迁有关。另一方面，在 15 418 cm^{-1} 和 15 297 cm^{-1} 处的两条发射线仅与 σ 偏振相关（尽管 π 偏振下也有微弱的发射信号）。因此，它们必定对应于终止于 $E_{3/2}(^6H_{9/2})$ 能级的跃迁。

表 7.10　Kramers 离子在 $\bar{D}_3$ 对称性下的电偶极跃迁选择定则

	$E_{1/2}$	$E_{3/2}$
$E_{1/2}$	σ, π	σ
$E_{3/2}$	σ	π

现在，可以构造一个简化能级图（见图 7.10）来说明观察到的发射光谱。需要注意的是，我们能够确定基态 $^6H_{9/2}$ 和激发态 $^4G_{5/2}$ 最低能级（发射能级）的能量并对其进行标记（应用不可约表示 $E_{1/2}$ 和 $E_{3/2}$）。然而，激发态的其他两个能级（虚线标记）既不能从图 7.9 给定的发射光谱中确定也不能被标记，因为这些能级并不参与该退激发过程。不管怎样，这些能级都可以通过偏振吸收谱来确定其位置并正确标记。

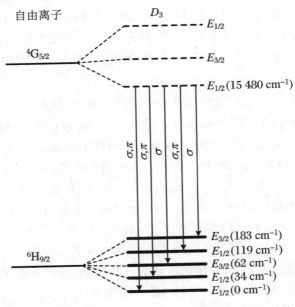

图 7.10　YAl$_3$(BO$_3$)$_4$ 中 Sm^{3+} 发射光谱对应的能级结构图

练 习 题

7.1　（a）应用点对称群 D_3 的特征标表（表 7.8），将表 7.11 给出的可约表示 Γ_a 和 Γ_b 分解为群 D_3 的不可约表示。

（b）推断由此对称群 A_1、A_2 和 E 不可约表示标记的能级简并度。

（c）根据表 7.8，判断群 D_3 具有几个对称元素？

表 7.11　Γ_a 和 Γ_b

	E	$2C_3$	$3C_2'$
Γ_a	2	2	0
Γ_b	5	-1	-1

7.2　为了开发出发光在 285 nm 附近的荧光粉，制备了 Tm^{3+} 离子掺杂的某种晶体。

（a）利用图 6.1 所示的 Dieke 能级图，确定产生适合该发光的 $^{2S+1}L_J$ 初、末态。

（b）若 Tm^{3+} 离子的局域对称性为 O，试构造表示 $^{2S+1}L_J$ 的激发态和末态的能级示意图。请参考群 O 的特征标表（表 7.6）。

7.3　（a）只考虑末态能级的简并度，请画出你预测的练习题 7.2 中的发射光谱（只显示每条发射线的强度与理想的未知波长的关系）。

（b）确定电偶极选择定则，然后画出预测的发射光谱。

7.4　（a）推断晶体中具有 O 局域对称性的 Pr^{3+} 离子（利用表 7.6 所示的特征标表）$^3P_0 \rightarrow {}^3H_4$ 发射光谱的数量并标记分裂情况。

（b）确定上述跃迁的晶体场能级之间的电偶极选择定则，进而推断发射谱中预测的谱峰数量。

（c）对该晶体施加轴向压力，Pr^{3+} 离子新的局域对称性为 D_4（参见表 7.6 所示的特征标表），根据对称性降低情况画出预测的新发射光谱。它是偏振的吗？

7.5　晶体 $LiNbO_3 : Nd^{3+}$ 中 Nd^{3+} 离子的低温吸收谱对应于 $^4I_{9/2} \rightarrow {}^4F_{3/2}$ 跃迁，由 11 253 cm^{-1} 和 11 416 cm^{-1} 两个峰组成。这两个峰与 $^4F_{3/2}$ 激发态的分裂有关。该激发态的分裂由 Nd^{3+} 离子的晶体环境（C_3 对称性）引起。高能吸收峰在 σ 和 π 偏振下均出现，而低能吸收峰仅在 σ 偏振下出现。应用双值群 $\bar{C}_3$ 的特征标表 7.12 并考虑电偶极跃迁，请画出能级图并用不可约表示标记这两个吸收峰的初态和末态斯塔克能级。

表 7.12　群 $\bar{C}_3$ 的特征标表($\omega = e^{i\pi/3}$)

$\bar{C}_3$	E	R	C_3	$C_3 R$	C_3^2	$C_3^2 R$	
A	1	1	1	1	1	1	z
$E\begin{cases} \\ \end{cases}$	1	1	ω^2	ω^2	$-\omega$	$-\omega$	$\Big\}x,y$
	1	1	$-\omega$	$-\omega$	ω^2	ω^2	
$E_{1/2}\begin{cases} \\ \end{cases}$	1	-1	ω	$-\omega$	ω^2	$-\omega^2$	$\Big\}$
	1	-1	$-\omega^2$	ω^2	$-\omega$	ω	
$B_{1/2}$	1	-1	-1	1	1	-1	

参考文献和延伸阅读

[1]　Cavalli E, Speghini A, Bettinelli M, Rámirez M O, Romero J J, Bausá L E, and García Solé J. Luminescence of Trivalent Rare Earth Ions in the Yttrium Aluminium Borate Non-Linear Laser Crystal[J]. J. Lumin., 2003, 102: 216-219.

[2]　Duffy J A. Bonding, Energy Levels and Bands in Inorganic Solids[M]. Haslon: Longman Scientific & Technical, 1990.

[3]　Henderson B, and Imbusch G F. Optical Spectroscopy of Inorganic Solids[M]. Oxford: Oxford Science Publications, 1989.

[4]　Jaque D, Romero J J, Ramirez M O, Sanz García J A, De las Heras C, Bausá L E, and García Solé J. Rare Earth Ion Doped Non-Linear Laser Crystals[J]. Rad. Effects Defects Solids, 2003, 158: 231-239.

[5]　Tsukerblat B S. Group Theory in Chemistry and Spectroscopy[M]. London: Academic Press, 1994.

附录 A   联合态密度

为了获得**联合态密度** $\rho(\omega)$（式(4.32)）与频率的函数关系,采用图 4.8(a)所示的抛物线型**能带结构**。为简单起见,假设导带底($E_f = E_g$)和价带顶($E_i = 0$)均在 $k = 0$ 处,如图 A.1 所示。E-k 关系为

$$E_f = E_g + \frac{\hbar^2 k^2}{2m_e^*} \tag{A.1}$$

$$E_i = -\frac{\hbar^2 k^2}{2m_h^*} \tag{A.2}$$

其中 m_e^* 和 m_h^* 分别是电子和空穴的有效质量。因为能量与 k 的方向无关($E = E(|k|)$),上述公式表示 k 空间的等能面。

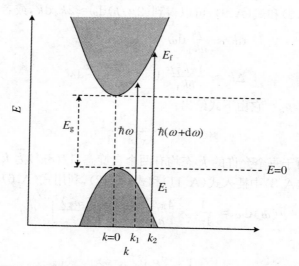

图 A.1 抛物线型能带结构的 E-k 曲线,其显示两个 k 值 k_1 和 k_2 之间的频率范围 $\omega \to \omega + d\omega$

假设入射光子的能量为 $\hbar\omega$。在 $\omega \to \omega + d\omega$ 频率范围内的能态数目(见图 A.1)由 $\rho(\omega)d\omega$ 给出。能态数目也可表示为 k 空间态密度的函数,写为

$$\rho(\omega)d\omega = \rho_k \Delta k \tag{A.3}$$

其中,ρ_k 为单位体积 k 空间中状态数,$\Delta k = 4\pi k_1^2 dk$ 为半径分别为 k_1 和 k_2 的两个

球之间的体积增量($dk = k_2 - k_1$)。

考虑表达式(A.1)、(A.2)以及图 A.1,这两个 k 值很容易与光子频率 ω 和 $\omega + d\omega$ 联系起来:

$$\hbar\omega = \hbar\omega_g + \frac{\hbar^2 k_1^2}{2}\left(\frac{1}{m_e^*} + \frac{1}{m_h^*}\right) \tag{A.4}$$

$$\hbar(\omega + d\omega) = \hbar\omega_g + \frac{\hbar^2 k_2^2}{2}\left(\frac{1}{m_e^*} + \frac{1}{m_h^*}\right) \tag{A.5}$$

求解 k_1 和 k_2,得到

$$k_1^2 = \frac{2\mu(\omega - \omega_g)}{\hbar} \tag{A.6}$$

$$k_2^2 = \frac{2\mu(\omega + d\omega - \omega_g)}{\hbar} \tag{A.7}$$

其中 $\mu = m_e^* m_h^* / (m_e^* + m_h^*)$ 为电子 – 空穴系统的折合有效质量。由式(A.6)和式(A.7)可以得出

$$k_2^2 = k_1^2 + \frac{2\mu}{\hbar}d\omega \tag{A.8}$$

另一方面,由于 $(dk)^2$ 与其他项相比是非常小的量,可以写成

$$k_2^2 = (k_1 + dk)^2 = k_1^2 + 2k_1 dk + (dk)^2 \approx k_1^2 + 2k_1 dk \tag{A.9}$$

现在,结合式(A.8)和式(A.9),可以得到 $(2\mu/\hbar)d\omega \approx 2k_1 dk$,或者

$$dk \approx \frac{\mu}{\hbar k_1}d\omega \tag{A.10}$$

$$\Delta k \approx \frac{4\pi k_1^2 \mu}{\hbar k_1}d\omega = \frac{4\pi k_1 \mu}{\hbar}d\omega \tag{A.11}$$

接下来确定 ρ_k。它由下式给出:

$$\rho_k = 2 \times \frac{1}{8\pi^3} = \frac{1}{4\pi^3} \tag{A.12}$$

其中系数 2 是由于每个允许的 k 态均有两个自旋态,$1/(8\pi^3)$ 为 k 空间态密度。[①]

现在,在式(A.3)中插入式(A.11)和式(A.12),利用式(A.6)可以得到

$$\rho(\omega)d\omega = \frac{1}{4\pi^3} \times \frac{4\pi\mu}{\hbar}\left[\frac{2\mu(\omega - \omega_g)}{\hbar}\right]^{1/2}d\omega \tag{A.13}$$

简化为

$$\rho(\omega) = \frac{1}{2\pi^2}\left(\frac{2\mu}{\hbar}\right)^{3/2}(\omega - \omega_g)^{1/2} \tag{A.14}$$

这就是由式(4.32)给出的联合态密度表达式。

---

① $k = (2\pi/L)(n_x, n_y, n_z)$,其中 n_x, n_y, n_z 是整数,L 是宏观长度。可以看出每个允许的 k 态在 k 空间占据的体积为 $(2\pi/L)^3$,所以 k 空间单位体积内的状态数为 $[L/(2\pi)]^3$。因此,与 k 空间单位体积对应的单位体积实空间的状态密度为 $[1/(2\pi)]^3 = 1/(8\pi^3)$。

附录 B　八面体晶体场对 d^1 价电子的影响

假设图 5.1 中配位离子 B 是点电荷，与 d^1 中心离子的距离为 a，并有强的晶体场（$H_{SO} \ll H_{CF}$）作用于中心离子。因此，中心场的单电子原子本征波函数 Ψ_{n,l,m_l}（n、l 和 m_l 是量子数）可以写成两项乘积：

$$\Psi_{n,l,m_l} = R_{n,l} \times Y_l^{m_l} \tag{B.1}$$

其中，$R_{n,l}$ 是径向部分，$Y_l^{m_l}$ 是角向部分。

$R_{n,l}$ 函数与在距离中心离子核 r 处的特定轨道上发现电子的平均概率有关。由于其不受晶体场的影响（不导致能量分裂），在计算中不考虑这部分。

球谐函数 $Y_l^{m_l}$ 描述了方向性质，可以写成

$$Y_l^{m_l} = \Theta_l^{m_l}(\theta) \times (2\pi)^{-1/2} e^{im_l\phi} \tag{B.2}$$

其中 $\Theta_l^{m_l}(\theta)$ 是与 $\sin\theta$ 和 $\cos\theta$ 有关的标准 Legendre 多项式的函数（S. Sugano 等，1970 年）。θ 和 ϕ 分别为极角和方位角坐标（参见图 B.1）。

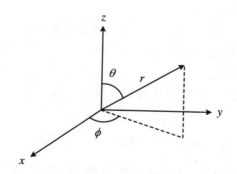

图 B.1　价电子球极坐标

对于 d^1 电子，$l=2$，$m_l = \pm 2, \pm 1, 0$，本征波函数 $\Psi_{n,2,m_l}$ 可以用简化符号表示为函数（m_l）。现在的问题是计算矩阵元 $H_{m_l,m_l'} = \langle m_l | H_{CF} | m_l' \rangle$，然后求解特征方程：

$$\begin{vmatrix} H_{2,2}-E & H_{2,1} & H_{2,0} & H_{2,-1} & H_{2,-2} \\ H_{1,2} & H_{1,1}-E & H_{1,0} & H_{1,-1} & H_{1,-2} \\ H_{0,2} & H_{0,1} & H_{0,0}-E & H_{0,-1} & H_{0,-2} \\ H_{-1,2} & H_{-1,1} & H_{-1,0} & H_{-1,-1}-E & H_{-1,-2} \\ H_{-2,2} & H_{-2,1} & H_{-2,0} & H_{-2,-1} & H_{-2,-2}-E \end{vmatrix} = 0 \quad (B.3)$$

其中 $H_{CF} = e \times V(r,\theta,\phi)$ 为晶体场哈密顿量，(r,θ,ϕ) 为 d^1 电子的球极坐标（参见图 B.1）。

对于八面体环境（参见图 5.1），配位 B 离子在 d^1 电子处产生的电势可以写成（Figgis，1961 年）

$$V(r,\theta,\phi) = 6\frac{Ze}{a} + \left(\frac{49}{18}\right)^{1/2} (2\pi)^{1/2} \left(Ze\frac{r^4}{a^5}\right)\left[Y_4^0 + \left(\frac{5}{14}\right)^{1/2}(Y_4^4 + Y_4^{-4})\right]$$

$$(B.4)$$

其中 Ze 为配位离子电荷。因此，可以用两个函数 V_1 和 V_2 来表示 $V(r,\theta,\phi)$：

$$V = V_1 + V_2 \quad (B.5)$$

其中 V_1 和 V_2 分别是式（B.4）右边第一项和第二项。可以分别得到与 V_1 和 V_2 相关的矩阵元。

首先计算与 V_1 相关的矩阵元：

$$\int_{vol} (m_l)^* \left(\frac{6Ze}{a}\right)(m'_l)\mathrm{d}\tau = \frac{6Ze}{a}\int (m_l)^*(m'_l)\mathrm{d}\tau = \begin{cases} 0, & m_l \neq m'_l \\ \dfrac{6Ze}{a}, & m_l = m'_l \end{cases}$$

$$(B.6)$$

其中积分在全空间 τ 上进行，星号" $*$ "表示复数共轭函数。

V_1 对矩阵元素 H_{m_l,m'_l} 的贡献值等于 $6Ze^2/a$。因此，其作用是将 d^1 能级移动了上述值而不分裂该能级。

现在考虑 V_2 的作用，该项是 d^1 **能级分裂**的原因。为此，考虑径向函数的一般性质：

$$\int_0^\infty (R_{n,l})^* r^s (R_{n,l}) r^2 \mathrm{d}r = \langle r_{n,l}^s \rangle \quad (B.7)$$

其中 $\langle r_{n,l}^s \rangle$ 为 $r_{n,l}^s$ 的平均值。对于 d 电子，$(m_l) = R_{n,2} \times Y_2^{m_l}$，因此结合式（B.7）有

$$\int_{vol} (m_l)^* V_2 (m'_l)\mathrm{d}\tau$$

$$= \left(\frac{49}{18}\right)^{1/2}(2\pi)^{1/2}\langle r_{n,2}^4\rangle\left(\frac{Ze}{a^5}\right)\int_0^\pi\int_0^{2\pi}\left[(Y_2^{m_l})^* Y_4^0 Y_2^{m'_l}\sin\theta\mathrm{d}\theta\mathrm{d}\phi\right.$$

$$\left. + \left(\frac{5}{14}\right)^{1/2}((Y_2^{m_l})^* Y_4^4 (Y_2^{m_l})^* \sin\theta\mathrm{d}\theta\mathrm{d}\phi + (Y_2^{m_l})^* Y_4^{-4} Y_2^{m'_l}\sin\theta\mathrm{d}\theta\mathrm{d}\phi)\right]$$

$$(B.8)$$

现在考虑球谐函数 Y^{m_l} 的性质，即

$$\int_0^{2\pi} Y_{l_1}^{m_{l_1}} \times Y_{l_2}^{m_{l_2}} \times Y_{l_3}^{m_{l_3}} \, d\phi \neq 0 \quad (\text{仅当 } m_{l_1} + m_{l_2} + m_{l_3} = 0 \text{ 时成立}) \quad (B.9)$$

以及式(B.2),很容易得到

$$\int (m_l)^* V_2(m_l) \, d\tau = \left(\frac{49}{18}\right)^{1/2} \times \left(Ze\, \frac{\langle r_2^4 \rangle}{a^5}\right) \int_0^\pi (\Theta_2^{m_l})^* \times \Theta_4^0 \times \Theta_2^{m_l} \sin\theta \, d\theta$$

$$(B.10)$$

其中 $\langle r_2^4 \rangle$(为简单起见,下标 n 未写出)是中心离子 d¹ 电子径向坐标四次方的平均值。积分 $\int_0^\pi (\Theta_2^{m_l})^* \times \Theta_4^0 \times \Theta_2^{m_l} \sin\theta \, d\theta$ 被制成表(虽然可以直接获得),因此矩阵元 $\langle m_l | eV_2 | m_l' \rangle$ 为

$$e \int (0)^* V_2(0) \, d\tau = e\left(Ze\, \frac{\langle r_2^4 \rangle}{a^5}\right)$$

$$e \int (\pm 1)^* V_2(\pm 1) \, d\tau = -e \times \frac{2}{3}\left(Ze\, \frac{\langle r_2^4 \rangle}{a^5}\right)$$

$$e \int (\pm 2)^* V_2(\pm 2) \, d\tau = e \times \frac{1}{6}\left(Ze\, \frac{\langle r_2^4 \rangle}{a^5}\right)$$

$$e \int (\pm 2)^* V_2(\mp 2) \, d\tau = e \times \frac{5}{6}\left(Ze\, \frac{\langle r_2^4 \rangle}{a^5}\right) \quad (B.11)$$

现在为简单起见,定义一个参数 Dq(CGS 单位制)如下:

$$Dq = \frac{1}{6}\left(Z \frac{e^2 \langle r_2^4 \rangle}{a^5}\right) \quad (B.12)$$

其中,因子 $D = 35Ze^2/(4a^5)$ 取决于周围的点电荷(配体),因子 $q = (2/105)\langle r_2^4 \rangle$ 反映中心离子的性质。

现在,可以构造如下特征方程:

$$
\begin{array}{ccccc}
(2) & (1) & (0) & (-1) & (-2)
\end{array}
$$

$$
\begin{vmatrix}
Dq - E & 0 & 0 & 0 & 5Dq \\
0 & -4Dq - E & 0 & 0 & 0 \\
0 & 0 & -6Dq - E & 0 & 0 \\
0 & 0 & 0 & -4Dq - E & 0 \\
5Dq & 0 & 0 & 0 & Dq - E
\end{vmatrix} = 0
$$

$$(B.13)$$

对该行列式很容易作如下简化:

- 对于(1)态和(−1)态,$E = -4Dq$;
- 对于(0)态,$E = 6Dq$;
- 对于(2)态和(−2)态,$\begin{vmatrix} Dq - E & 5Dq \\ 5Dq & Dq - E \end{vmatrix} = 0$ 的解为 $E = -4Dq$ 和 $E = 6Dq$。

这意味着 5 重简并的 d¹ 能级在八面体晶体场中分裂成两个能级:一个三重简

并能级和一个双重简并能级。根据与这些能级相关联的、不可约表示的常用符号（见第 7 章），这些态分别用 t_{2g} 和 e_g 表示。

图 B.2 给出 5 重简并的 d^1 能级受到的**八面体晶体场**效应。由于 V_1 项，该能级往高能量方向移动了 $6Ze^2/a$。此外，由于 V_2 项，移动后的能级又分裂成两个能级：能量为 $E = -4Dq$ 的 t_{2g} 能级（三重简并）和能量为 $E = 6Dq$ 的 e_g 能级（双重简并）。因此，这两状态之间的能量间隔为 $10Dq$。这种分裂表现为与 $t_{2g} \rightarrow e_g$ 跃迁相关的吸收带（例如，参见图 5.4 中 $Al_2O_3 : Ti^{3+}$ 的吸收谱）。

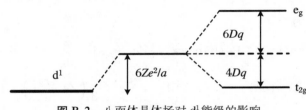

图 B.2　八面体晶体场对 d^1 能级的影响

参考文献和延伸阅读

[1]　Figgis B N. Introduction to the Ligand Fields[M]. New York：Interscience，1961.

[2]　Sugano S，Tanabe Y，and Kamimura H. Multiplets of Transition Metal Ions in Crystals[M]. New York：Academic Press，1970.

附录 C　自发辐射概率的计算

首先,将适用于平面单色波的式(5.14)改写为更一般的形式,它适用于更一般的波前,如下所示:

$$P_{if} = \frac{\pi}{3n^2\varepsilon_0\hbar^2}\rho\,|\boldsymbol{\mu}_{if}|^2\delta(\Delta\omega) \tag{C.1}$$

其中 $\rho = n^2\varepsilon_0 E_0^2/2$ 为入射电磁波的能量密度。考虑到对于平面电磁波有 $I = c_0\rho/n$,式(C.1)可以回到式(5.14)。

现在假设二能级系统被放置于黑体空腔中,其腔壁保持恒温 T。达到热平衡时,可认为该系统处于一个电磁能量密度确定的**黑体辐射**腔中。该能量密度的光谱分布 ρ_ω 由普朗克公式给出:

$$\rho_\omega = \frac{\hbar\omega^3 n^3}{c_0^3\pi^2}\frac{1}{e^{\hbar\omega/(kT)} - 1} \tag{C.2}$$

此式就是式(2.2),其中 $\rho_\omega\mathrm{d}\omega$ 表示 ω 与 $\omega + \mathrm{d}\omega$ 频率间隔内的能量密度。

由于该系统处于平衡状态,单位时间内 i→f 吸收跃迁的数量必须等于单位时间内 f→i 发射跃迁的数量。考虑到第 2 章(图 2.5)描述的光与物质相互作用过程,平衡状态下受激**吸收速率**必须等于(受激和自发)**辐射速率**,即

$$B_{if}\rho_{\omega_0} N_i = B_{fi}\rho_{\omega_0} N_f + AN_f \tag{C.3}$$

其中 ω_0 为系统的跃迁频率,N_i 和 N_f 分别为初态和末态能级的平衡布居数,B_{if} 和 B_{fi} 是常数(爱因斯坦 B 系数),而 A 为自发辐射概率(爱因斯坦 A 系数)。因此,受激吸收和受激辐射的概率分别为

$$P_{if} = B_{if}\rho_{\omega_0} \tag{C.4}$$

$$P_{fi} = B_{fi}\rho_{\omega_0} \tag{C.5}$$

现在考虑**玻尔兹曼分布**,$N_f/N_i = e^{-\hbar\omega_0/(kT)}$,由式(C.3)可得

$$\rho_{\omega_0} = \frac{A}{B_{if}e^{\hbar\omega_0/(kT)} - B_{fi}} \tag{C.6}$$

上述表达式与普朗克公式(式(C.2)或式(2.2))进行比较,即可获得爱因斯坦系数的关系:

$$B_{if} = B_{fi} = B \tag{C.7}$$

$$\frac{A}{B} = \frac{\hbar\omega_0^3 n^3}{\pi^2 c_0^3} \tag{C.8}$$

式(C.7)说明受激吸收和受激辐射的概率相等,也就是式(5.15)。式(C.8)给出了自发辐射概率与受激辐射概率的比值。如果已知爱因斯坦 B 系数,就能够计算自发辐射概率 A。

现在来考虑只对纯单色入射辐射有效的式(C.1)。在处理黑体辐射时,我们用具有相同功率的单色辐射来模拟 $\rho_\omega \mathrm{d}\omega$ 辐射密度。根据式(C.1),相应的基本跃迁(受激吸收或受激辐射)概率 $\mathrm{d}P$ 为

$$\mathrm{d}P = \frac{\pi}{3n^2 \varepsilon_0 \hbar^2} \mid \boldsymbol{\mu} \mid^2 \rho_\omega \delta(\Delta\omega)\mathrm{d}\omega \tag{C.9}$$

对上式积分得到

$$P = \frac{\pi}{3n^2 \varepsilon_0 \hbar^2} \mid \boldsymbol{\mu} \mid^2 \rho_{\omega_0} \tag{C.10}$$

将上式与式(C.4)或式(C.5)联立,并考虑式(C.7),得到

$$B = \frac{\pi \mid \boldsymbol{\mu} \mid^2}{3n^2 \varepsilon_0 \hbar^2} \tag{C.11}$$

最后,利用爱因斯坦 A 和 B 系数关系式(C.8),可得到**自发辐射概率**表达式:

$$A = \frac{n\omega_0^3}{3\pi \hbar \varepsilon_0 c_0^3} \mid \boldsymbol{\mu} \mid^2 \tag{C.12}$$

附录 D   Smakula 公式的推导

首先重新定义某给定跃迁的截面 σ：

$$\sigma = \frac{P}{I_P} \tag{D.1}$$

其中，P 为跃迁速率（或跃迁概率），$I_P = I/(\hbar\omega)$ 为入射波的光子通量（光束强度 I 除以光子能量）。[①] 现在，对二能级吸收系统运用式（D.1）和式（5.14），可以给出跃迁截面的表达式：

$$\sigma(\omega) = \frac{\pi}{3n\varepsilon_0 c_0 \hbar} |\boldsymbol{\mu}|^2 \omega_0 g(\Delta\omega) \tag{D.2}$$

其中 ω_0 为跃迁频率，并用某特定线性 $g(\Delta\omega)$ 代替狄拉克 δ 函数来计算跃迁概率。这样就可以知道截面如何与材料的参数相关，例如 $|\boldsymbol{\mu}|^2$、$g(\Delta\omega)$ 以及入射光频率 ω_0。

利用式（5.17）和式（D.2），可以将**跃迁截面**表示为自发辐射概率的函数：

$$\sigma(\omega) = \frac{\pi^2 c_0^2}{n^2 \omega_0^2} A g(\Delta\omega) \tag{D.3}$$

在吸收带对应的频率范围内积分，可以得到

$$\int \sigma(\omega)\mathrm{d}\omega = \frac{\pi^2 c_0^2}{n^2 \omega_0^2} A \int g(\Delta\omega)\mathrm{d}\omega = \frac{\pi^2 c_0^2}{n^2 \omega_0^2} A \tag{D.4}$$

利用式（1.6），可以写出类似关于吸收系数的表达式：

$$\int \alpha(\omega)\mathrm{d}\omega = N \frac{\pi^2 c_0^2}{n^2 \omega_0^2} A \tag{D.5}$$

现在，将 A 的表达式（5.20）代入式（D.5），得到

$$\int \alpha(\omega)\mathrm{d}\omega = \frac{1}{4\pi\varepsilon_0} \frac{2\pi^2 e^2}{mc_0} \left[\left(\frac{\boldsymbol{E}_{\mathrm{loc}}}{\boldsymbol{E}} \right)^2 \frac{1}{n} \right] \times fN \tag{D.6}$$

该表达式与式（5.21）完全一致。对高对称中心，插入数值和局域场修正因子后，上式就可以给出 **Smakula 公式**，即式（5.22）。

---

① 该定义与第 1 章（式（1.5）和式（1.6））给出的吸收系数一致。为了证明这一点，考虑一个二能级吸收系统，并假设光照强度（光子通量）很低。所以可以假设所有的吸光原子（数密度 N）都处于基态。因此，$\mathrm{d}I_P = -PN\mathrm{d}z = -I_P\sigma N\mathrm{d}z$ 表示光子通量随传播厚度 $\mathrm{d}z$ 的减少量。对其积分得到 $I = I_0\mathrm{e}^{-\sigma Nz}$（再次使用了强度单位而非光子通量单位）。考虑到式（1.6）定义的 $\alpha = \sigma N$，上式恰好就是 Lambert-Beer 定律（式（1.4））。

索 引

B

多声子发射　multiphonon emission

F

发光　luminescence
发光效率　luminescent efficiency
反 Stokes 发光　anti-Stokes luminescence
反射　reflection
反射率　reflectivity
反射谱　reflectivity spectra
非均匀展宽　inhomogeneous broadening
分光光度计　spectrophotometer
分子轨道理论　molecular orbital theory
弗兰克-康登原理　Frank Condon principle
弗仑克尔激子　Frenkel excitons
辐射能量传递过程　radiative energy transfer
辐射寿命　radiative lifetime
辐射速率　radiative rate
复折射率　complex refractive index

G

高斯线型　Gaussian line shape
格位选择光谱　site selective spectroscopy
共振能量传递　resonant energy transfer
固体激光器　solid state lasers
固体激光制冷　laser-induced cooling
光参量放大器　optical parametric amplifier(OPA)
光参量振荡器　optical parametric oscillator(OPO)
光电倍增管　photomultiplier
光电二极管　photodiodes
光密度　optical density
光谱灯　spectral lamps
光谱展宽　line-broadening
光声光谱　photoacoustic spectroscopy
光学多道分析仪　optical multichannel analyzers

光学活性中心　optically active centers
光学量　optical magnitude
光栅　grating
光致发光　photoluminescence
光子技术器　photon counter systems
过渡金属离子　transition metal ions

H

黑体辐射　blackbody radiation
红宝石 $Al_2O_3:Cr^{3+}$　ruby $Al_2O_3:Cr^{3+}$
红外吸收光谱　infrared absorption spectra
黄-里斯因子　Huang-Rhys parameter

J

Judd-Ofelt 理论　Judd-Ofelt theory
积分球　integrating sphere
基本吸收边　fundamental absorption edge
激发态激发光谱　excited state excitation spectra
激发态吸收光谱　excited state absorption spectra
激光　laser
激活介质　active medium
激子　exciton
间接带隙　indirect-gap
间接跃迁　indirect transition
简并度　degeneracy
交叉弛豫　cross relaxation
交换相互作用　exchange interactions
介电常数　dielectric constants
金属　metal
晶体场　crystalline field
晶体场理论　crystalline field theory
局域场　local field
绝热近似　adiabatic approximation
绝缘体　insulator

普朗克辐射定律　Planck's radiation law

Q

气体放电灯　gas discharge lamps
气体激光器　gas lasers
强耦合　strong coupling
群论　group theory

R

染料激光器　dye lasers
热辐射　thermal radiation
热探测器　thermal detectors
弱耦合　weak coupling

S

Smakula 公式　Smakula's formula
Stokes 位移　Stokes shift
Sugano-Tanabe 能级图　Sugano-Tanabe diagram
散射　scattering
色心　color centers
上转换发光　up-conversion luminescence
石英卤钨灯　quartz halogen lamps
时间分辨光谱　time-resolved luminescence
受激辐射　stimulated emission
受激吸收　stimulated absorption
受迫的电偶极跃迁　electric dipole forced transitions
数字示波器　digital oscilloscope
锁相放大器　lock-in amplifier

T

钛蓝宝石 $Al_2O_3 : Ti^{3+}$　Ti-sapphire $Al_2O_3 : Ti^{3+}$
钛蓝宝石激光器　Ti-sapphire laser

荧光寿命　fluorescence lifetime
有效声子　effective phonons
跃迁概率　transition probability
跃迁截面　transition cross section

Z

噪声　noise
折射率　normal refractive index
振子强度　oscillator strength
直接带隙　direct-gap
直接跃迁　direct transition
准分子激光器　excimer lasers
紫翠玉 $BeAl_2O_4:Cr^{3+}$　alexandrite $BeAl_2O_4:Cr^{3+}$
自发辐射　spontaneous emission
自发辐射概率　probability of spontaneous emission
自然展宽　natural broadening
自相关器　autocorrelator
阻尼　damping
祖母绿 $Be_3Al_2(SiO_3)_6:Cr^{3+}$　emerald $Be_3Al_2(SiO_3)_6:Cr^{3+}$

中国科学技术大学出版社
部分引进版图书

物质、暗物质和反物质/罗舒　邢志忠

半导体的故事/姬扬

光的故事/傅竹西　林碧霞

至美无相:创造、想象与理论物理/曹则贤

玩转星球/张少华　苗琳娟　杨昕琦

粒子探测器/朱永生　盛华义

粒子天体物理/来小禹　陈国英　徐仁新

粒子物理和薛定谔方程/刘翔　贾多杰　丁亦兵

宇宙线和粒子物理/袁强　等

高能物理数据分析/朱永生　胡红波

重夸克物理/丁亦兵　乔从丰　李学潜　沈彭年

统计力学的基本原理/毛俊雯　汪秉宏

临界现象的现代理论/马红孺

原子核模型/沈水法

半导体物理学(上、下册)/姬扬

生物医学光学:原理和成像/邓勇　等

地球与行星科学中的热力学/程伟基

现代晶体学(1):晶体学基础/吴自勤　孙霞

现代晶体学(2):晶体的结构/吴自勤　高琛

现代晶体学(3):晶体生长/吴自勤　洪永炎　高琛

现代晶体学(4):晶体的物理性质/何维　吴自勤

材料的透射电子显微学与衍射学/吴自勤　等

夸克胶子等离子体:从大爆炸到小爆炸/王群　马余刚　庄鹏飞

物理学中的理论概念/向守平　等

物理学中的量子概念/高先龙

量子物理学. 上册/丁亦兵　等
量子物理学. 下册/丁亦兵　等
量子光学/乔从丰　李军利　杜琨
量子力学讲义/张礼　张璟
磁学与磁性材料/韩秀峰　等
无机固体光谱学导论/郭海　郭海中　林机

化学元素周期表

注：相对原子质量取自2016国际原子量表，并取4位有效数字。

图例说明（化学符号示例）：
- 黑-普通，红-放射性
- 黑-固体，绿-液体，红-气体，灰-未知
- 原子序数：63 Eu
- 拼音：yǒu
- 中文名称：铕
- 电子排布：4f⁶6s²
- 原子量：152.0
- 元素名称：Europium（黑-普通，红-人造）

图例颜色：
- 碱金属
- 碱土金属
- 贫金属
- 过渡金属
- 镧系元素
- 锕系元素
- 类金属
- 非金属
- 卤素
- 稀有气体
- 待确认

（元素周期表主体，按族 IA–VIIIA、IB–VIIIB、镧系、锕系排列）